WTB

Wissenschaftliche Taschenbücher

Mathematik · Physik

Michail W. Wolkenstein

Entropie und Information

Akademie-Verlag Berlin

WTB

BAND 306

Michail W. Wolkenstein

Entropie und Information

Mit 49 Abbildungen und 6 Tabellen

AKADEMIE-VERLAG BERLIN

Reihe MATHEMATIK UND PHYSIK

Herausgeber:
Prof. Dr. phil. habil. W. Holzmüller, Leipzig
Prof. Dr. phil. habil. A. Lösche, Leipzig
Prof. Dr. phil. habil. H. Reichardt, Berlin
Prof. Dr. rer. nat. habil. H.-J. Treder, Potsdam

Titel der Originalausgabe:
Михаил Владимирович Волькенштейн
Энтропия и информация
Verlag Nauka, Moskau 1986

Verfasser:
Prof. Dr. Michail Wladimirowitsch Wolkenstein
Moskau

Übersetzung aus dem Russischen:
Dipl.-Phys. Helga Müller
Berlin

Herausgeber der deutschen Ausgabe:
Prof. Dr. Werner Ebeling
Berlin

ISBN 3-05-500628-3
ISSN 0084-098X

1990
Erschienen im Akademie-Verlag Berlin,
Leipziger Str. 3—4, Berlin, DDR-1086

Lizenznummer: 202 · 100/441/89
Printed in the German Democratic Republic
Gesamtherstellung: VEB Druckhaus „Maxim Gorki", Altenburg, 7400
LSV 1074/1144
Bestellnummer: 763 937 0 (7306)

01600

Inhaltsverzeichnis

Vorwort zur deutschen Ausgabe

Michail W. Wolkenstein gehört ohne Zweifel zu den bekanntesten und angesehensten Biophysikern unserer Zeit. Die Vielseitigkeit seines Schaffens ist unübertroffen, und er hat im Verlaufe eines langen Forscherlebens wesentlich zur Entwicklung von Molekularphysik, Molekularbiologie und Biophysik beigetragen. Aus der ersten, „spektroskopischen“ Periode seiner Laufbahn (1933—1948) stammt als bedeutendste Leistung eine Theorie der Intensitäten molekularer Schwingungsspektren. Die zweite, ebenfalls sehr fruchtbare Schaffensperiode (1948—1960) war vornehmlich der Ausarbeitung der statistischen Theorie der Makromoleküle gewidmet. Schließlich wandte er seit Beginn der sechziger Jahre sein Hauptinteresse den neuen Gebieten der Molekularbiologie und molekularen Biophysik zu. Die Wissenschaft verdankt ihm eine Theorie, welche die Biegsamkeit und Elastizität der Biopolymere mit ihrem chemischen Aufbau verknüpft. Seine Konformationstheorie, die sich international durchgesetzt hat, lieferte eine Deutung so komplexer Erscheinungen wie der Plastizität des Kautschuks und der Reaktivität von Biomolekülen.

Michail W. Wolkenstein ist Autor einer großen Zahl von Artikeln und Monographien, die in mehrere Sprachen übersetzt wurden. Vielen deutschen Lesern wird z. B. seine ausgezeichnete Monographie „Moleküle und Leben“ (Leipzig 1969) ein Begriff sein.

In dem vorliegenden Werk greift Wolkenstein ein Grundproblem der modernen Wissenschaften auf, das in der Physik wurzelt, aber alle Naturwissenschaften und auch die Human- und Gesellschaftswissenschaften betrifft: Was ist Entropie? Welche Rolle spielt diese geheimnisvolle Fundamentalgröße, die Clausius 1865 in die Wissenschaft einführte? Was heißt Selbstorganisation? In welchem Verhältnis stehen Entropie und Information? Wolkenstein geht das Thema von der Physik her an und führt es dann in voller interdisziplinärer Breite durch. Er geleitet den Leser in didaktisch sehr geschickter Weise von der Physik über die Informationstheorie und die Biologie bis hin zur Beziehung zwischen Information und Kunst. Obwohl sich das Niveau der Darstellung am Nicht-Fachmann orientiert, dürften auch Spezialisten auf ihre Kosten kommen. Ich bringe die Hoffnung zum Ausdruck, daß „der neue Wolkenstein" dem Leser viele überraschende Einsichten und auch intellektuelles Vergnügen bringen wird.

Berlin, Juni 1988 WERNER EBELING

Vorwort zur russischen Ausgabe

> Das ist nur ... Entropie, sagte er,
> glaubte damit alles erklärt zu haben
> und wiederholte einigemal das seltsame Wort.
>
> Karel Čapek, Krakatit

Dieses „seltsame Wort“ bezeichnet eine der fundamentalen Größen der Physik der Wärmeerscheinungen — der Thermodynamik. Hier entstand er auch, der Begriff der Entropie. Später aber offenbarte sich die Universalität dieses Begriffes, der von grundlegender Bedeutung für die Physik, die Chemie und die Biologie ist.

Den Begriff der Energie erkennt jedermann als wichtig und empfindet ihn als verständlich. Nicht weniger inhaltsreich ist jedoch, wie wir sehen werden, der Begriff der Entropie; und er ist auch nicht gar so schwierig. Man kann die Energie berechnen und messen, die in diesem Blatt Papier enthalten ist, und man kann dasselbe mit der Entropie tun. Darüber hinaus aber besitzt die Entropie erstaunliche Besonderheiten. Eine Galaxis, das Sonnensystem, die Biosphäre — sie existieren dank der Entropie, dank ihrem Export in das umgebende Medium. Ebenso erstaunlich ist der Zusammenhang der Entropie mit der Information, mit der Gesamtheit an Wissen, das in einer Mitteilung enthalten ist. Über all dies wird im vorliegenden Buch erzählt. Dadurch übermittelt es dem Leser Information, verändert seine Entropie. Der Leser wird beurteilen müssen, wie wertvoll diese Information ist.

Die zweite Hälfte unseres Jahrhunderts ist gekennzeichnet durch die Entstehung und Entwicklung komplexer Wissenschaftsgebiete, die von außerordentlicher Bedeutung nicht nur für Naturwissenschaft und Technik, sondern auch für die Human- und Gesellschaftswissenschaften sind. Dazu gehören die Kybernetik, die Informatik und die Synergetik. Vor fünfzig Jahren gab es diese Wörter überhaupt noch nicht, heute begegnen sie uns auf Schritt und Tritt. In allen drei Gebieten sind die Begriffe der Entropie und der Information unentbehrlich; ohne sie zu verwenden, ist es nicht möglich, den ganzen Sinngehalt moderner Wissenschaft zu verstehen. In den letzten Kapiteln des Buches wird eine kurze Charakterisierung der Synergetik und der Informatik gegeben, die natürlich sehr unvollständig ist. Die Aufgabe der vorliegenden Darstellung besteht lediglich darin, die Aufmerksamkeit des Lesers auf diese Gebiete zu lenken und ihn in die entsprechende Gedankenwelt einzuführen.

Ich danke M. I. Kaganow, Ju. L. Klimontowitsch, Ja. A. Smorodinski und W. Ebeling für nützliche Bemerkungen bei der Durchsicht des Manuskripts.

Michail W. Wolkenstein

1. „Betrachtungen über die bewegende Kraft des Feuers ...“

Sadi Carnot

1824 erschien in Paris ein Büchlein — es hatte ganze 45 Seiten — mit dem Titel „Betrachtungen über die bewegende Kraft des Feuers und über Maschinen, die diese Kraft entwickeln können“. Es stammte aus der Feder SADI CARNOTS — eines „ehemaligen Schülers der polytechnischen Schule“, wie es auf dem Titelblatt hieß.

SADI CARNOT zählte damals 28 Jahre. Er war der Sohn LAZARE CARNOTS, der für seine Verdienste in den französischen Revolutionskriegen den Ehrennamen „Organisator des Sieges“ erhalten hatte. LAZARE CARNOT war ein hervorragender Militär und Politiker, er war Ingenieur und ein bedeutender Mathematiker. Doch das kleine „Memoire“ des Sohnes wiegt vermutlich ebenso schwer wie die Leistungen des Vaters. (Memoire — Denkschrift — nannte man seinerzeit einen wissenschaftlichen Aufsatz.)

Außer dieser Arbeit hat SADI CARNOT nichts veröffentlicht. Er starb acht Jahre später, im Jahre 1832, im Alter von 36 Jahren. Offenbar ein kritisches Alter für ein Genie; nur etwa ebenso viele Jahre lebten RAFFAEL, MOZART und PUSCHKIN.

Wie stand es um die Physik in dieser Zeit? Die theoretische Mechanik, deren Grundlagen der große NEWTON geschaffen hatte, schien — und dieser Eindruck war nicht unbegründet — in den Arbeiten von LAPLACE, LAGRANGE und anderen Gelehrten ihre Vollendung gefunden zu haben. In der Optik war der Kampf zwischen Korpuskular- und Wellentheorie im Gange. Letztere stand vor ihrem endgültigen Sieg. Auf dem Gebiet von Elektrizität und Magnetismus wurden wichtige Entdeckungen gemacht (AMPÈRE, ØRSTED, OHM), und entscheidende Arbeiten von FARADAY standen bevor. Viele Eigenschaften der Gase waren im Detail untersucht; die Atomistik eroberte die Chemie (DALTON).

Kurzum, die Wissenschaft, im ganzen auch die Physik, erfuhr eine rasche Entwicklung. Ein wichtiges Gebiet jedoch — die Physik der Wärmeerscheinungen — wartete noch auf seinen NEWTON.

Solche Erwartung war gleich doppelt begründet: Zum einen waren Dampfmaschinen — Wärmekraftmaschinen — bereits in die Technik eingezogen. Zum anderen erwiesen sich die Wärmeerscheinungen in wesentlichen Besonderheiten als prinzipiell verschieden von den Erscheinungen, die in der Mechanik untersucht werden.

CARNOTS Denkschrift stand — wie bereits aus ihrem Titel hervorgeht — in unmittelbarem Zusammenhang mit den Wärmekraftmaschinen. Die Wirkungsweise dieser Maschinen veranlaßte CARNOT, über die Wärme und ihre Umwandlung in Arbeit nachzudenken.

Dies ist ein in der Wissenschaftsgeschichte relativ seltener Fall. Gewöhnlich entwickelt sich die Wissenschaft unabhängig von der Technik, ihrer eigenen inneren Logik folgend. Als FARADAY und MAXWELL die Lehre vom elektromagnetischen Feld begründeten, dachten sie nicht an die Dynamomaschine. MAXWELL und HERTZ hatten kein Radio im Sinn, als sie — erst theoretisch, danach experimentell — die elektromagnetischen Wellen entdeckten. Indes findet gute Physik früher oder später wichtige praktische Anwendungen.

Der Wärmestoff

Bei der Wärme lagen die Dinge anders. Die Dampfmaschine wurde ohne irgendeine Theorie erfunden. Bekannt ist die Geschichte über JAMES WATT, der zusah, wie auf dem kochenden Teekessel der Deckel hochspringt. Diese Beobachtung führte ihn angeblich zur Erfindung der Dampfmaschine. Wie dem auch sei — vor der Schrift CARNOTS gab es tatsächlich keinerlei Theorie, und die wichtige Frage nach dem Wirkungsgrad der Dampfmaschine blieb offen. Eine Theorie der Wärme aufzubauen, war damals schwierig. Die Natur der Wärme wirkte in hohem Maße geheimnisvoll. Es gab zwei Auffassungen. Die eine ging von der Existenz eines Wärmestoffes aus — einer gewichtslosen und unsichtbaren Flüssigkeit, die, wenn sie einem Körper hinzugefügt wird, dessen Temperatur erhöht und den Zustand des Körpers verändern kann. So stellte der englische Physiker und Chemiker JOSEPH BLACK folgende Formeln auf:

Eis + Wärmestoff = Wasser,
Wasser + Wärmestoff = Dampf.

Man meinte, der Wärmestoff sei in einem Gas enthalten, wie der Saft in einer Apfelsine. Drückt man die Apfelsine zusammen, dann läuft der Saft heraus. Wird ein Gas zusammengedrückt, so erwärmt es sich — es wird Wärmestoff abgegeben.

Mit der Theorie des Wärmestoffes befaßte sich — im übrigen ohne besonderen Erfolg — auch der berühmte Revolutionär JEAN-PAUL MARAT; 1780 veröffentlichte er eine Arbeit zu diesem Thema.

Der Vorstellung von einem Wärmestoff standen kinetische Auffassungen gegenüber. Mitte des 18. Jahrhunderts führten MICHAIL LOMONOSSOW und DANIEL BERNOULLI eine Reihe von Argumenten gegen die Wärmestofftheorie ins Feld und stellten eine kinetische Hypothese auf. Nach LOMONOSSOW „liegt die Ursache der Wärme in der inneren Rotationsbewegung" der Teilchen, aus denen ein Körper besteht, und „die Teilchen heißer Körper müssen schneller rotieren, die kälterer — langsamer".

Zu einer massiven Widerlegung der Wärmestofftheorie gerieten die Beobachtungen von BENJAMIN THOMPSON, Graf von Rumford, der 1798 Messungen der beim Metallbohren freiwerdenden Wärmemenge anstellte. Woher sollte der abgegebene Wärmestoff kommen? Die Wärmekapazitäten des Metalls und der Bohrspäne stimmten doch überein! RUMFORD kam zu dem Schluß, daß die Wärme kinetischen Ursprungs ist.

Erinnern wir uns: Wärmekapazität — das ist das Verhältnis der einem Körper zugeführten Wärmemenge zu der zugehörigen Temperaturerhöhung. Wärmekapazität heißt die Wärmemenge, die einem Körper zugeführt werden muß, um seine Temperatur um ein Grad zu erhöhen. Die Wärmekapazität eines Körpers C_V (sagen wir eines Gases) bei konstantem Volumen V ist kleiner als die Wärmekapazität C_p bei konstantem Druck p, was leicht einzusehen ist: Bei konstantem Druck wird nur ein Teil der dem Gas zugeführten Wärmemenge ΔQ für die Erhöhung der inneren Energie, ΔE, verbraucht, der übrige Teil setzt sich in Arbeit um, die eine Ausdehnung des Gases — die Vergrößerung seines Volumens um ΔV — bewirkt. Es gilt

$$\Delta Q = C_p \, \Delta T = \Delta E + p \, \Delta V; \tag{1.1}$$

ΔT bezeichnet den Temperaturanstieg des Gases, $p \, \Delta V$ die Expansionsarbeit, die das Gas gegen den Druck p leistet (siehe S. 12). Aus (1.1) folgt

$$C_p = \frac{\Delta E}{\Delta T} + p \, \frac{\Delta V}{\Delta T}.$$

Bei konstantem Volumen, $\Delta V = 0$, gilt

$$C_V = \frac{\Delta E}{\Delta T}.$$

Daraus folgt

$$C_p = C_V + p\,\frac{\Delta V}{\Delta T}.$$

Für ein Mol des idealen Gases gilt die Clapeyron-Mendelejewsche Zustandsgleichung

$$pV = RT \tag{1.2}$$

mit der Gaskonstante $R = 8{,}31\ \mathrm{J/(mol \cdot K)}$ und der thermodynamischen Temperatur T (siehe S. 25). Bei konstantem Druck können wir

$$p\,\Delta V = R\,\Delta T$$

schreiben und erhalten

$$C_p = C_V + R. \tag{1.3}$$

Ungeachtet der Versuchsergebnisse RUMFORDS blieb die Vorherrschaft der Wärmestofftheorie bestehen. Es gab übrigens Versuche, beide Gesichtspunkte in Einklang zu bringen. So nahm man z. B. an, die molekularen Schwingungen und Rotationen breiteten sich mit Hilfe des Wärmestoffs in einem Körper aus. Das war nun aber ein ganz und gar gekünsteltes Bild.

Befassen wir uns mit der Wissenschaft vergangener Zeiten, so ruft vieles unsere Verwunderung hervor. Es fällt uns schwer zu verstehen, wieso am Wärmestoff festgehalten wurde, während das Phlogiston bereits verworfen war. Das Phlogiston sollte nach den Vorstellungen der Chemiker des 18. Jahrhunderts das Urelement der Verbrennung sein; ein Metall wäre danach die Verbindung von Asche („Zunder“ oder „Kalk“) und Phlogiston. Bei der Verbrennung des Metalls würde das Phlogiston frei, und als Rückstand verbliebe die Asche. Aus den Arbeiten von LOMONOSSOW und von ANTOINE LAURENT LAVOISIER ging klar hervor, daß das Phlogiston eine Fiktion ist und die Verbrennung eines Metalls seine Oxidation bedeutet, also seine Verbindung mit Sauerstoff. Das Phlogiston wäre also nicht mehr als gewissermaßen Anti-Sauerstoff.

Der Wärmestoff dagegen hielt sich aus zwei Gründen. Erstens gab es echte und damals nicht lösbare Probleme bezüglich der Strahlungswärme. Wie sollte man sie mit molekularen Rotationen oder Schwingungen vereinbaren? Zweitens beinhaltete die kinetische Theorie zu jener Zeit lediglich quantitative Vorstellungen und bot in dieser Hinsicht keinerlei Vorteile gegenüber der Wärmestofftheorie. Der Siegeszug der kinetischen Theorie fand erst später statt.

Die Irreversibilität thermischer Prozesse

Wir hatten erwähnt, daß thermische und mechanische Erscheinungen wenig Ähnlichkeit miteinander haben. Diese Unähnlichkeit ist letztlich auf die Irreversibilität zurückzuführen, mit der wir uns im weiteren noch ausführlicher beschäftigen werden. Bereits hier sei jedoch einiges dazu gesagt.

Alle Vorgänge, die mit der Newtonschen Mechanik beschrieben werden können, — rein mechanische Erscheinungen — sind reversibel. Was bedeutet das? Das heißt, die Gesetze der Mechanik verändern sich nicht, wenn man das Vorzeichen der Zeit ändert, also in den entsprechenden Formeln t durch $-t$ ersetzt.

Das zweite Newtonsche Axiom lautet: Die Kraft ist gleich dem Produkt aus der Masse und der Beschleunigung. Was aber ist Beschleunigung? Der Zuwachs an Geschwindigkeit, Δv, in einem gegebenen Zeitabschnitt Δt:

$$a = \frac{\Delta v}{\Delta t}. \tag{1.4}$$

Die Geschwindigkeit ihrerseits ist der Zuwachs an Weg, Δs, im Zeitabschnitt Δt:

$$v = \frac{\Delta s}{\Delta t}. \tag{1.5}$$

Folglich gilt

$$a = \frac{\Delta(\Delta s/\Delta t)}{\Delta t}. \tag{1.4a}$$

$\Delta(\Delta s/\Delta t)$ — der Geschwindigkeitszuwachs — bedeutet aber wiederum Wegzuwachs in derselben Zeit Δt. Wir erhalten

$$\Delta\left(\frac{\Delta s}{\Delta t}\right) = \frac{\Delta^2 s}{\Delta t}$$

und

$$a = \frac{\Delta^2 s}{(\Delta t)^2}. \qquad (1.4\,b)$$

In der Ausdrucksweise der Differentialrechnung ergibt sich das eleganter und exakter. Indem wir jeden Zuwachs für sich gegen null gehen lassen, erhalten wir

$$v = \frac{\mathrm{d}s}{\mathrm{d}t}, \qquad a = \frac{\mathrm{d}^2 s}{\mathrm{d}t^2}. \qquad (1.6)$$

Die Geschwindigkeit ist die erste Ableitung des Weges nach der Zeit, die Beschleunigung die zweite.

Die Zeit geht in die Ausdrücke für die Beschleunigungen, also für die Kräfte, quadratisch ein. Das folgt auch unmittelbar aus der Dimension der Beschleunigung: Länge, geteilt durch das Quadrat der Zeit. Aus diesem Grunde führt die Änderung des Vorzeichens der Zeit nicht zu einer Veränderung im Verhalten des Systems. Mechanische Vorgänge sind reversibel, sie können in umgekehrter zeitlicher Reihenfolge ablaufen.

Was ist das eigentlich — das Vorzeichen der Zeit? Die Zeit verläuft aus der Vergangenheit über die Gegenwart in die Zukunft. Der umgekehrte Vorgang findet nicht statt. Eine Zeitmaschine für eine Reise in die Vergangenheit gibt es nicht.

Ohne an die Gerichtetheit der Zeit zu rühren, kann man Ereignisse in der Zeit so legen, daß die Ursachen den Wirkungen vorangehen. Das hat etwas mit der Ordnung in der Zeit zu tun, aber noch nicht mit ihrer Gerichtetheit. Was bedeutet nun das eine, was das andere?

Wir geben hier keine Antwort auf diese schwierigen Fragen, die Grenzfragen von Physik und Philosophie darstellen. Es geht uns nur darum, den prinzipiellen Unterschied zwischen den reversiblen Vorgängen der Mechanik und den irreversiblen thermischen Erscheinungen herauszustellen. Dieser Unterschied läßt sich gut demonstrieren, wenn man einen Film verkehrt herum abspult. Diejenigen Vorgänge, die bei dieser Art von Filmvorführung mit den Gesetzen der Physik im Einklang stehen, sind reversibel, und diejenigen, die ihnen widersprechen, sind irreversibel.

Solche mechanischen Abläufe wie das Verrücken eines Gegenstandes werden auch bei rückwärts laufendem Film als völlig natürlich empfunden.

Ein Mensch springt vom Stuhl, oder er springt auf den Stuhl hinauf, dem er den Rücken zuwendet. Letzteres ist zwar etwas schwierig, aber immerhin möglich — es sieht also nicht unglaubwürdig aus. Dagegen wirken das Abbrennen einer Zigarette, das Einmischen von Sahne in Kaffee oder das Schlüpfen eines Kükens aus dem Ei bei Ablauf in umgekehrter Richtung sehr unglaubwürdig.

Die Wirklichkeit ist unumkehrbar. Eine Mechanik, die keine Unumkehrbarkeit kennt, reicht nicht aus, um die Welt zu verstehen. Im folgenden werden wir das gerichtete Vergehen der Zeit und die irreversiblen Prozesse in Zusammenhang miteinander bringen.

Ein Mensch wird geboren, er wächst, er wird erwachsen, er wird alt, und er stirbt. Das Leben ist nicht umkehrbar.

Sie werden sagen, dies sei Biologie — also Erscheinungen, die mit Physik nichts zu tun haben. In Wahrheit gibt es hier durchaus Beziehungen zur Physik. Doch darüber später mehr. Zunächst wollen wir uns ein schwingendes Pendel anschauen. Früher oder später wird es infolge der Reibung in der Aufhängung und aufgrund des Luftwiderstandes stehenbleiben. Dabei wird Wärme abgegeben. Der Prozeß ist irreversibel — die abgegebene Wärme wird nicht wieder in Schwingungsenergie umgewandelt.

Um diesen Vorgang mathematisch auszudrücken, muß man in die Bewegungsgleichung die Reibungskraft einführen, die — wie die Erfahrung lehrt — proportional zur Geschwindigkeit des Körpers ist. Auf diese Weise geht $v = \mathrm{d}s/\mathrm{d}t$ in die Gleichung ein, d. h., die Zeit ist linear enthalten, und die Invarianz gegen das Ersetzen von t durch $-t$ ist nicht mehr gegeben.

Befinden sich zwei Körper unterschiedlicher Temperaturen miteinander im Kontakt, dann fließt Wärme (Wärmestoff?) vom wärmeren zum weniger warmen Körper. Die Temperaturen gleichen sich aus. Der Temperaturunterschied — das ist die Vergangenheit; die Gleichheit der Temperaturen — das ist die Zukunft. Der Prozeß des Übergangs von Wärme von dem einen Körper zum anderen ist irreversibel. Es ist unmöglich, daß sich ein

Körper, der eine bestimmte Temperatur besitzt, selbsttätig in zwei Teile — einen wärmeren und einen kälteren — aufteilt.

Vor der Erfindung von Wärmekraftmaschinen gab es mechanische Maschinen, angefangen beim Hebel und bei der Rolle. In diesen Maschinen wurde Bewegung umgeformt, Energie umgewandelt. Doch nichts, so schien es, verschwand in ihnen unwiederbringlich. Währenddessen werden in der Feuerung einer Wärmekraftmaschine Kohle oder Holz unwiderruflich verbrannt.

An dieser Stelle sind wir jedoch eine Präzisierung schuldig. Wenn wir von mechanischen Erscheinungen, von mechanischen Maschinen sprechen, lassen wir Reibung, Luftwiderstand u. ä. außer Betracht. In jeder mechanischen Maschine tritt aber in Wirklichkeit Reibung auf, in deren Ergebnis es zur Abgabe von Wärme kommt, zu dem irreversiblen Prozeß der Umwandlung mechanischer Energie in Wärmeenergie.

Es zeigte sich, daß die Unterschiede zwischen mechanischen und thermischen Erscheinungen in engem Zusammenhang mit den grundlegendsten Fragen der Naturwissenschaften stehen. Die Aufdeckung der Natur und der Bedeutung irreversibler Prozesse wurde zu einem der zentralen Probleme der Physik des 19. Jahrhunderts. Und nicht nur der Physik.

Da in einem (reibungsfreien) mechanischen System das Vorzeichen der Zeit nicht wesentlich ist, kennt ein solches System keine irreversible Entwicklung. Ein System dagegen, in dem thermische Prozesse ablaufen, hat die Fähigkeit zu irreversibler Entwicklung, d. h. zur Evolution. Zu einem klaren Verständnis dieser Fähigkeit kam die Wissenschaft erst dreißig Jahre nach CARNOTS Büchlein, doch bereitete CARNOT mit ihm den Boden dafür.

Man sollte nicht außer acht lassen, daß in denselben Jahrzehnten in der Biologie die Evolutionstheorie aufgebaut wurde, die in CHARLES DARWINS 1859 herausgegebenem Werk „Über die Entstehung der Arten durch natürliche Zuchtwahl“ ihre geschlossene Darstellung fand. Es ging um Evolution, d. h. um irreversible Entwicklung der belebten Natur. Die Verbindungen von Biologie und Physik, die es anfangs gar nicht zu geben schien, spielten eine außerordentlich große Rolle in der Entwicklung der Wissenschaft. Und wie es nicht verwundern kann, half die Biologie der Physik mehr, als die Physik der Biologie. Wir werden darauf zu sprechen kommen.

Was tat nun Carnot?

Carnot schuf die Grundlagen der Thermodynamik, eines der Hauptgebiete der Physik.

Die Thermodynamik stellt allgemeine Gesetze bereit, die die Zusammenhänge von physikalischen Größen bestimmen, mit deren Hilfe beliebige Prozesse in Natur und Technik beschrieben werden — Prozesse, bei denen Energie von einem Körper auf einen anderen übertragen oder eine Energieform in eine andere umgewandelt wird. Zu diesen Prozessen gehören auch die thermischen. Die Thermodynamik ist eine phänomenologische Wissenschaft. Das bedeutet, daß ihre Aussagen universellen Charakter besitzen, unabhängig von den konkreten Stoffen, die an den jeweiligen energetischen Prozessen beteiligt sind. In diesem Sinne steht die Phänomenologie, also die Thermodynamik, im Gegensatz zur Atom- und Molekülphysik, die die konkreten Eigenschaften und die Struktur materieller Körper zu untersuchen hat.

Carnot bediente sich der Vorstellung von einem Wärmestoff. In Übereinstimmung mit den seinerzeit anerkannten Auffassungen hielt er den Wärmestoff für gewichtslos und unzerstörbar. Fürwahr — ein sehr eigenartiger Stoff! Carnot schrieb: „Die Entstehung der bewegenden Kraft ist in den Dampfmaschinen keinem tatsächlichen Verlust an Wärmestoff geschuldet, sondern dessen Übergang vom heißen Körper auf den kalten ... Es genügt nicht, Wärme zu erzeugen, um das Auftreten einer bewegenden Kraft hervorzurufen: man muß noch Kälte hinzufügen, ohne sie bliebe die Wärme nutzlos ...“

Die These von der Unzerstörbarkeit der Wärme, in welcher Gestalt auch immer diese auftreten mag, ist natürlich falsch. Doch alles übrige an Carnots Worten ist richtig. Für eine „bewegende Kraft“, für die Erzeugung von Arbeit, ist ein Temperaturunterschied erforderlich. Carnot betrachtet einen reversiblen Kreisprozeß (Zyklus):

„Wollen wir eine bewegende Kraft erhalten, indem wir eine bestimmte Wärmemenge von dem Körper A zu dem Körper B übertragen, so können wir folgendermaßen vorgehen:

1. Dem Körper A Wärmestoff entziehen für die Erzeugung von Dampf ... Wir nehmen an, daß der Dampf sich genau bei der Temperatur des Körpers A bildet.
2. Den Dampf in ein erweiterungsfähiges Gefäß einlassen, bei-

spielsweise in einen Zylinder mit einem Kolben; das Volumen des Gefäßes vergrößert sich, und gleichzeitig vergrößert sich auch das Volumen des Dampfes. Der expandierte Dampf verringert seine Temperatur ... Wir nehmen an, daß die Verdünnung so lange fortgesetzt wird, bis die Temperatur gleich der des Körpers B ist.

3. Den Dampf kondensieren, indem er mit dem Körper B in Berührung gebracht und gleichzeitig auf ihn ein konstanter Druck ausgeübt wird, bis er sich schließlich in Flüssigkeit verwandelt hat ...“

Auf diese Weise fungiert der Körper A als Heizkörper und der Körper B als Kühlsystem. Carnot merkt an, daß man die aufgezählten Operationen sowohl in der angegebenen als auch in der umgekehrten Reihenfolge durchführen kann. „Nichts steht dem im Wege, den Dampf mit Wärmestoff vom Körper B und bei der Temperatur dieses Körpers zu erzeugen, ihn so zu komprimieren, daß er sich auf die Temperatur des Körpers A erwärmt, und ihn schließlich in der Berührung mit diesem Körper zu kondensieren.“

Der Zyklus ist in dem Sinne umkehrbar, daß das System auf diesem Wege in den Ausgangszustand zurückkehrt. Indessen ist der Übergang von Wärme vom heißen zum kalten Körper irreversibel — für die Durchführung des Umkehrprozesses muß Arbeit aufgewendet werden.

Des weiteren zeigt Carnot, aufbauend auf der Unmöglichkeit eines ewigen Bewegers — eines Perpetuum mobile —, die als Naturgesetz bereits erkannt war, daß der beschriebene Prozeß die maximale bewegende Kraft, also Arbeit, erbringt. Diese Überlegung ist äußerst bemerkenswert.

„Gäbe es Stoffe, die für die Wärmenutzung vorteilhafter wären als die, die wir verwenden, d. h., wenn es möglich wäre ..., aus dem Wärmestoff eine größere Menge an bewegender Kraft zu erhalten ..., dann bedürfte es nur eines Teiles dieser Kraft, um mit der beschriebenen Methode den Wärmestoff vom Körper B zum Körper A zurückzuführen, ... und der Ausgangszustand wäre wiederhergestellt; es wäre möglich, einen solchen Zyklus von neuem zu beginnen und so fortzufahren: Dies wäre nicht nur ein ewiger Beweger, sondern auch eine unbegrenzte Erzeugung bewegender Kraft ohne Verlust an Wärmestoff oder an irgendwelchen anderen Agenzien.“

Und als abschließende, wichtigste These: „Die bewegende Kraft der Wärme hängt nicht von den Agenzien ab, die zu ihrer Erzeugung verwendet werden; ihr Betrag wird ausschließlich durch die Temperaturen der Körper bestimmt, zwischen denen letzten Endes die Übertragung von Wärmestoff erfolgt.“

Mit anderen Worten, der Wirkungsgrad einer Wärmekraftmaschine ist, unabhängig davon, was für ein Gas in ihr expandiert wird, allein durch die Temperaturen der beiden Wärmereservoire gegeben. Die erzeugte Arbeit („bewegende Kraft“) ist um so größer, je größer der Unterschied dieser Temperaturen ist. Einen exakten quantitativen Ausdruck für den Wirkungsgrad indes konnte CARNOT nicht finden — dem stand die Unzerstörbarkeit des Wärmestoffes im Wege.

Das Bemerkenswerte an CARNOTS Arbeit ist die Breite und Vielseitigkeit der Analyse, die folgerichtige Durchführung seines Gedankenexperiments — des Kreisprozesses. Bemerkenswert sind die allgemeinen, von der Natur des Arbeitsstoffes unabhängigen Ergebnisse.

Die Veröffentlichung CARNOTS blieb über eine Reihe von Jahren hin ohne Wirkungen. Die Zeitgenossen verstanden diese Arbeit zunächst nicht und erkannten nicht ihre Bedeutung. Solches widerfuhr in der Geschichte der Wissenschaft manch einer Veröffentlichung, die ihrer Zeit voraus war. So mußte die Arbeit GREGOR MENDELS über die von ihm entdeckten Gesetze der Genetik 40 Jahre auf Verständnis und Anerkennung warten. In unserer Zeit treten solche Situationen aufgrund immer größerer Internationalisierung der Wissenschaft und umfassender Information über die Arbeiten der Wissenschaftler sehr selten auf.

Der Carnotsche Kreisprozeß

1834 befaßte sich der französische Physiker und Ingenieur BENOIT PAUL CLAPEYRON mit der Arbeit CARNOTS und brachte dessen Aussagen in mathematische Form — in die Form, in der der „Carnotsche Kreisprozeß“ in der Physik heute beschrieben wird. Und die Beschreibung dieses Prozesses ist unverzichtbar, denn es fände sich keine bessere Möglichkeit, an den wissenschaftlichen Inhalt des Begriffes der Entropie heranzuführen, keine geeignetere Möglichkeit, die Wirkungsweise einer Wärmekraftmaschine zu erklären.

Also ist der Carnotsche Kreisprozeß befreit vom Wärmestoff und seiner Unzerstörbarkeit. Was trat an dessen Stelle?

An seine Stelle trat die Energie, über die wir im nächsten Kapitel reden wollen. Im Vorgriff darauf sei hier so viel gesagt: Jeder Körper, im speziellen ein Dampf oder ein Gas, wird unter definierten Bedingungen durch eine ganz bestimmte innere Energie charakterisiert. Was heißt das, unter definierten Bedingungen? Das heißt zum Beispiel bei gegebener Temperatur und gegebenem Volumen, das von dem Gas eingenommen wird.

Die innere Energie ist somit eine Funktion des Zustands des Körpers. Sie kann sich ändern bei der Wechselwirkung des Körpers mit anderen Körpern, auch infolge von Erwärmung oder Abkühlung oder nachdem Arbeit verrichtet wurde. Folglich schreiben wir die Änderung der inneren Energie eines Gases, $E_1 - E_0$, in der Form

$$E = E_1 - E_0 = Q - W = Q + A. \qquad (1.7)$$

Dabei bezeichnet Q die Wärmemenge, die ohne Verrichtung von Arbeit vom warmen Reservoir an das Gas abgegeben wird, und W die Arbeit, die das Gas bei seiner Expansion leistet. A ist die am System geleistete Arbeit; sie ist hier negativ ($A = -W$).

In der Gleichung (1.7) – siehe auch (1.1) – treten Wärme und Arbeit gleichberechtigt auf. Die Wärmemenge wurde früher in Kalorien (cal) gemessen, die Arbeit in kp · m. Offensichtlich ist die Gleichung (1.7), die ein Gesetz für die Erhaltung und Umwandlung der Energie zum Ausdruck bringt, nur dann sinnvoll und richtig, wenn es ein mechanisches Wärmeäquivalent bzw. ein thermisches Äquivalent der Arbeit gibt – einen Umrechnungsfaktor für den Übergang von Wärmeeinheiten zu mechanischen Einheiten und umgekehrt. Wir kommen im nächsten Kapitel (S. 31) darauf zurück.

Worin bestand die Fehlerhaftigkeit der Wärmestofftheorie? Sie bestand darin, anzunehmen, man könne die Menge an Wärmestoff, d. h. die Wärme, angeben, die in einem Körper enthalten ist. Aus

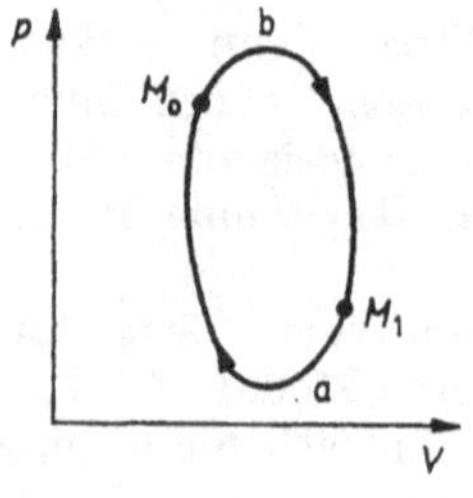

Abb. 1.1 Zustände eines Gases und Übergänge zwischen ihnen

der Beziehung (1.7) folgt, daß die Behauptung, „der Körper enthält die Wärmemenge Q“, sinnlos ist. Wir werden das beweisen.

In Abbildung 1.1 sind Zustände eines Gases in den Koordinaten p und V, dem Druck und dem Volumen, dargestellt. Im Zustand M_0 ist die Energie des Gases größer als im Zustand M_1. Wir nehmen an, diese beiden Zustände unterscheiden sich tatsächlich in ihrem Wärmeinhalt. Im Zustand M_0 sei er gleich Q_0, im Zustand M_1 gleich

$$Q_1 = Q_0 + Q_{01}, \tag{1.8}$$

wobei Q_{01} die Wärmemenge bezeichne, die wir beim Übergang vom Zustand M_0 in den Zustand M_1 erhalten — unabhängig von dem Weg, auf dem der Übergang erfolgt. Nach (1.7) ist

$$Q_{01} = E_1 - E_0 + W_{01}$$

mit W_{01} als der Arbeit, die der Körper beim Übergang $M_0 \to M_1$ verrichtet.

Unter der Voraussetzung eines Unterschiedes der inneren Energien von $E_1 - E_0$ führen wir den Übergang bei hohen Drücken — längs der Kurve b — durch, also bei $W_{01} > E_0 - E_1$ und $Q_{01} > 0$. Das bedeutet, „der Körper enthält in M_1 mehr Wärme als in M_0“.

Nunmehr führen wir den Übergang in umgekehrter Richtung über die Kurve a bei so niedrigen Drücken, daß $W_{01} < E_0 - E_1$ ist. Dann haben wir $Q_{01} < 0$, und „der Körper enthält in M_1 weniger Wärme als in M_0“. Wir sind auf einen Widerspruch gestoßen. Die „Wärmemenge Q in einem Körper“ erweist sich als abhängig von dem Weg, auf dem der Übergang in einen betrachteten Zustand erfolgt. Davon zu sprechen, ein Körper enthalte eine bestimmte Menge an Wärme, ist nicht vernünftiger, als zu sagen, in einem Körper stecke eine bestimmte Arbeit. Wärme und Arbeit sind keine Funktionen des Zustands eines Körpers — im Gegensatz zu seiner inneren Energie. Wärme und Arbeit charakterisieren eine Form des Energie*austausches* zwischen zwei Körpern.

Nachdem wir auf solche Weise den Wärmestoff losgeworden sind (aber die molekulare Natur der Wärme und der Temperatur noch ganz und gar nicht ergründet haben), schauen wir uns den Carnotschen Kreisprozeß an.

Wir haben ein warmes und ein kaltes Reservoir. Arbeitsstoff ist ein ideales Gas, d. h. ein hinreichend verdünntes Gas, für dessen Moleküle angenommen werden darf, sie stünden nicht miteinander in Wechselwirkung.

Der Carnot-Zyklus verläuft in vier Teilprozessen:

a) Das Gas expandiert bei konstanter Temperatur. Es erfolgt also eine isotherme Expansion. Das Verhalten eines idealen Gases wird durch die Clapeyron-Mendelejewsche Gleichung (1.2)

$$pV = RT$$

beschrieben. Demzufolge läßt sich die isotherme Expansion des Gases im p, V-Diagramm durch die Hyperbel $pV = RT_1$ darstellen, wobei T_1 die Temperatur des warmen Reservoirs sei (Abb. 1.2). Dabei leistet das Gas eine Arbeit, deren Betrag gleich der schraffierten Fläche unter der Kurve ist.

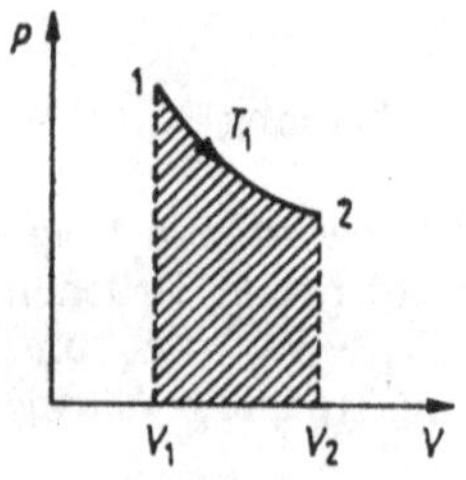

Abb. 1.2 Isotherme Expansion eines Gases

In der Festkörpermechanik wird die Arbeit definiert als das Produkt aus der Kraft und dem Weg. Die Kraft ist in der Physik der Gase und Flüssigkeiten gleich dem Produkt aus dem Druck p und der Fläche s:

$$f = ps.$$

Dabei bezeichnet s die Fläche des Kolbens, der sich in einem gasgefüllten Zylinder bewegt.

Das (unvollständige) Differential der Arbeit ist gleich

$$d'W = f\,dl = ps\,dl = p\,dV;$$

dl steht für den infinitesimalen Weg, d. h. die Verschiebung des Kolbens, und $dV = s\,dl$ für die Änderung des Gasvolumens.

Die Arbeit ist gleich dem Integral über $p\,dV$ von V_1 bis V_2:

$$W = \int_{V_1}^{V_2} p\,dV.$$

b) Wir isolieren das Gas von dem warmen Behälter — wir entziehen ihm keine Wärme, noch führen wir ihm welche zu. Das Gas dehnt sich weiter aus. Eine solche Expansion ohne Wärmeaustausch heißt adiabatisch. Eine Adiabate verläuft steiler als eine Isotherme. Sie wird durch die Formel

$$pV^{\gamma} = \text{const} \tag{1.9}$$

mit $\gamma > 1$ beschrieben. Die Bedeutung von γ wird später deutlich werden. Bei der adiabatischen Expansion nimmt die Temperatur ab. Wir führen die Expansion bis zu dem Punkt 3, der dem Volumen V_3 entspricht und auf der Isotherme der Temperatur T_2 des kalten Behälters liegt (Abb. 1.3). Die geleistete Arbeit ist wiederum durch die Fläche unter der Kurve dargestellt.

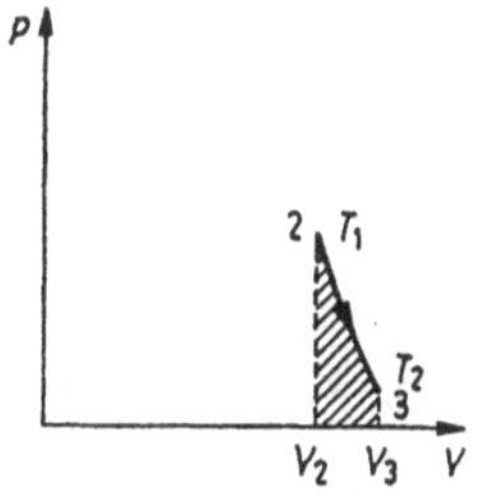

Abb. 1.3 Adiabatische Expansion eines Gases

c) Im dritten Teilprozeß führen wir eine isotherme Kompression des Gases bei der Temperatur T_2 durch, indem wir das Gas in Kontakt mit dem kalten Reservoir bringen. Dafür ist die Arbeit aufzuwenden, die durch die schraffierte Fläche in Abbildung 1.4 veranschaulicht wird. Die Kompression führen wir bis zu dem Volumen V_4, das zu der Adiabate gehört, auf der der Ausgangspunkt liegt.

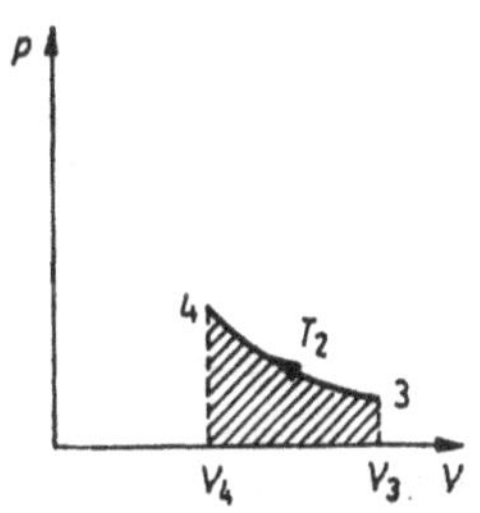

Abb. 1.4 Isotherme Kompression eines Gases

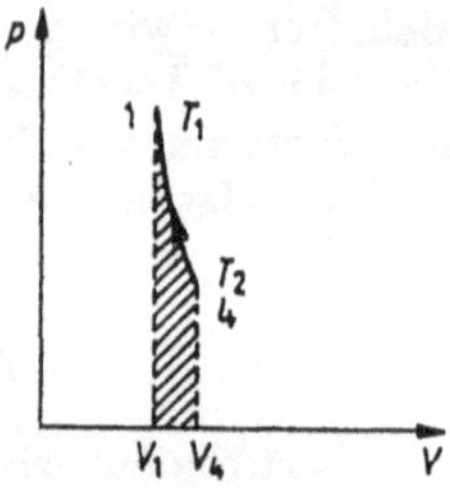

Abb. 1.5 Adiabatische Kompression eines Gases

d) Schließlich isolieren wir das Gas erneut adiabatisch und komprimieren es unter Aufwendung von Arbeit längs der Adiabate (Abb. 1.5) bis zum Anfangsvolumen V_1.

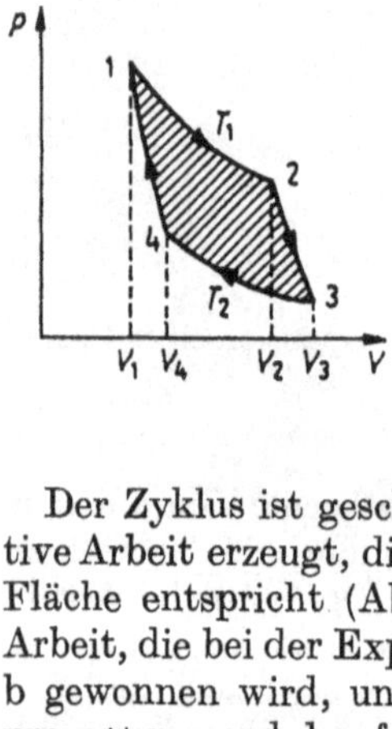

Abb. 1.6 Der Carnotsche Kreisprozeß

Der Zyklus ist geschlossen. In seinem Verlauf wurde eine positive Arbeit erzeugt, die der von der Prozeßkurve eingeschlossenen Fläche entspricht (Abb. 1.6), d. h. gleich der Differenz aus der Arbeit, die bei der Expansion des Gases in den Teilprozessen a und b gewonnen wird, und der bei seiner Kompression in den Teilprozessen c und d aufgewendeten Arbeit ist. Dabei erhielt das Gas aus dem warmen Reservoir eine bestimmte Wärmemenge Q_1 bei der Temperatur T_1 und gab an das kalte Reservoir die geringere Wärmemenge Q_2 bei der Temperatur T_2 ab. Es gilt

$$W = Q_1 - Q_2 \tag{1.10}$$

bzw.

$$Q_1 = W + Q_2 > W. \tag{1.10a}$$

Nur der Anteil $Q_1 - Q_2$ der Wärme wird in Arbeit umgewandelt.

Der Wirkungsgrad η des Kreisprozesses, d. h. das Verhältnis von gewonnener Arbeit zu verbrauchter Wärme, ist gleich

$$\eta = \frac{W}{Q_1} = \frac{Q_1 - Q_2}{Q_1}. \tag{1.11}$$

Wie hängt nun der Wirkungsgrad von den Temperaturen des warmen bzw. des kalten Reservoirs, T_1 und T_2, ab? Wir wissen bereits, CARNOT hielt diese Abhängigkeit für wohldefiniert.

Die thermodynamische Temperatur

Um was für eine Temperatur handelt es sich eigentlich? In der Gleichung (1.2) steht die Temperatur nach der Kelvin-Skale, die in Kelvin (K) gemessen wird. Für diese Temperatur mißt man auf der Celsius-Skale Werte ab −273,15 °C, was dem Nullpunkt der Kelvin-Skale (0 K), dem sogenannten absoluten Nullpunkt der Temperatur, entspricht. Wie wird nun die thermodynamische Temperatur eingeführt?

Für ein beliebiges ideales Gas ist die Zustandsgleichung

$$pV = \Phi(\theta) \tag{1.12}$$

erfüllt, wobei Φ eine universelle Funktion der Temperatur θ sei. Die Erfahrung lehrt, daß diese Funktion linear mit der Temperatur wächst. Die Temperatur θ definieren wir in der Form

$$\theta = \alpha pV + \beta \tag{1.13}$$

mit den Konstanten α und β. Dann können wir für die Schmelztemperatur des Eises und für die Siedetemperatur des Wassers (in Grad Celsius) schreiben:

$$0 = \alpha(pV)_0 + \beta, \qquad 100 = \alpha(pV)_{100} + \beta. \tag{1.14}$$

Für die Bestimmung von α und β verwenden wir die Gleichung (1.14). Wir finden

$$\alpha = \frac{100}{(pV)_{100} - (pV)_0}, \qquad \beta = -\frac{100(pV)_0}{(pV)_{100} - (pV)_0}. \tag{1.15}$$

Aus (1.13) und (1.15) erhalten wir

$$\theta = \frac{pV - (pV)_0}{(pV)_{100} - (pV)_0}\, 100\,°\mathrm{C}. \tag{1.16}$$

Aus Experimenten ist bekannt, daß für ein verdünntes, also ein ideales Gas

$$\frac{(pV)_{100}}{(pV)_0} = 1{,}366 \tag{1.17}$$

gilt. Aus (1.16) und (1.17) folgt

$$pV = (pV)_0\,(1 + 0{,}003\,66\,\theta/°\mathrm{C}). \tag{1.18}$$

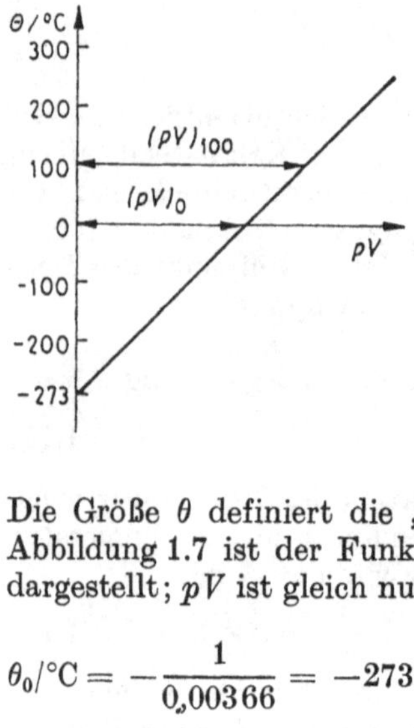

Abb. 1.7 Abhängigkeit der „Temperatur des idealen Gases“ θ von pV

Die Größe θ definiert die „Temperatur des idealen Gases“. In Abbildung 1.7 ist der Funktionsverlauf von $\theta(pV)$ gemäß (1.18) dargestellt; pV ist gleich null für

$$\theta_0/°\mathrm{C} = -\frac{1}{0{,}003\,66} = -273{,}15. \tag{1.19}$$

Verschieben wir den Koordinatenursprung der Temperatur nach $-273{,}15\,°\mathrm{C}$, so erhalten wir die Temperatur T in Kelvin:

$$T/K = (\theta - \theta_0)/°\mathrm{C} = (\theta/°\mathrm{C} + 273{,}15); \tag{1.20}$$

bei $T = 0$ K ist pV gleich null. Indem wir (1.20) in (1.18) einsetzen, finden wir

$$pV = \frac{(pV)_{0°\mathrm{C}}}{273{,}15}\,T/\mathrm{K}. \tag{1.21}$$

Bei 0 °C und Normaldruck nimmt ein Mol eines Gases – d. h. eine Gasmenge, deren Masse der Molekülmasse in Gramm entspricht — ein Volumen von 22,414 l ein. Mit diesen Zahlenwerten erhalten wir

$$R = \frac{(pV)_{0\,°\mathrm{C}}}{273{,}15} = 8{,}314\ \mathrm{J/(mol \cdot K)}. \tag{1.22}$$

Wir wollen nun den Wirkungsgrad des Carnot-Prozesses über T_1 und T_2 — die Temperaturen der beiden Wärmebehälter — ausdrücken.

Die Wärmemenge, die von dem warmen Reservoir der Temperatur T an den Arbeitskörper abgegeben wird, ist eine Funktion der Temperatur:

$$Q = \varphi(T): \tag{1.23}$$

Diese Funktion ist positiv, sie wächst proportional zur Temperatur:

$$T = \xi Q: \tag{1.24}$$

Für die Bestimmung von ξ benutzen wir wie vorher die Forderung, daß der Unterschied zwischen der Temperatur tauenden Eises und der Temperatur siedenden Wassers 100 Kelvin betragen soll. Dann gilt

$$100\ \mathrm{K} = \xi(Q_{100} - Q_0) \quad \text{und} \quad \xi = \frac{100\ \mathrm{K}}{Q_{100} - Q_0} > 0. \tag{1.25}$$

Wir erhalten

$$T = \frac{100\ \mathrm{K}}{Q_{100} - Q_0} Q \quad \text{oder} \quad Q = \frac{Q_{100} - Q_0}{100\ \mathrm{K}} T. \tag{1.26}$$

Setzen wir Q_1 und Q_2 in der Form (1.26) in die Beziehung (1.11) für den Wirkungsquerschnitt ein, dann ergibt sich

$$\eta = \frac{T_1 - T_2}{T_1}. \tag{1.27}$$

Demnach zeichnet sich eine Wärmekraftmaschine mit einem idealen Gas als Arbeitsstoff — in Übereinstimmung mit den tiefschürfenden Ideen CARNOTS — durch den höchsten möglichen Wirkungsgrad entsprechend Formel (1.27) aus. Nur für $T_2 = 0\ \mathrm{K} = -273{,}15\ °\mathrm{C}$ ist der Wirkungsgrad gleich eins.

2. Die Hauptsätze der Thermodynamik

Lomonossow und die Erhaltungssätze

In etwas altmodischer und feierlicher Art nennt man das Gesetz von der Erhaltung und Umwandlung der Energie den ersten Hauptsatz der Thermodynamik. Was unter dem zweiten und dritten Hauptsatz zu verstehen ist, werden wir bald erfahren. Bleiben wir zunächst beim ersten.

Wer entdeckte ihn? Ist diese Frage überhaupt wichtig? Welche Bedeutung hat die Priorität einer Entdeckung?

Wir leben in einer realen, nicht in einer utopischen Welt. In dieser Welt existieren solche Begriffe wie Nationalbewußtsein. Ein Land, eine Nation, ein Volk hat allen Grund, stolz auf das zu sein, was seine schöpferischen Geister — seine Schriftsteller, Künstler und Wissenschaftler — geschaffen haben. Deshalb ist es gesetzmäßig und vernünftig, daß die Gesellschaft den Fragen der Priorität Aufmerksamkeit und Interesse schenkt — unter der Bedingung, die Priorität streng sachlich und exakt zu bestimmen ohne den Versuch, die Errungenschaften anderer Länder und Völker herabzusetzen.

Zum Ruhme der russischen Wissenschaft wird zuweilen behauptet, daß Michail Lomonossow das Gesetz der Erhaltung der Energie entdeckt habe. Das trifft nicht zu. Lomonossow fand das Gesetz der Erhaltung der Masse, begründete die kinetische Theorie der Wärme, schuf eine Vielzahl anderer hervorragender Arbeiten auf mehreren Gebieten der Natur- und Humanwissenschaften. „Er war", wie es Puschkin ausdrückte, „unsere erste Universität". Doch den Energieerhaltungssatz hat er nicht entdeckt.

Der große russische Gelehrte, Dichter und Künstler Lomonossow hat es nicht nötig, daß ihm eine Entdeckung zugeschrieben wird, die er nicht gemacht hat.

Worauf aber gründet sich diese mehrmals veröffentlichte Mutmaßung über Lomonossow?

Sie basiert auf einem einzigen Gedanken, den Lomonossow in

einem Brief an LEONHARD EULER vom 5. Juli 1748 äußerte. Nachdem er seine Entdeckung des Gesetzes von der Erhaltung der Masse — des Stoffes — beschrieben hat, ergänzt LOMONOSSOW noch zur Erklärung: „Ebensoviel Materie, wie zu einem beliebigen Körper hinzugefügt wird, geht also einem anderen Körper verloren ... Da dies ein universelles Naturgesetz ist, erstreckt sich seine Gültigkeit auch auf die Bewegung von Körpern: Stößt ein Körper mit einem anderen zusammen und versetzt diesen dadurch in Bewegung, so büßt er dabei selbst genausoviel von seiner Bewegung ein, wie er dem anderen verleiht."

Also bleibt die Bewegung erhalten. Aber was ist das — Bewegung? Ist das die kinetische Energie, damals als lebendige Kraft bezeichnet, $mv^2/2$ (mit der Masse m und der Geschwindigkeit v) oder die Bewegungsgröße, der Impuls mv? Den Begriff der Energie gab es im 18. Jahrhundert noch nicht, und er konnte sich auch vor dem 19. Jahrhundert, dem Jahrhundert des Dampfes und der Elektrizität, nicht herausbilden.

LOMONOSSOW schreibt über die Erhaltung der Bewegung wie über etwas ganz Selbstverständliches. Das ist berechtigt: Bereits mehr als hundert Jahre vor LOMONOSSOV schrieb der französische Philosoph, Mathematiker und Physiker RENÉ DESCARTES: „Ich behaupte, es existiert in aller geschaffenen Materie eine gegebene Bewegungsgröße, die niemals anwächst und niemals abnimmt." In den 1644 erschienenen „Principia philosophiae" formulierte DESCARTES seine „Gesetze der Natur". Das dritte dieser Gesetze lautet: „Wenn ein bewegter Körper auf einen anderen, stärkeren Körper trifft, dann verliert er nichts von seiner Bewegung; trifft er jedoch auf einen schwächeren, den er verschieben kann, so verliert er ebensoviel an Bewegung, wie er jenem übermittelt."

LOMONOSSOW kannte die Arbeiten DESCARTES ausgezeichnet, und dessen Worte imponierten ihm mehr als die strengen Sätze und Formeln der Newtonschen „Principia philosophiae naturalis".

Wie dem auch sei, jedenfalls entdeckte LOMONOSSOW einen sehr bedeutsamen Erhaltungssatz — das Gesetz der Erhaltung der Masse. Die Konzeption der Erhaltung, der Unmöglichkeit, aus nichts etwas hervorzubringen, setzte sich in der Physik des 18. Jahrhunderts durch. In diesem Zusammenhang ist übrigens auch die „Unzerstörbarkeit" der fiktiven Substanz „Wärmestoff" zu sehen. Die Französische Akademie der Wissenschaften erklärte 1775, sie lehne die Erörterung jeglicher Projekte eines Perpetuum mobile ab.

Wir stoßen hier auf physikalische Aussagen von großer Bedeutung und hohem Allgemeinheitsgrad. Das Weltall, die Natur ist in einer ganz bestimmten Art und Weise aufgebaut. Es existieren objektive Naturgesetze. Die Aufgabe der Wissenschaft besteht darin, sie zu entdecken, nicht aber darin, sie zu widerlegen. Häufig wird ein Naturgesetz als ein nicht zu durchbrechendes Verbot formuliert. So verbietet die Natur ein Perpetuum mobile, und es wird niemals eins konstruiert werden.

Menschen, die der Wissenschaft fernstehen, verstehen das nicht. Sagt man ihnen, daß ihre Behauptungen nachgewiesenen wissenschaftlichen Grundsätzen widersprechen, so halten sie entgegen: „Na ja, Sie sagen, daß dies nicht sein kann, weil es niemals sein könne. Dabei kann schon heute geschehen, was noch gestern unmöglich schien!" Hier ist jeder Streit sinnlos.

Das Institut für Biologische Physik der Akademie der Wissenschaften der UdSSR bringt von Zeit zu Zeit sehr gute populärwissenschaftliche Filme heraus. Der wohl beste von ihnen, der über erstklassige Arbeiten der Wissenschaftler dieses Institutes erzählt, ging mit dem effektvollen Titel „Sage niemals nie!" über die Leinwand. Mit anderen Worten — alles ist möglich, es existieren keine Verbote, keine Festungen, die die Wissenschaftler nicht einnehmen könnten, usw. Doch dem ist nicht so. Die Gesetze der Thermodynamik werden niemals verletzt werden, und niemals wird zwei mal zwei fünf sein.

Der Energieerhaltungssatz

Wie wurde der Energieerhaltungssatz nun wirklich entdeckt?

Wir hatten weiter oben festgestellt, daß im 19. Jahrhundert die Physik von der Biologie mehr Unterstützung erfuhr, als die Biologie von der Physik. Das gilt auch für den ersten Hauptsatz der Thermodynamik.

1840 hielt sich der junge deutsche Arzt JULIUS ROBERT V. MAYER in den Tropen, auf der Insel Java, auf. Seine Aufmerksamkeit erregte die Beobachtung, daß das venöse Blut der Menschen in den Tropen in seiner Farbe dem arteriellen nahekommt: es ist hell-, nicht dunkelrot. MAYER machte die richtige Annahme, daß die Veränderung der Farbe des Blutes mit der Anlagerung von Sauerstoff zusammenhängt — das sauerstoffreiche arterielle Blut ist heller als das sauerstoffarme venöse. Die Körperwärme ist ein Ergebnis der Oxidation, eines Prozesses von der Art einer Verbrennung. MAYER schrieb: „Für die Aufrechterhaltung einer gleichmäßigen Temperatur des menschlichen Körpers muß die Entstehung von Wärme in ihm in einer bestimmten quantitativen Beziehung zu seinem Wärmeverlust stehen, d. h. auch zur Temperatur der Umgebung; deshalb müssen sowohl die Entstehung als auch der Farbunterschied der beiden Blutarten im allgemeinen in der tropischen Zone schwächer als in kühleren Ländern sein."

Damit fing es an. MAYER gelangte dann zu der allgemeinen Schlußfolgerung: „Bei allen physikalischen und chemischen Prozessen bleibt die gegebene Kraft eine konstante Größe." Was MAYER als Kraft bezeichnete, nennen wir heute Energie. Er schrieb: „Eine Lokomotive und ihren Zug kann man mit einem Destillationsapparat vergleichen; die unter dem Kessel erzeugte Wärme wird in Bewegung umgewandelt, und diese setzt sich auf den Achsen der Räder erneut als Wärme ab." Es blieb nicht bei allgemeinen Behauptungen. Aus dem Vergleich der Wärmekapazitäten von Luft bei konstantem Druck bzw. bei konstantem Volumen, C_p und C_V, bestimmte MAYER quantitativ das mechanische Wärmeäquivalent, den Umrechnungsfaktor zwischen Wärme und Arbeit. Zu diesem Zweck setzte er (1841) die Differenz der Wärmekapazitäten $C_p - C_V$ gleich der Arbeit, die von einem unter Druck stehenden Gas bei seiner Ausdehnung geleistet wird. Mayer fand, daß 1 Kilokalorie äquivalent zu 365 kp · m ist. Als Kilokalorie wird dabei die Wärme bezeichnet, die man benötigt, um 1 kg Wasser von 14,5 °C auf 15,5 °C zu erwärmen.

Damit war das Gesetz der Erhaltung und Umwandlung der Energie entdeckt.

1843 ermittelte JAMES JOULE, noch ohne die Arbeit MAYERS zu kennen, das mechanische Wärmeäquivalent in jenem Experiment, das später in allen Lehrbüchern beschrieben wurde: JOULE erhitzte in einem Kalorimeter Wasser durch Reibung — mit Hilfe eines kleinen rotierenden Schaufelrades — und bestimmte das Verhältnis zwischen der dabei verrichteten Arbeit und der abgegebenen Wärme. Sein Ergebnis waren 460 kp · m als Äquivalent für 1 kcal.

Der moderne exakte Wert des mechanischen Wärmeäquivalents beträgt 427 kp · m bzw. $4{,}18605 \cdot 10^{10}$ erg = 4186 J. Es sei angemerkt, daß heute durch konsequente Verwendung der SI-Einheit Joule für alle Energieformen jegliche Umrechnung überflüssig wird.

1847 formulierte der deutsche Naturforscher HERMANN V. HELMHOLTZ das Gesetz der Erhaltung und Umwandlung der Energie in allgemeiner, strenger mathematischer Form, indem er insbesondere bewies, daß die Energie ein Integral der Bewegungsgleichungen der Mechanik ist. Interessant ist, daß HELMHOLTZ — seiner Ausbildung nach Arzt wie MAYER — ebenfalls von biologischen Erscheinungen her zu diesem Gesetz kam. HELMHOLTZ schrieb: „Nach STAHL sind die in einem lebenden Körper wirkenden Kräfte gerade die physikalischen und chemischen Kräfte der Organe und Substanzen, aber eine gewisse, dem Körper eigentümliche Lebensseele oder Lebenskraft vermag diese Kräfte zu fesseln oder frei wirken zu lassen ... Ich fand, daß die Theorie STAHLS jedem lebenden Körper die Eigenschaft eines sogenannten Perpetuum mobile (eines ewigen Bewegers) zuschreibt ... Auf diese Weise stieß ich auf die Frage: Welche Beziehungen müssen zwischen den verschiedenen Kräften der Natur bestehen, wenn man davon ausgeht, daß ein Perpetuum mobile vollkommen unmöglich ist ..."

Indem HELMHOLTZ den Vitalismus in der Biologie widerlegte, kam er zur größten Entdeckung in der Physik.

Der erste Hauptsatz der Thermodynamik, d. h. das Gesetz der Erhaltung und Umwandlung der Energie, wurde in der Zeit von 1841 bis 1847 von MAYER, JOULE und HELMHOLTZ entdeckt. Viel später stellte sich jedoch heraus, daß der tatsächliche erste Entdecker des ersten Hauptsatzes der besagte CARNOT war. Erst 1878 wurden in einer neuen Ausgabe seiner „Betrachtungen" bisher unveröffentlichte Notizen publiziert. CARNOT schrieb: „Wärme ist nichts anderes als bewegende Kraft oder richtiger Bewegung, die ihre Form verändert hat; sie ist die Bewegung der Teilchen der Körper; überall dort, wo es zur Vernichtung von bewegender Kraft kommt, entsteht gleichzeitig Wärme in einer der Menge der vernichteten bewegenden Kraft exakt proportionalen Menge. Umgekehrt entsteht bei Vernichtung von Wärme stets bewegende Kraft.

Demnach kann man die folgende allgemeine Behauptung aufstellen: In der Natur existiert eine konstante Menge an bewegender Kraft, sie wird im eigentlichen Sinne niemals erzeugt und niemals vernichtet; vielmehr ändert sie ihre Form, d. h., sie bringt einmal die eine und einmal die andere Bewegungsart hervor, aber sie verschwindet niemals.

Nach bestimmten Erkenntnissen, die ich hinsichtlich einer Theorie der Wärme gewonnen habe, erfordert die Erzeugung einer Einheit an bewegender Kraft den Verbrauch von 2,70 Wärmeeinheiten."

Das von CARNOT (auf welche Weise, ist nicht bekannt) gefundene mechanische Wärmeäquivalent beträgt 370 kp · m und liegt dem von MAYER ermittelten Wert sehr nahe.

CARNOT brach mit der Vorstellung eines Wärmestoffes, und er formulierte klar und deutlich den ersten Hauptsatz. Leider blieb diese bemerkenswerte Arbeit lange Zeit unveröffentlicht und unbekannt.

Wir haben weiter oben, bei der Beschreibung des Kreisprozesses, bereits eine mathematische Darstellung des ersten Hauptsatzes in Gestalt der Gleichung (1.7),

$$\Delta E = Q + A = Q - W,$$

benutzt. Dabei betrachteten wir den Carnot-Prozeß in seiner modernen Form nach CLAUSIUS, ausgehend von Gleichung (1.7), und gelangten zu dem Ausdruck (1.27) für den Wirkungsgrad des Kreisprozesses.

Der zweite Hauptsatz

Bereits CARNOTS 1824 publizierte Betrachtungen enthielten den zweiten Hauptsatz der Thermodynamik. Was wir im ersten Kapitel dargestellt haben, läßt sich nämlich auch auf folgende Weise formulieren:

Es gibt keinen reversiblen Kreisprozeß, als dessen Ergebnis Wärme in Arbeit umgewandelt wird, ohne daß eine bestimmte Wärmemenge vom wärmeren zum kälteren Körper übergegangen wäre.

Wir betonen nochmals, daß der Begriff „reversibel“ hier in anderem Sinne verwendet wird als in der Mechanik. Wir sprachen weiter oben von der Umkehrbarkeit eines Prozesses in der Zeit; davon, daß sich die Gesetze der Mechanik nicht verändern, wenn man in die Vergangenheit zurückgeht, statt sich in die Zukunft zu bewegen: Im Rahmen der Mechanik kann man einen Film auch rückwärts abspulen. Jetzt aber geht es um die Rückkehr eines thermodynamischen Systems in den Ausgangszustand auf demselben Weg, den es „vorwärts“ durchlaufen hatte.

Wir hatten gesehen, daß der Carnotsche Kreisprozeß reversibel ist und — im Vergleich zu einem beliebigen anderen Kreisprozeß mit dem Temperaturgefälle $T_1 - T_2$ — den größtmöglichen Wirkungsgrad hat. Die Reversibilität bedeutet, daß sich das isotherm expandierende Gas zu jedem Zeitpunkt im thermodynamischen Gleichgewicht mit dem warmen Reservoir befindet und dessen Temperatur T_1 besitzt.

Während der isothermen Kompression befindet sich das Gas im thermodynamischen Gleichgewicht mit dem kalten Reservoir und hat dessen Temperatur T_2. Dabei wird vorausgesetzt, daß Expansion und Kompression des Gases sehr langsam ablaufen — so langsam, daß das Gleichgewicht des Gases mit dem warmen bzw. kalten Reservoir nicht zerstört wird. Wir sprechen von quasistationären Prozessen. Die Zeit geht in die entsprechenden mathematischen Beziehungen nicht ein.

Darin steckt ein gewisses Paradoxon: Einerseits wird der Physik der Wärmeerscheinungen Irreversibilität zugrunde gelegt — Wärme geht nicht selbsttätig von einem kälteren zu einem wärmeren Körper über —, andererseits ist in den von CARNOT entdeckten fundamentalen Sätzen der Thermodynamik die Zeit überhaupt nicht enthalten.

Wir wollten auf diesen Umstand lediglich aufmerksam machen und fahren nun fort. Das am Beginn dieses Abschnittes formulierte Prinzip besagt mit anderen Worten: Es gibt kein Perpetuum mobile zweiter Art. Was verstehen wir darunter?

Offensichtlich stünde der Übergang von Wärme von einem kälteren zu einem wärmeren Körper ebensowenig im Widerspruch zum Energieerhaltungssatz wie die Gewinnung von Arbeit durch Abkühlung eines warmen Reservoirs ohne Vorhandensein eines kalten. Der erste Hauptsatz verbietet auch den folgenden unwahrscheinlichen Vorgang nicht: Wir stellen einen wassergefüllten Teekessel in einen Eimer, in dem sich ebenfalls Wasser befindet; der Teekessel kommt zum Kochen, während das Wasser im Eimer gefriert! Die Gesamtenergie bliebe dabei unverändert. Auch die praktisch unbegrenzte Gewinnung von nutzbarer Arbeit durch Abkühlung des Weltmeeres ist rein energetisch durchaus nicht verboten. Das Wasser der Ozeane hat eine Temperatur von über 0 °C, also über 273,15 K. Der Vorrat des Weltmeeres an thermischer Energie ist gigantisch.

Eine solche Art der Gewinnung von Arbeit bezeichnen wir als Perpetuum mobile zweiter Art. Der erste Hauptsatz steht dem nicht im Wege. Wir wissen aber bereits, daß auch ein solcher „ewiger Beweger" unmöglich ist. Genau darin besteht der Inhalt des zweiten Hauptsatzes. Wir wollen seine Formulierung wiederholen:

Ein Prozeß, dessen einziges Ergebnis in der Entnahme von Wärme aus einem Reservoir und der Umwandlung dieser Wärme in Arbeit besteht, ist unmöglich.

Äquivalent dazu ist das entsprechende Prinzip von CARNOT. Wir wiederholen auch dieses:

Keine Wärmemaschine, die eine Wärmemenge Q_1 bei der Temperatur T_1 verbraucht und eine Wärmemenge Q_2 bei der Temperatur T_2 abgibt, kann mehr Arbeit erzeugen als eine reversibel arbeitende Maschine, die eine Arbeit von

$$W = Q_1 - Q_2 = Q_1 \frac{T_1 - T_2}{T_1} \tag{2.1}$$

leistet.

Auch der zweite Hauptsatz ist ein strenges, universelles Naturgesetz. Der Charakter dieses Gesetzes ist jedoch grundlegend verschieden von dem des ersten Hauptsatzes.

Der Lichtdruck

Der zweite Hauptsatz der Thermodynamik ist die Grundlage für die Lösung zahleicher Aufgaben in der Physik, der Chemie, der Technik und — wie wir noch sehen werden — der Biologie. Als Beispiel wollen wir den rein thermodynamischen Nachweis für den Druck des Lichtes behandeln. Diesen Beweis führte 1876 der italienische Physiker ADOLFO BARTOLI.

Gegeben sei ein Behälter, dessen Seitenwände die Temperaturen T_1 und T_2 mit $T_2 < T_1$ besitzen. Der Behälter sei durch bewegliche Trennwände A und B mit jeweils einer verschließbaren Öffnung in drei Teilräume geteilt (Abb. 2.1).

Die Strahlung einer Seitenwand erfüllt bei geschlossenen Öffnungen von A und B den jeweiligen wandnahen Teilraum des Behälters, sie befindet sich bei der entsprechenden Wandtemperatur im Gleichgewicht mit der Wand. Wir betrachten nun die Strahlung zwischen der Wand T_2 und der Trennwand B. Wir öffnen den Durchlaß von B. Die Strahlung erfüllt beide Teilräume, bis hin zur Trennwand A. Jetzt schließen wir die Öffnung in B und komprimieren die Strahlung zwischen den Trennwänden A und B, indem wir die Trennwand B nach links verschieben. BARTOLI sah die Strahlung als ein Gas von bestimmter Temperatur an; die

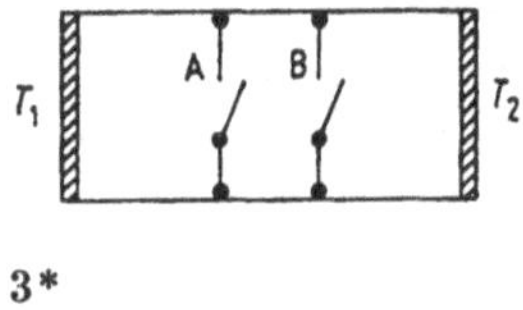

Abb. 2.1 Zur Bestimmung des Lichtdrucks nach BARTOLI

Dichte dieses Gases ist proportional zu seiner Temperatur. Komprimieren wir das „Lichtgas", so können wir seine Temperatur auf Werte über T_1 hinaus erhöhen. Öffnen wir danach den Durchlaß in der Trennwand A, dann bringen wir die Strahlung ins Gleich-Tewicht mit der linken Wand. Diese erwärmt sich dabei auf eine Gemperatur, die größer ist als T_1. Wir haben auf solche Weise also Wärme von der kälteren zur wärmeren Wand gebracht. Nach dem zweiten Hauptsatz war das jedoch nicht möglich ohne einen Verlust an Arbeit. Demzufolge wurde Arbeit aufgewendet, und zwar zum Komprimieren des „Lichtgases". Mit anderen Worten, das „Lichtgas" — die Strahlung — weist einen Druck auf, der auch als Widerstand gegen die Verschiebung der Trennwand wirkt.

Der Lichtdruck folgt aus der elektromagnetischen Theorie des Lichtes. James Maxwell bewies nicht nur das Vorhandensein dieses Druckes, sondern berechnete ihn auch (1873). Eine völlige Bestätigung der Theorie Maxwells lieferte P. N. Lebedew 1901, als er in sorgfältigen, präzisen Experimenten erstmals den Lichtdruck messen konnte.

Die Entropie

Endlich stoßen wir auf den Begriff, dem dieses Buch gewidmet ist.

Wir schreiben die Gleichung (2.1) in der Form

$$\frac{Q_1}{T_1} = \frac{Q_2}{T_2}. \tag{2.2}$$

Die Größe Q/T heißt Entropie. Dieser Begriff wurde 1865 von Rudolf Clausius in die Physik eingeführt. Er leitete das Wort vom altgriechischen „τροπη" — „Umlauf", „Wendung" — ab. Das Verb „ἐντρέπειν" bedeutet „umwandeln". Somit charakterisiert die Entropie nach Clausius die Umwandlung, die Umwandelbarkeit.

Bei der Erörterung des Bartolischen Gedankenexperiments haben wir die Zyklizität, die Reversibilität thermodynamischer Prozesse außer acht gelassen. Doch gerade auf solche Prozesse bezieht sich die Gleichung (2.2). Sie besagt, daß in zyklischen, reversiblen Prozessen nur soviel Entropie verbraucht wird wie auch freigesetzt wird. In einem reversiblen Kreisprozeß ist die Änderung der Entropie gleich null. Wir werden künftig die Entropie mit S bezeichnen. Da sich in einem reversiblen Kreisprozeß die Entropie nicht ändert, ist sie eine Funktion des Zustandes des Arbeitsstoffes; S_1 und S_2 haben ganz bestimmte Werte — unabhängig davon, auf welchem Wege wir die Punkte 1 und 2 (Abb. 2.2) erreicht haben. In diesem Sinne ist die Entropie der inneren Energie E ähnlich. Dagegen unterscheidet sie sich grundlegend von der Wärmemenge Q.

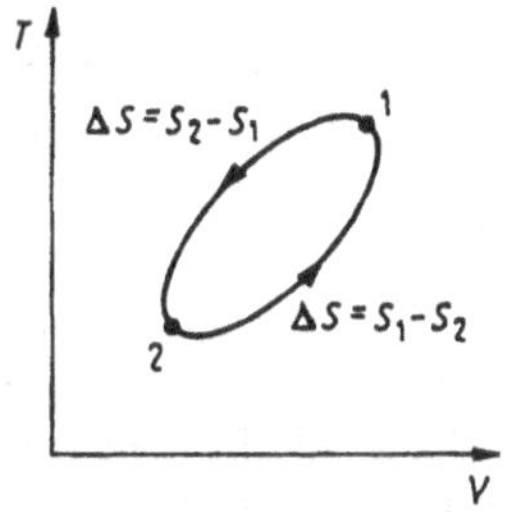

Abb. 2.2 Reversibler Kreisprozeß

Wir hatten bereits erkannt, daß die abgegebene bzw. die verbrauchte Wärmemenge den Zustand eines Systems nicht charakterisiert (Q also keine Zustandsfunktion ist) und daß es nicht sinnvoll ist, von der in einem Körper enthaltenen Wärmemenge zu sprechen. Erstaunlicherweise erhalten wir jedoch eine Zustandsfunktion — die Entropie, wenn wir die Wärmemenge durch die Temperatur teilen.

Damit haben wir noch nichts sehr Exaktes gesagt. Es wird nötig sein, daß wir uns mit der Messung der Entropie befassen.

CLAUSIUS ging folgendermaßen heran: Nimmt ein Gas bei der Temperatur T eine Wärmemenge ΔQ auf, dann wächst seine Entropie um

$$\Delta S = \frac{\Delta Q}{T} \tag{2.3}$$

bzw., in differentieller Schreibweise,

$$\mathrm{d}S = \frac{\mathrm{d}'Q}{T}, \tag{2.4}$$

wobei hier $\mathrm{d}'Q$ im Gegensatz zu $\mathrm{d}S$ kein vollständiges Differential im Sinne der Differentialrechnung ist. Um die gesamte Änderung der Entropie beim Übergang des Gases aus dem Zustand 1 in den Zustand 2 zu berechnen, muß man den Ausdruck (2.4) über den

Weg von 1 nach 2 integrieren:

$$\Delta S = S(V_2, T_2) - S(V_1, T_1) = \int_1^2 \frac{d'Q}{T}. \qquad (2.5)$$

Da die Entropie eine Zustandsfunktion ist, hängt der resultierende Entropieunterschied nicht vom Integrationsweg ab, sondern wird nur durch den Anfangs- und den Endpunkt des Weges bestimmt. Wir unterstreichen nochmals, daß für die Wärmemenge Q allein eine solche Integration nicht möglich ist. Der Ausdruck $\int_1^2 \mathrm{d}'Q$ ist unbestimmt, das Integral ist abhängig vom Integrationsweg. In diesem Sinne ist $\mathrm{d}'Q$ (und ebenso das Differential der Arbeit, $\mathrm{d}'A$) kein echtes, kein vollständiges Differential. Doch sobald man $\mathrm{d}'Q$ durch T dividiert, wird aus dem unvollständigen Differential ein vollständiges. Die Größe $1/T$ wirkt als integrierender Faktor.

Wir wollen nun die Eigenschaften der Entropie untersuchen. Zuerst einmal interessieren uns ihre Dimension und Maßeinheit. Es ist leicht zu sehen, daß die Entropie in Einheiten der Energie, geteilt durch die Einheit der Temperatur, gemessen wird, also in Joule je Kelvin (J/K).

Als nächstes berechnen wir die Entropie des idealen Gases. Im ersten Teilprozeß des Carnot-Zyklus erzeugt das Gas Arbeit infolge seiner isothermen Expansion bei der Temperatur T_1. Diese Arbeit entsteht auf Kosten der Wärmemenge Q_1, die dem warmen Reservoir entzogen wird. Sie ist gleich (siehe S. 22)

$$W_1 = \int_{V_1}^{V_2} p \, \mathrm{d}V = Q_1. \qquad (2.6)$$

Wir setzen voraus, daß die Gasmenge 1 mol beträgt, und benutzen die Zustandsgleichung (1.2):

$$pV = RT.$$

Mit Hilfe von (1.2) ersetzen wir die Größe p unter dem Integral in (2.6):

$$W_1 = Q_1 = RT_1 \int_{V_1}^{V_2} \frac{\mathrm{d}V}{V}. \qquad (2.7)$$

Da der Prozeß isotherm verläuft, konnten wir die Temperatur T_1 vor das Integral ziehen.

Wir haben nun noch die Integration $\int\limits_{V_1}^{V_2} \mathrm{d}V/V$ auszuführen. Dieses Integral läßt sich berechnen. Wir wählten den Integrationsweg längs einer Isotherme, p wurde ersetzt durch RT_1/V.

Logarithmus- und Exponentialfunktion

Zu betrachten haben wir also die Funktion

$$\int\limits_{V_1}^{V_2} \frac{\mathrm{d}V}{V} = \int\limits_{V_0}^{V_2} \frac{\mathrm{d}V}{V} - \int\limits_{V_0}^{V_1} \frac{\mathrm{d}V}{V},$$

wobei V_0 ein beliebiges Gasvolumen sei, das kleiner als V_1 und V_2 ist. Wir wollen das Volumen in relativen Einheiten messen, d. h., wir setzen

$$V_1' = V_1/V_0, \qquad V_2' = V_2/V_0.$$

In diesen Einheiten sind die unteren Integrationsgrenzen gleich eins.

Wir führen die Bezeichnung

$$f(x) = \int\limits_1^x \frac{\mathrm{d}z}{z} \tag{2.8}$$

ein und werden zeigen, daß $f(x)$ die Eigenschaften eines Logarithmus besitzt.

Offensichtlich ist $f(1) = 0$, denn für $x = 1$ stimmen obere und untere Grenze des Integrals (2.8) überein.

Betrachten wir nun die Funktion

$$f(w) = f(ax)$$

mit a als einer positiven Zahl. Es gilt

$$\frac{\mathrm{d}f(w)}{\mathrm{d}x} = \frac{\mathrm{d}f(w)}{\mathrm{d}w}\,\frac{\mathrm{d}w}{\mathrm{d}x}.$$

Andererseits liefert die Differentiation eines Integrals an der oberen Grenze den Integranden, wobei für die Variable die obere Integrationsgrenze einzusetzen ist. Mit (2.8) ergibt sich

$$\frac{\mathrm{d}f(w)}{\mathrm{d}w} = \frac{1}{w} = \frac{1}{ax}$$

und folglich

$$\frac{\mathrm{d}f(w)}{\mathrm{d}x} = \frac{1}{ax}\,a = \frac{1}{x}.$$

Das heißt, die Ableitungen der Funktionen $f(x)$ und $f(w)$ nach x sind identisch und gleich $1/x$. Dies ist nur möglich, wenn sich die Funktionen selbst nur durch einen von x unabhängigen Summanden C unterscheiden:

$$f(w) = f(x) + C.$$

Wir erhalten $f(ax) = f(x) + f(a)$ und speziell

$$f\left(\frac{1}{x}\,x\right) = f(x) + f\left(\frac{1}{x}\right).$$

Es ist aber

$$f\left(\frac{1}{x}\,x\right) = f(1) = 0,$$

also gilt

$$f\left(\frac{1}{x}\right) = -f(x).$$

Somit hat die Funktion (2.8) tatsächlich die Eigenschaften eines Logarithmus. Den Verlauf der Funktion $f(x)$ zeigt Abbildung 2.3. Wir schreiben sie in der Form

$$f(x) = \ln x.$$

Mit ln wird der sogenannte natürliche Logarithmus bezeichnet. Seine Basis ist die bekannte Zahl e = 2,7182818...

Der Übergang vom natürlichen zu einem beliebigen anderen Logarithmus ist sehr einfach. Es gilt

$$a^z = x$$

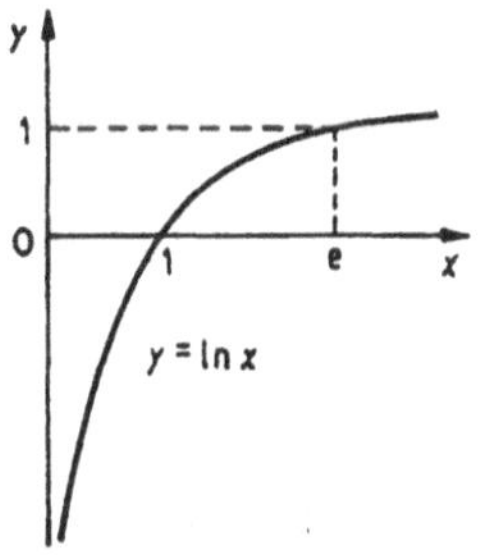

Abb. 2.3 Die logarithmische Funktion

und daher für $a = 10$

$$\lg x = \log_{10} x \approx 0{,}434 \ln x , \qquad \ln x \approx 2{,}303 \lg x .$$

Die Exponentialfunktion

$$u = e^x \tag{2.10}$$

zeigt eine bemerkenswerte Besonderheit: Ihre Ableitung ist gleich der Funktion selbst. Es gilt

$$\frac{du}{dx} = \frac{1}{dx/du} .$$

Die inverse Funktion hat die Gestalt

$$x = \ln u \quad \text{mit} \quad \frac{dx}{du} = \frac{1}{u} .$$

Folglich ist

$$\frac{du}{dx} = \frac{1}{1/u} = u = e^x .$$

Die Exponentialfunktion ist in Abbildung 2.4 dargestellt. Wir werden ihr noch häufig begegnen.

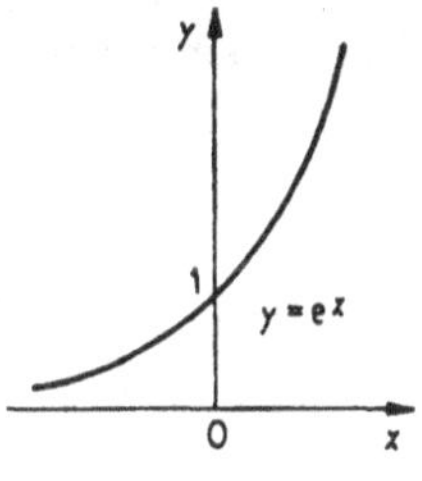

Abb. 2.4 Die Exponentialfunktion

Die Berechnung der Entropie

Entsprechend (2.7) können wir inzwischen also schreiben:

$$W_1 = Q_1 = RT_1 \int_{V_1}^{V_2} \frac{\mathrm{d}V}{V} = RT_1 \int_{V_1'}^{V_2'} \frac{\mathrm{d}(V/V_0)}{V/V_0}$$

$$= RT_1 \int_{V_1'}^{V_2'} \frac{\mathrm{d}V}{V} = RT_1 \ln \frac{V_2'}{V_1'} = RT_1 \ln \frac{V_2}{V_1}. \tag{2.11}$$

Die Änderung der Entropie bei isothermer Expansion des Gases vom Volumen V_1 auf das Volumen V_2 nach Zufuhr der Wärmemenge Q_1 an das Gas ist gleich

$$\Delta S = \frac{Q_1}{T_1} = R \ln \frac{V_2}{V_1}. \tag{2.12}$$

Da V_2 größer als V_1 ist, nimmt die Entropie bei isothermer Gasexpansion zu. Was aber geschieht bei der adiabatischen Expansion von V_2 auf V_3?

Längs der Adiabate wird dem Gas Wärme weder zugeführt noch entzogen. Demzufolge ändert sich auch seine Entropie nicht — ein adiabatischer Prozeß ist ein isentropischer Prozeß. Nach (1.9) lautet die Adiabatengleichung

$$pV^\gamma = \text{const}$$

mit $\gamma > 1$. Diese Beziehung wollen wir jetzt herleiten.

Wird dem Gas keine Wärme zugeführt, dann ist nach dem Energieerhaltungssatz

$$\Delta Q = \Delta E - A = \Delta E + W = 0. \tag{2.13}$$

Mit anderen Worten, Arbeit wird nur auf Kosten der inneren Energie des Gases geleistet:

$$W = p\,\Delta V = -\Delta E.$$

Zum anderen gilt (siehe S. 12)

$$\Delta E = C_V\,\Delta T$$

und mit der Zustandsgleichung des idealen Gases

$$p = \frac{RT}{V} = \frac{(C_p - C_V)\,T}{V}.$$

Setzen wir diese Ausdrücke für ΔE und p in (2.13) ein, erhalten wir

$$\frac{\Delta T}{T} + \frac{C_p - C_V}{C_V}\,\frac{\Delta V}{V} = 0$$

oder, in differentieller Schreibweise,

$$\frac{\mathrm{d}T}{T} + \left(\frac{C_p}{C_V} - 1\right)\frac{\mathrm{d}V}{V} = 0. \tag{2.14}$$

Diese Gleichung ist ohne weiteres zu integrieren. Zu diesem Zweck führen wir wiederum „dimensionslose“ Größen ein, hier für die Temperatur und das Volumen:

$$T' = \frac{T}{T_0}, \qquad V' = \frac{V}{V_0}.$$

Damit entsteht

$$\frac{\mathrm{d}T'}{T'} + \left(\frac{C_p}{C_V} - 1\right)\frac{\mathrm{d}V'}{V'} = 0. \tag{2.14a}$$

Wie wir sahen, ist das Integral von $\mathrm{d}x/x$ gleich $\ln x$. Die Integration von (2.14a) liefert

$$\ln\left[T'\,V'^{(C_p/C_V)-1}\right] = \text{const}. \tag{2.15}$$

Daraus folgt

$$T'\,V'^{(C_p/C_V)-1} = \text{const}'$$

und

$$T\,V^{(C_p/C_V)-1} = \text{const}''. \tag{2.16}$$

Wir setzen

$$T = \frac{pV}{R}$$

und erhalten die resultierende Gleichung (1.9)

$$pV^{\gamma} = \text{const}'''. \tag{2.17}$$

Offensichtlich ist also tatsächlich $\gamma = C_p/C_V > 1$.

Kehren wir zum Carnot-Prozeß zurück. Längs der Kurve der adiabatischen Expansion von V_2 auf V_3 gilt

$$T_1 V_2^{\gamma-1} = T_2 V_3^{\gamma-1}$$

und auf dem Kurvenstück der adiabatischen Kompression von V_4 auf V_1

$$T_1 V_1^{\gamma-1} = T_2 V_4^{\gamma-1}.$$

Dividieren wir die eine der beiden letzten Gleichungen durch die andere, erhalten wir

$$\frac{V_2}{V_1} = \frac{V_3}{V_4}. \tag{2.18}$$

Bei der isothermen Kompression von V_3 auf V_4 verringert sich die Entropie um

$$\Delta S = R \ln \left(\frac{V_3}{V_4}\right). \tag{2.19}$$

Wegen (2.18) wird der Entropieverlust auf dem Wegstück $3 \to 4$ (2.19) vollständig kompensiert durch den Entropiegewinn auf dem Weg $1 \to 2$ (2.12). Der reversible Kreisprozeß ist geschlossen, und die Entropie bleibt als Zustandsfunktion unverändert.

Eine wichtige Eigenschaft der Entropie ist offensichtlich: Die Entropie eines homogenen, im thermischen Gleichgewicht befindlichen Systems wächst mit seiner Masse, denn die Wärmemenge, die beim Übergang des Systems aus einem beliebigen Ausgangszustand in den betrachteten Zustand in jedem Teilprozeß verbraucht wird, ist proportional zur Masse des Systems. Daraus folgt als weitere Eigenschaft der Entropie: Die Entropie eines Systems ist gleich der Summe der Entropien der Teilsysteme. So ist beispielsweise die Entropie eines abgeschlossenen Systems, das aus einem offenen Gefäß mit Wasser und Wasserdampf besteht, wobei sich der Dampf im Gleichgewicht mit dem Wasser befinden soll, gleich der Summe aus der Entropie des Wassers und der Entropie des Dampfes (und genaugenommen natürlich noch der Entropie des Gefäßmaterials). Die Entropie ist also eine additive Größe.

Bei dem gerade behandelten Beispiel haben wir die Entropie der Grenzschichten an den Übergängen Wasser/Dampf und Wasser/Gefäßwand unberücksichtigt gelassen. Der Beitrag der betreffenden Moleküle ist indes so gering, daß es berechtigt war, ihn zu vernachlässigen.

Wir haben bislang die Entropieänderung bei konstanter Temperatur berechnet. Was passiert aber, wenn sich die Temperatur ebenfalls ändert?

Es gilt

$$dS = \frac{d'Q}{T} = \frac{dE}{T} + \frac{p\,dV}{T} = C_V \frac{dT}{T} + R\frac{dV}{V}. \tag{2.20}$$

Integrieren wir diese Gleichung (eine solche Integration hatten wir ja bereits auszuführen), so erhalten wir

$$S = R \ln V + C_V \ln T + a. \tag{2.21}$$

Dabei ist a eine Konstante, unabhängig von V und T; wir werden die Entropie bis auf diese Konstante genau bestimmen. Als Ergebnis bekommen wir die Änderung der Entropie heraus, nicht ihre absolute Größe. Beim Übergang von dem Zustand V_1, T_1 in den Zustand V_2, T_2 ändert sich die Entropie um

$$\Delta S = R \ln\left(\frac{V_2}{V_1}\right) + C_V \ln\left(\frac{T_2}{T_1}\right). \tag{2.22}$$

Demnach nimmt die Entropie bei Erhöhung der Temperatur zu — vorausgesetzt, die Temperaturerhöhung erfolgt nicht adiabatisch. Beim Durchlaufen einer Adiabate bleibt die Entropie konstant; bei adiabatischer Expansion eines Gases wird der von der Volumenvergrößerung verursachte Entropiezuwachs durch den Entropieverlust kompensiert, den die mit der Ausdehnung einhergehende Abkühlung des Gases hervorruft.

Zu den vorangegangenen Berechnungen muß eine Bemerkung nachgetragen werden: Wir haben dabei vorausgesetzt, daß die Wärmekapazitäten C_p und C_V nicht von der Temperatur abhängen. In Wirklichkeit verringert sich die Wärmekapazität eines Körpers bei Erniedrigung seiner Temperatur, was sich besonders bei tiefen Temperaturen bemerkbar macht. Aus diesem Grund ist die exakte Theorie der Wärmekapazitäten sehr kompliziert. Wir gehen hier nicht weiter darauf ein.

Nunmehr berechnen wir die Entropieänderung bei der Wärmeleitung, also dem Temperaturausgleich zwischen Gasen, und bei der Diffusion, d. h. dem selbsttätigen Vermischen von Gasen.

Wir nehmen ein abgeschlossenes System aus zwei gleichen Behältern mit dem Volumen V an. Jeder Behälter sei mit 1 mol eines idealen Gases gefüllt. Das Gas habe in dem einen Behälter die Temperatur T_1, in dem anderen die Temperatur T_2. Wir bringen die Behälter in Kontakt miteinander. Aufgrund der Wärmeleitung durch die Wände der Behälter gehen die beiden Gasmengen ohne Veränderung ihres Volumens in den Gleichgewichtszustand über. Nach Gleichung (2.21) besitzt das System vor dem Kontakt die Entropie

$$S = 2R \ln V + C_p \ln T_1 + C_p \ln T_2 + 2a.$$

Nach dem Kontakt haben beide Gasmengen die Temperatur

$$T = \frac{T_1 + T_2}{2}$$

und die Entropie

$$S' = 2R \ln V + 2C_p \ln \left[\frac{T_1 + T_2}{2}\right] + 2a$$

angenommen. Die Änderung der Entropie ist gleich

$$\Delta S = S' - S = C_p \left\{\ln \left[\frac{T_1 + T_2}{2}\right]^2 - \ln (T_1 T_2)\right\}.$$

Es läßt sich leicht zeigen, daß die Entropie zugenommen hat, weil das arithmetische Mittel stets größer ist als das geometrische:

$$\frac{T_1 + T_2}{2} > \sqrt{T_1 T_2}.$$

Wir beweisen diese Behauptung. Es sei $T_1 = T_2 + \Delta T$. Mit $x = \Delta T / T_2$ gilt

$$\frac{T_1 + T_2}{2} = T_2 \left(1 + \frac{x}{2}\right),$$

außerdem

$$\sqrt{T_1 T_2} = T_2 \sqrt{1 + x},$$

also

$$1 + \frac{x}{2} = \sqrt{1 + x + \frac{x^2}{4}} > \sqrt{1 + x},$$

was zu beweisen war. Die Entropie wächst um

$$\Delta S = C_p \ln \frac{(T_1 + T_2)^2}{4T_1T_2}. \tag{2.23}$$

Wir kommen nun zur Mischung von Gasen. Gegeben seien n_1 mol eines Gases im Volumen V_1 und n_2 mol eines anderen Gases im Volumen V_2, beide bei dem Druck p und der Temperatur T. Im Ausgangszustand sollen die Gase durch eine Trennwand voneinander getrennt sein. Dann entfernen wir die Trennwand, so daß jedem der beiden Gase das Volumen $V_1 + V_2$ zur Verfügung steht. Wie verändert sich dabei die Entropie?

Die Entropieänderung der Gase beträgt

$$\Delta S_1 = n_1 R \ln \frac{V_1 + V_2}{V_1}, \qquad \Delta S_2 = n_2 R \ln \frac{V_1 + V_2}{V_2}.$$

Die Gesamtänderung der Entropie infolge des Vermischens der Gase, die sogenannte Mischungsentropie, ist gleich

$$\Delta S = \Delta S_1 + \Delta S_2.$$

Wegen

$$V_1 = n_1 \frac{RT}{p}, \qquad V_2 = n_2 \frac{RT}{p}$$

erhalten wir schließlich

$$\Delta S = R\left(n_1 \ln \frac{n_1 + n_2}{n_1} + n_2 \ln \frac{n_1 + n_2}{n_2}\right). \tag{2.24}$$

Die Mischungsentropie ΔS ist positiv.

Wir sehen, in spontan ablaufenden Prozessen — wie Wärmeleitung und Diffusion — nimmt die Entropie zu. In den umgekehrten Prozessen nimmt sie ab, jedoch erfordern derartige Prozesse, die ein Temperatur- oder Konzentrationsgefälle zwischen Gasen erzeugen, den Aufwand von Arbeit.

Experimentelle Bestimmung der Entropie

Wie kann man die Entropie messen? Laut Definition der Entropie gilt bei der Temperatur T

$$\Delta S = \int_0^T \frac{d'Q}{T} = S_T - S_0 .$$

Nun gibt es in der Thermodynamik noch einen dritten Hauptsatz, auch als Nernstsches Theorem bezeichnet, auf den wir später noch zurückkommen werden. Nach diesem Satz ist die Entropie am absoluten Nullpunkt der Temperatur gleich null. Daraus folgt

$$S = \int_0^T \frac{d'Q}{T} . \tag{2.25}$$

Was verbirgt sich in dem Zuwachs an Wärme $d'Q$? Findet die Erwärmung bei konstantem Druck statt, dann ist

$$d'Q = C_p \, dT , \tag{2.26}$$

also

$$S = \int_0^T C_p \frac{dT}{T} . \tag{2.27}$$

Auf dem Weg vom absoluten Nullpunkt bis zur Temperatur T geschieht jedoch so einiges mit dem betreffenden Stoff, und dabei ändert sich seine Wärmekapazität. Sehen wir uns das zum Beispiel für Tetrachlorkohlenstoff CCl_4 an. Er liegt bei einer Zimmertemperatur von 298,1 K als Flüssigkeit vor, die gerade zu verdampfen beginnt.

Bei tiefen Temperaturen sind die Wärmekapazitäten reiner kristalliner Stoffe proportional zur dritten Potenz der Temperatur:

$$C_p = bT^3 . \tag{2.28}$$

Die Konstante b hat für CCl_4 den Wert $3{,}14 \cdot 10^{-3}$. Bei 225,4 K ändert sich der Aufbau des Kristallgitters des bei dieser Temperatur festen, gefrorenen CCl_4, es erfolgt ein Übergang von einer festen

Phase in eine andere. Dafür wird eine Wärmemenge von 4524 J/mol verbraucht. Bei 250,2 K schmilzt Tetrachlorkohlenstoff. Die Schmelzwärme — die Wärmemenge, die für die Umwandlung des Kristalls in eine Flüssigkeit benötigt wird — beträgt 2416 J/mol. Für die Verdampfung bei 298,1 K werden 32407 J/mol aufgewendet. Daraus ergibt sich für die Entropie (in J/(mol · K))

$$S_{298,1} = \int_0^{10K} 3{,}14 \cdot 10^{-3} T^2 \, dT + \int_{10K}^{225,4K} C_p \frac{dT}{T} + \frac{4524}{225{,}4}$$

$$+ \int_{225,4K}^{250,2K} C_p \frac{dT}{T} + \frac{2416}{250{,}2} + \int_{250,2K}^{298,1K} C_p \frac{dT}{T} + \frac{32407}{298{,}1}.$$

Bei 298,1 K hat CCl_4 einen Dampfdruck von 114,5 mm Quecksilbersäule, d. h. 14710 Pa. Um den Dampf auf Normaldruck (101325 Pa) zu bringen, muß man ihn komprimieren. Dabei verringert sich die Entropie um

$$\Delta S_{298,1} = R \ln \frac{V_{101325}}{V_{14710}}.$$

Die Integrale über $C_p \, dT/T$ sind entsprechend den experimentellen Werten von C_p Funktionen der Temperatur. Die Integration wird graphisch ausgeführt. Dafür stellen wir den Funktionsverlauf von C_p/T über T dar. Das gesuchte Integral ist gleich dem Inhalt der Fläche, die von der C_p/T-Kurve und dem durch die Integrations-

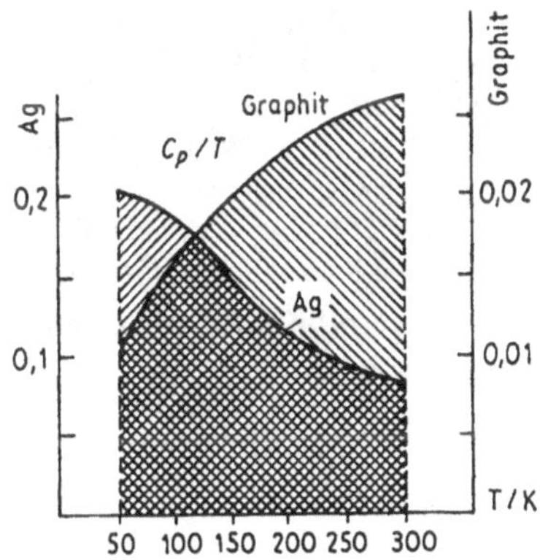

Abb. 2.5 Graphische Berechnung der Entropie von Silber und Graphit (C_p/T in J/(mol · K^2))

Tabelle 1
Entropie (in J/(mol · K)) von Tetrachlorkohlenstoff bei Normaldruck und $T = 298{,}1$ K

$S_{10} - S_0 = 0{,}75 \cdot 10^{-3} \int_0^{10} T^2\, dT$	1,05
$S_{225,4} - S_{10}$ (graphische Integration)	151,89
$\Delta S_{225,4} = 4524/225{,}4$ (Phasenübergang)	20,05
$S_{250,2} - S_{225,4}$ (graphische Integration)	12,89
$\Delta S_{250,2} = 2416/250{,}2$ (Schmelzen)	9,67
$S_{298,1} - S_{250,2}$ (graphische Integration)	22,81
$\Delta S_{298,1} = 32407/298{,}1$ (Verdampfung)	108,57
$R \ln (14710/101325)$ (Kompression)	−15,74
Entropie insgesamt	311,22

grenzen gegebenen Abschnitt der T-Achse aufgespannt wird (siehe auch Abb. 2.5).

Die einzelnen Entropieteile und ihre Summe sind in Tabelle 1 zusammengestellt.

Auf diese Weise kann man also für einen bestimmten Körper die Entropie experimentell ermitteln. Wie wir sehen werden, läßt sie sich aber auch theoretisch berechnen. In der Luft unseres Zimmers, in einem Blatt Papier — in jedem Körper steckt eine bestimmte Entropie ebenso, wie er eine innere Energie enthält.

Wir bringen noch zwei weitere Beispiele für die Berechnung der Entropie mit der Methode der graphischen Integration. In Abbildung 2.5 sind für verschiedene Temperaturen die Wärmekapazitäten bei konstantem Druck für Silber und Graphit gezeigt.

Wir bestimmen die Mittelwerte von C_p/T für die jeweiligen Temperaturintervalle. Für Silber ist beispielsweise der Mittelwert $\overline{C_p}/T$ (in J/(mol · K)) für das Intervall von 50 K bis 100 K gleich 2,118. Dann berechnen wir die Summe

$$\sum_{i=1}^{n} \frac{(\overline{C_p})_i}{T_i} \Delta T_i \approx \int_{T_i}^{T_n} \frac{C_p \, \mathrm{d}T}{T}.$$

Für Silber finden wir 36,37 J/(mol · K), für Graphit 5,48 J/(mol × K).

Ergebnis unserer Berechnung ist die Entropieänderung bei der Erwärmung von Silber bzw. Graphit von 50 K auf 298,1 K.

Irreversible Prozesse

Wir wiederholen noch einmal alle — inzwischen sind es drei, nicht mehr zwei — Hauptsätze der Thermodynamik.

Erster Hauptsatz (Mayer, Joule, Helmholtz, Carnot). Der Zuwachs an innerer Energie eines Systems setzt sich zusammen aus der dem System zugeführten Wärmemenge und der am System geleisteten Arbeit;

$$\mathrm{d}E = \mathrm{d}'Q + \mathrm{d}'A \,.$$

Zweiter Hauptsatz (Carnot, Clausius). Ein Prozeß, dessen *einziges* Ergebnis die Entnahme von Wärme aus einem Reservoir (und deren Umwandlung in Arbeit) wäre, ist unmöglich.

Mit anderen Worten, es ist unmöglich, eine zyklisch arbeitende Maschine zu konstruieren, die auf Kosten des Verbrauchs von Wärme aus einem Wärmereservoir Arbeit erzeugt, ohne daß dabei noch irgendwelche anderen Änderungen des Systemzustands auftreten (Perpetuum mobile zweiter Art).

Der Wirkungsgrad einer reversibel und mit der höchstmöglichen Effektivität arbeitenden Wärmekraftmaschine ist gegeben durch

$$\eta = \frac{W}{Q_1} = \frac{T_1 - T_2}{T_1} \,.$$

Zweiter Hauptsatz (Clausius, Thomson). Wird einem System reversibel eine Wärmemenge ΔQ bei der Temperatur T zugeführt, dann wächst die Entropie des Systems um

$$\Delta S = \frac{\Delta Q}{T} \,.$$

Die Entropie ist eine Zustandsfunktion des Systems.

Dritter Hauptsatz (Nernst 1906). Für $T = 0$ ist $S = 0$. Warum das so ist, werden wir später erklären.

Bislang sind wir bei unserer Beschäftigung mit der Entropie noch auf nichts besonders Interessantes, geschweige denn Seltsames gestoßen.

Eine bemerkenswerte Eigenschaft zeigt die Entropie immerhin: In reversiblen Prozessen ist sie ebenso eine Erhaltungsgröße wie die Energie, in irreversiblen Prozessen nimmt sie dagegen zu.

Nehmen wir einmal an, wir haben zwei Körper verschiedener Temperaturen T_1 und T_2 mit $T_1 > T_2$ in Kontakt miteinander gebracht, beispielsweise ein Stück Eis der Temperatur T_2 in ein Glas mit Wasser der Temperatur T_1 geworfen.

Das Wasser gibt die Wärmemenge ΔQ an das Eis ab, dabei verringert sich die Entropie des Wassers um $\Delta Q/T_1$. Das Eis nimmt die Wärmemenge ΔQ auf, seine Entropie wächst um $\Delta Q/T_2$. Die Gesamtänderung der Entropie ist positiv:

$$\Delta S = \frac{\Delta Q}{T_2} - \frac{\Delta Q}{T_1} > 0 . \tag{2.29}$$

Wie wir schon gelernt haben, nimmt in den spontan ablaufenden Prozessen der Wärmeleitung und der Diffusion die Entropie zu. Die umgekehrten Prozesse sind möglich, erfordern aber den Aufwand von Arbeit.

Es ließen sich eine Vielzahl anderer Beispiele anführen, die das Anwachsen der Entropie in derartigen Prozessen belegen.

Der Temperaturausgleich zwischen zwei Körpern kann reversibel (wie im Carnotschen Kreisprozeß und den weiter oben angestellten Berechnungen) oder irreversibel erfolgen. Im letzteren Fall ist der Entropiezuwachs größer.

Bis zu welchem Wert kann denn aber nun die Entropie anwachsen, bevor ihre Zunahme zum Stillstand kommt?

Die Entropie wächst jeweils bis zu ihrem Maximalwert, der dem Gleichgewichtszustand des Systems entspricht.

Wir berühren hier prinzipiell neue Probleme. Immer wenn wir über reversible Prozesse sprachen, haben wir den zeitlichen Verlauf des Prozesses außer Betracht gelassen. Wir sind davon ausgegangen, daß ein reversibler Prozeß unendlich langsam abläuft, daß in jedem Teilschritt Gleichgewicht herrscht. Auf den Isothermen des Carnot-Zyklus ist die Temperatur des Gases zu jedem Zeitpunkt gleich der Temperatur des warmen bzw. kalten Reservoirs. Genaugenommen haben wir es dabei nicht mit Thermodynamik, sondern mit Thermostatik zu tun — das Zeitverhalten des Prozesses, auch seine Geschwindigkeit, werden nicht berücksichtigt.

Im Gegensatz dazu stellt ein irreversibler Prozeß eine zeitliche Bewegung hin zum Gleichgewicht dar. Der Temperaturausgleich zwischen einem heißen und einem kalten Körper braucht seine Zeit. Die Entropie erreicht ihren Maximalwert nicht schlagartig.

Wir haben bisher (das wird sich noch ändern!) die Zeit in unsere Überlegungen nicht explizit eingeführt, uns aber bereits mit der Dynamik thermischer Prozesse befaßt.

Wir sind nun in der Lage, den oben angeführten Formulierungen des zweiten Hauptsatzes eine weitere hinzuzufügen, die sich auf irreversible Prozesse bezieht.

Zweiter Hauptsatz (Clausius 1865). Bei irreversiblen Prozessen nimmt die Gesamtentropie eines Systems stets zu. Das heißt, es gilt für einen irreversiblen Prozeß

$$\mathrm{d}S > \frac{\mathrm{d}'Q}{T} \tag{2.30}$$

und

$$S > \int_0^T \frac{\mathrm{d}'Q}{T}. \tag{2.31}$$

Clausius und Thomson zogen daraus eine grundlegende Schlußfolgerung für die Entwicklung des gesamten Weltalls.

In der Wirklichkeit gibt es keine vollständig reversiblen Prozesse. Jede beliebige mechanische Bewegung führt zur Umwandlung, und sei es auch nur eines kleinen Anteils, mechanischer Energie in thermische Energie — in Wärme, die bei der Reibung entsteht. Früher oder später kommen alle bewegten Körper in den Ruhezustand, stellt sich Gleichgewicht — der Zustand maximaler Entropie — ein. Thomson schloß daraus, daß „der Welt der Wärmetod droht" und gleichzeitig „die Weltenergie konstant bleibt".

Es gibt eine weitere aus dem zweiten Hauptsatz abgeleitete These von hohem Allgemeinheitsgrad. Wie wir wissen, kommen in der „reinen" Mechanik irreversible Prozesse nicht vor. In der Thermodynamik dagegen sind sie enthalten. Unsere angekündigte These besteht in der Annahme, daß (für abgeschlossene Systeme) die Richtung der Zeit mit der Richtung des Entropiezuwachses übereinstimmt. Wie die Verhältnisse für offene Systeme sind, die im Stoff- und Energieaustausch mit ihrer Umgebung stehen, werden wir uns später ansehen.

Die Entropie hat gewissermaßen eine Brücke von der Technologie (der Wärmekraftmaschine) zur Kosmologie (zur Richtung der Zeit und zum Schicksal des Weltalls) geschlagen.

Es stellt sich also heraus, daß die Entropie tatsächlich erstaunliche Eigenschaften zeigt. Im weiteren wollen wir zu verstehen suchen, warum das so ist. Vorerst jedoch kehren wir zur Thermostatik, zu den reversiblen Prozessen zurück und behandeln einige interessante und wichtige Folgerungen aus den Hauptsätzen der Thermodynamik.

3. Entropie und freie Energie

Die Gewinnung von Nutzarbeit

Für reversible Prozesse der Thermostatik ist die infinitesimale Änderung der inneren Energie durch die Beziehung

$$\mathrm{d}E = \mathrm{d}'Q + \mathrm{d}'A = \mathrm{d}'Q - \mathrm{d}'W \tag{3.1}$$

gegeben, wobei $\mathrm{d}'Q$ die dem System zugeführte Wärme, $\mathrm{d}'A$ die am System geleistete Arbeit und $\mathrm{d}'W$ die vom System erzeugte Arbeit bezeichnet. Andererseits gilt (vgl. (2.4))

$$\mathrm{d}'Q = T\,\mathrm{d}S\,. \tag{3.2}$$

Daraus folgt

$$\mathrm{d}E = T\,\mathrm{d}S - \mathrm{d}'W \tag{3.3}$$

bzw.

$$\mathrm{d}'W = -\mathrm{d}F = -(\mathrm{d}E - T\,\mathrm{d}S)\,. \tag{3.4}$$

Diese Schreibweise verknüpft den ersten und den zweiten Hauptsatz und besagt, daß die Arbeit nicht auf Kosten der inneren Energie des Systems, sondern auf Kosten der Differenz von innerer Energie und Wärme gewonnen wird.

Die Größe

$$F = E - TS \tag{3.5}$$

heißt freie Energie bzw. Helmholtz-Potential. Die maximale Arbeit, die vom System erzeugt werden kann, ist gleich dem Verlust an freier Energie.

Bequemer ist es jedoch, Prozesse zu betrachten, die bei konstantem Druck ablaufen. Bei jedem solchen Prozeß ist Arbeit gegen diesen konstanten Druck aufzubringen — unabhängig davon, ob der Prozeß reversibel ist oder nicht. Der Ausdruck für die Arbeit lautet

$$p\,\mathrm{d}V\,.$$

Für die praktische Nutzung bleibt nur die Arbeit

$$d'W = -dF - p\,dV \tag{3.6}$$

übrig; bei konstantem Druck ist die Nutzarbeit gleich der Abnahme der Größe

$$G = F + pV = E + pV - TS. \tag{3.7}$$

Die Funktion G ist die Gibbssche freie Energie oder freie Enthalpie.

E, F, G und die im nächsten Abschnitt eingeführte Größe H werden — unter entsprechenden Bedingungen (Wahl der „richtigen" unabhängigen Variablen) — als thermodynamische Potentiale bezeichnet.

Freie Energie und freie Enthalpie sind, wie innere Energie und Entropie, Funktionen des Systemzustandes. Ihre Werte werden durch den Zustand bestimmt, unabhängig von dem Weg, auf dem dieser Zustand erreicht wurde.

Die maximale Nutzarbeit, die von einem System bei konstantem Volumen erzeugt wird, ist gleich dem Verlust an freier Energie (3.4),

$$d'W = -dF, \tag{3.8a}$$

bei konstantem Druck gleich dem Verlust an freier Enthalpie,

$$d'W = -dG. \tag{3.8b}$$

Bislang war nur von mechanischer Arbeit die Rede, von der Ausdehnungsarbeit eines Gases, $p\,dV$. Die Beziehung (3.8) ist jedoch für beliebige Formen von Arbeit gültig — für die Arbeit des elektrischen Stromes, die Arbeit, die im Ergebnis einer chemischen Reaktion entsteht, usw. Die verschiedenen Formen der Arbeit wandeln sich wechselseitig ineinander um. So ruft die chemische Reaktion, die in einem galvanischen Element abläuft, einen elektrischen Strom hervor. Der elektrische Strom wiederum kann mechanische Arbeit leisten, beispielsweise als Batteriestrom eines Kraftfahrzeuges den Starter betätigen. Denselben Effekt kann man auf mechanische Weise erzielen, indem man den Motor mit einer Kurbel anläßt. Dabei wird Muskelkraft aufgewendet. Woher stammt diese? Der Muskel ist ein mechanisch-chemisches System, in dem chemische freie Energie unmittelbar in mechanische Arbeit umgesetzt wird.

In einer Wärmekraftmaschine wird die durch die chemische

Reaktion der Verbrennung freigesetzte Wärme ausgenutzt. Ein Teil der Wärme wandelt sich – entsprechend der Carnotschen Bedingung (2.1) – in mechanische Arbeit um. Indes existiert ein lebender Organismus bei annähernd konstanter Temperatur und konstantem Druck. Also ist die Arbeit, der die ägyptischen und mexikanischen Pyramiden ihre Entstehung verdanken, die Arbeit, die auch heute von Mensch und Tier geleistet wird, nicht mit einem Übergang von Wärme von einem heißen zu einem kalten Körper verbunden. Vielmehr wird die Muskelarbeit auf Kosten der chemischen freien Energie erzeugt, auf Kosten bestimmter chemischer Reaktionen, die in den Muskeln bei konstanter Temperatur stattfinden.

In welcher Richtung laufen die chemischen Reaktionen aber eigentlich ab? Wir wollen im folgenden diese Frage beantworten.

Gleichgewichtsbedingungen

Ist ein System abgeschlossen (isoliert) — d. h., tauscht es mit seiner Umgebung weder Stoff noch Wärme aus —, so schreiten die im System spontan ablaufenden Prozesse in Richtung Gleichgewicht voran.

Ein rein mechanischer Prozeß geht ohne Freisetzung oder Verbrauch von Wärme vonstatten. Ein solcher Prozeß verläuft adiabatisch, die Entropie bleibt während des Prozesses unverändert. Die Rolle der freien Energie spielt hier die mechanische Energie. Das mechanische Gleichgewicht entspricht, wie man weiß, dem Minimum der potentiellen Energie. Wirft man einen Stein in die Höhe, fällt er auf die Erde. Bedingung für mechanisches Gleichgewicht bei $\Delta S = 0$ ist also, daß die potentielle Energie ihren minimalen Wert annimmt,

$$U = U_{\min}, \tag{3.9}$$

und ein spontaner Prozeß verläuft in der Richtung, in der die potentielle Energie abnimmt:

$$\Delta U < 0. \tag{3.10}$$

Da in einem reibungsfreien Prozeß die mechanische Gesamtenergie konstant bleibt, bedeutet ein Verlust an potentieller Energie einen gleichgroßen Zuwachs an kinetischer Energie. Aus dieser Energieumwandlung kann Nutzarbeit gewonnen werden.

Auf diese Weise wird in einem Wasserkraftwerk Arbeit erzeugt: Die potentielle Energie des herabstürzenden Wassers wird zunächst in kinetische und in den Turbinen schließlich in elektrische Energie umgewandelt.

In einem isolierten System wird, wie bereits gesagt, der Gleichgewichtszustand bei maximaler Entropie erreicht:

$$S = S_{max}. \tag{3.11}$$

Ein gutes Modell für ein solches System ist ein Raumschiff. Es wird in der Tat aller erdenkliche Mühe darauf verwendet, das Innere des Flugkörpers vom umgebenden Weltraum zu isolieren. Natürlich ist ein Raumschiff, in dem Kosmonauten leben und arbeiten, weit entfernt vom Gleichgewicht. Wir werden später erfahren, wodurch der Nichtgleichgewichtszustand eines lebenden Systems aufrechterhalten wird. Denn Gleichgewicht hieße Tod des Systems.

Die Richtung, in der sich der Zustand eines isolierten Systems spontan und irreversibel ändert, ist somit die Richtung wachsender Entropie:

$$\Delta S > 0. \tag{3.12}$$

Dabei haben wir vorerst die Frage nach der Geschwindigkeit dieses Anwachsens, der Geschwindigkeit des Strebens zum Gleichgewicht, außer acht gelassen.

Wir betrachten nun ein geschlossenes System bei konstanter Temperatur und konstantem Druck. Als geschlossen bezeichnen wir ein System, das mit seiner Umgebung Energie, nicht aber Stoff austauschen kann — sagen wir, eine chemische Reaktion in einem Kolben, der sich in einem Thermostaten befindet.

Die Gleichgewichtsbedingung für ein solches System besteht darin, daß die freie Enthalpie ein Minimum annimmt:

$$G = G_{min}. \tag{3.13}$$

Eine spontane Änderung des Systemzustandes erfolgt in Richtung abnehmender freier Enthalpie:

$$\Delta G < 0. \tag{3.14}$$

Wie wir sahen — Gl. (3.7) —, setzt sich die freie Enthalpie aus zwei Bestandteilen zusammen:

$$G = (E + pV) - TS = H - TS.$$

Die Summe aus der inneren Energie und dem Produkt pV ist eine Zustandsfunktion, die wir Enthalpie nennen:

$$H = E + pV, \tag{3.15}$$

Sie wird mitunter auch als Wärmeinhalt bezeichnet. Dies ist jedoch keine glückliche Begriffsbildung.

Wir können also schreiben:

$$\Delta G = \Delta H - T\,\Delta S \leqq 0. \tag{3.14a}$$

Die Verringerung der freien Enthalpie erfolgt aus zwei Gründen: Entweder weil die Enthalpie abnimmt oder weil die Entropie anwächst; es kann auch beides gleichzeitig stattfinden. Denkbar sind außerdem Situationen, in denen sich die Enthalpie zwar erhöht, diese Zunahme aber vom gleichzeitigen Anwachsen der Entropie übertroffen wird:

$$\Delta S > \frac{\Delta H}{T}.$$

Auch das Umgekehrte kann passieren: Die Enthalpie nimmt während des Prozesses ab, und gleichzeitig sinkt die Entropie so stark, daß die Bedingung (3.14) nicht erfüllt ist — die freie Enthalpie nimmt also nicht ab, und ein spontaner Prozeß ist unmöglich. Kürzer gesagt, notwendige Bedingung für das Ablaufen eines spontanen Prozesses ist die Verringerung der freien Enthalpie. Einzeln betrachtet, geben die Änderungen der Enthalpie und der Entropie bei konstanter Temperatur noch keine Auskunft darüber, ob ein bestimmter Prozeß in Gang kommen wird.

Chemische Reaktionen

Die Verbrennung eines beliebigen brennbaren Stoffes — seine Oxidation — geht damit einher, daß die freie Energie abnimmt, indem ein Teil von ihr in Form von Wärme oder Licht freigesetzt wird. So kommt es beispielsweise bei der Verbrennung von Wasserstoff — seiner Verbindung mit Sauerstoff — und der Bildung von Wasser zu einer erheblichen Energiefreisetzung: Für Normaldruck der Ausgangsstoffe gilt

$$H_2^{\text{gasf.}} + \frac{1}{2}\,O_2^{\text{gasf.}} = H_2O^{\text{flüss.}} + 236\,760\ \text{J/mol}.$$

Rechts steht der Wert der freigesetzten (molaren) freien Energie, d. h. der Energieverlust der Reaktion. Da die Reaktion bei konstantem Druck abläuft, handelt es sich um Gibbssche freie Energie, also freie Enthalpie.

Bevor man verstand, daß nicht die freie Energie oder die Enthalpie, sondern die freie Enthalpie die ausschlaggebende Größe ist, nahm man zunächst an, eine chemische Reaktion sei nur möglich, wenn sie exotherm — unter Abgabe von Wärme — verläuft. Es stellte sich jedoch heraus, daß auch endotherme — Wärme verbrauchende — Reaktionen stattfinden. Die Änderung der Enthalpie allein ist nicht entscheidend.

Die Abnahme der freien Enthalpie ist für eine chemische Reaktion bei konstantem Druck eine notwendige Bedingung, aber sie ist nicht hinreichend. So kann sich Wasserstoff unbegrenzte Zeit ohne jede Reaktion im Gemisch mit Sauerstoff befinden. Es genügt jedoch, ein brennendes Streichholz an das Gasgemisch zu halten, und die Reaktion erfolgt explosionsartig — dieses Gemisch heißt nicht umsonst „Knallgas".

Was bedeutet das? Offensichtlich gibt uns die Thermodynamik mit ihrer Gleichgewichtsbedingung (3.13) keine Auskunft darüber, ob eine bestimmte Reaktion in Gang kommt oder nicht. Die Thermodynamik sagt uns nur, ob der Prozeß möglich oder unmöglich ist. Beispielsweise findet die Verbindung von Sauerstoff und Stickstoff unter normalen Bedingungen nicht statt, denn die Reaktionsgleichung lautet

$$N_2 + O_2 \rightarrow 2NO - 174556 \text{ J/mol},$$

d. h., die freie Enthalpie nimmt dabei nicht ab, sondern zu. Das bedeutet gleichzeitig thermodynamische Instabilität des Stickoxids, denn die Gegenreaktion verläuft unter Abnahme der freien Enthalpie:

$$2NO \rightarrow N_2 + O_2 + 174556 \text{ J/mol}.$$

Wieso trifft nun die Thermodynamik nur Aussagen über die prinzipielle Zulässigkeit eines Prozesses, nicht aber darüber, ob er tatsächlich abläuft?

In der Tat kann ein Prozeß thermodynamisch erlaubt, in Wirklichkeit aber praktisch unmöglich sein. Wie wir gesehen haben, wird bei der Oxidation von Wasserstoff freie Enthalpie abgegeben. Das bedeutet, die Reaktion ist zulässig. Dennoch kann Wasserstoff beliebig lange im Gemisch mit Sauerstoff existieren, ohne daß eine Umsetzung erfolgt. Um die Reaktion einzuleiten, muß man ein brennendes Streichholz an das Gemisch halten. Unmittelbar danach kommt es zur Explosion. Die Thermodynamik weiß davon nichts — ihre Rolle beschränkt sich darauf, die Bilanz der freien Enthalpie zu ziehen.

Jeder Prozeß verläuft in einer bestimmten Zeit. Er wird praktisch nicht stattfinden, wenn er unbegrenzte Zeit erfordern würde. Die Zeit aber geht in die thermodynamischen Beziehungen nicht ein. Wir haben es, wie gesagt, in Wahrheit nicht mit Thermodynamik, sondern mit Thermostatik zu tun.

Stellen wir uns ein mit einer Flüssigkeit gefülltes Gefäß vor. Das Gefäß habe ein Abflußrohr mit einem Absperrhahn. Das Ganze befinde sich in einer bestimmten Höhe und darunter ein zweites Gefäß (Abb. 3.1).

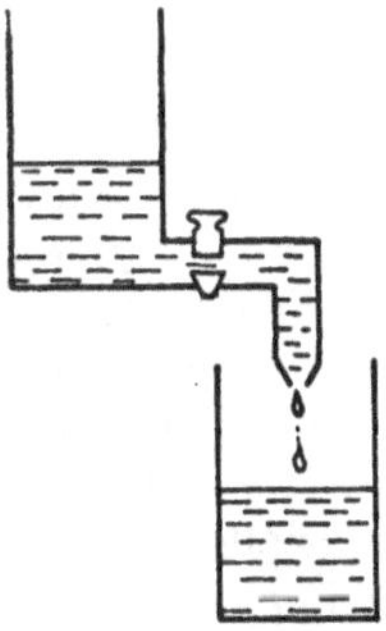

Abb. 3.1 Modell einer chemischen Reaktion in einem abgeschlossenen System

Die Thermodynamik sagt uns, daß früher oder später die Flüssigkeit aus dem oberen in das untere Gefäß fließt und in welcher Höhe sich im unteren Gefäß der Flüssigkeitsspiegel einstellen wird. Die Thermodynamik sagt uns, daß die Flüssigkeit nach unten, und nicht nach oben, fließen wird.

Doch was heißt „früher oder später"? Auf diese Frage gibt die Thermodynamik keine Antwort. Im gegebenen Beispiel hängt die Geschwindigkeit des Abfließens von der Stellung des Hahnes ab. Ist der Hahn geschlossen, dann befindet sich die obere Flüssigkeitsmenge thermodynamisch im Nichtgleichgewichtszustand, ihre Energie ist höher als der Gleichgewichtswert. Dieser Nichtgleichgewichtszustand kann jedoch unbegrenzt lange aufrechterhalten werden.

Offensichtlich wirkt ein brennendes Streichholz auf das Gemisch von Wasserstoff und Sauerstoff ähnlich wie das Aufdrehen des

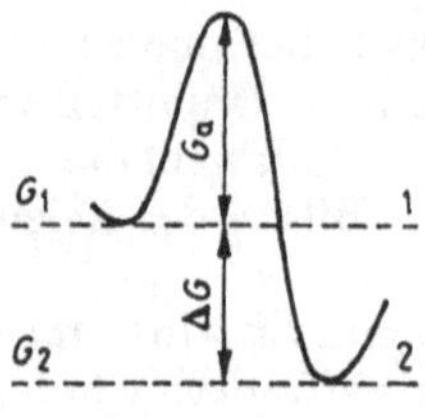

Abb. 3.2 Änderung der freien Enthalpie im Verlauf einer chemischen Reaktion

Hahnes in unserem Modell: Zunächst ist der Hahn geschlossen; er wird geöffnet, und die Reaktion setzt ein.

In Abbildung 3.2 ist die freie Enthalpie für eine beliebige chemische Reaktion dargestellt. Der Ausgangszustand 1 der Reaktionspartner hat eine höhere freie Enthalpie als der Endzustand 2 der Reaktionsprodukte:

$$G_1 - G_2 = \Delta G > 0 .$$

Die freie Enthalpie nimmt im Verlauf der Reaktion ab. Folglich ist die Reaktion möglich. Läuft sie aber auch ab? Das ist schon nicht mehr eine Frage an die Thermodynamik, sondern an die Kinetik. Der Endzustand unterscheidet sich durch die sogenannte Aktivierungsschwelle vom Ausgangszustand, durch eine Art „Gebirgsrücken", den die Reaktionspartner überwinden müssen. Die freie Enthalpie auf dem „Kamm" des Rückens — die freie Aktivierungsenthalpie, bezogen auf den Ausgangszustand G_1 — ist gleich G_a. Was bedeutet das? Damit es zur Reaktion kommt, ist ein Vorrat an überschüssiger freier Enthalpie bei den Molekülen der Ausgangsstoffe erforderlich. Je höher die Barriere G_a ist, um so langsamer läuft der Prozeß ab. Bei Erhöhung der Temperatur wächst die Zahl der Moleküle, die überschüssige freie Enthalpie besitzen, stark an, und die Reaktion wird beschleunigt. Wir werden später sehen, in welcher Weise die Reaktionsgeschwindigkeit von der freien Aktivierungsenthalpie G_a und der Temperatur T abhängt.

Sobald das System den Scheitel der Aktivierungsschwelle erreicht hat, steht der Reaktion nichts mehr im Wege. Nach dem Überwinden der Barriere „stürzt" es unter Freisetzung von freier Enthalpie nach unten.

Wie dem Leser bekannt ist, finden viele Reaktionen unter Beteiligung von Katalysatoren — Stoffen, die sich durch die Reaktion nicht verändern — statt. Die Rolle eines Katalysators besteht unter den Bedingungen chemischen Gleichgewichts ganz einfach darin, die Aktivierungsschwelle zu erniedrigen und die Reaktion entsprechend zu beschleunigen. Kommen wir auf unsere Flüssigkeitsbehälter (Abb. 3.1) zurück, so würde in diesem Fall ein Katalysator den Hahn weiter aufdrehen und damit das Abfließen der Flüssigkeit aus dem oberen in das untere Gefäß beschleunigen. Der Endzustand wird davon nicht beeinflußt: ob nun schneller oder langsamer, jedenfalls fließt die Flüssigkeit in das untere Gefäß und erreicht dort einen bestimmten Füllstand.

Natürlich ist die Abbildung 3.1 kein Modell für eine Aktivierungsschwelle; immerhin erhellt dieses Bild die Beziehung von Thermodynamik und Kinetik.

Die freie Aktivierungsenthalpie ergibt sich als Differenz aus der Aktivierungsenthalpie und der mit der Temperatur multiplizierten Aktivierungsentropie:

$$G_a = H_a - TS_a: \qquad (3.16)$$

Eine Verringerung von G_a kann durch Verringerung der Aktivierungsenthalpie H_a, durch Vergrößerung der Aktivierungsentropie S_a oder durch beides gleichzeitig erfolgen.

Es sei hervorgehoben, daß ausnahmslos alle chemischen Reaktionen in lebenden Organismen — jene Reaktionen, auf denen Leben basiert — notwendig unter Beteiligung von Katalysatoren ablaufen. Fermente (Enzyme) — Eiweißstoffe — sind in diesem Fall die Katalysatoren.

Das Schmelzen eines Kristalls und das Verdampfen einer Flüssigkeit

Kristalle in einem geschlossenen System unter Gleichgewichtsbedingungen schmelzen bei Erwärmung, aus ihnen entstehen Flüssigkeiten. Bei weiterer Erwärmung geht die Flüssigkeit in Dampf, also in ein Gas, über.

Sowohl das Schmelzen eines Kristalls als auch das Verdampfen einer Flüssigkeit erfordern den Aufwand von thermischer Energie — der Schmelz- bzw. Verdampfungswärme. Als Beispiel erwärmen wir ein Gefäß, in das wir vorher ein Stück Eis gelegt haben. Ist die Temperatur bei 0 °C (oder 273,15 K) angelangt, hört sie auf zu steigen, bis das gesamte Eis getaut ist. Das entstandene Wasser erhitzen wir weiter. Das gelingt unter Normaldruck nur bis 100 °C (oder 373,15 K) — dann nimmt die Temperatur nicht weiter zu, solange nicht alles Wasser verdampft ist.

Die Schmelzwärme für Eis beträgt 5982 J/mol, die Verdampfungswärme für Wasser bei 100 °C 40613 J/mol. Die Verdampfungswärme ist stets wesentlich größer als die Schmelzwärme.

Kristall, Flüssigkeit, Gas — das sind verschiedene Phasen eines Stoffes, die sich im Zustand und den Existenzbedingungen des Stoffes unterscheiden und zwischen denen sich bei Koexistenz mehrerer Phasen Phasengrenzen ausbilden. Schmelzen und Verdampfen sind Beispiele für Phasenübergänge.

Wir wollen die thermodynamische Bedingung für den Übergang finden. Bei Erwärmung eines Kristalls wächst seine innere Energie, und damit auch die Enthalpie. Außerdem wächst die Entropie — wir hatten bereits gesehen, daß sie mit der Temperatur zunimmt. In der Regel erhöht sich ebenfalls die freie Enthalpie. Schließlich wird die freie Enthalpie des Kristalls gleich der freien Enthalpie der Flüssigkeit:

$$G_{\text{Krist}} = G_{\text{Flüss}}, \tag{3.17}$$

$$H_{\text{Krist}} - T_{\text{Schm}} S_{\text{Krist}} = H_{\text{Flüss}} - T_{\text{Schm}} S_{\text{Flüss}}. \tag{3.18}$$

Bei gleicher freier Enthalpie zweier Phasen kommt es zum Phasenübergang, im gegebenen Fall zum Schmelzen. Die Schmelztemperatur T_{Schm} bestimmen wir aus der Bedingung (3.18):

$$T_{\text{Schm}} = \frac{H_{\text{Flüss}} - H_{\text{Krist}}}{S_{\text{Flüss}} - S_{\text{Krist}}} = \frac{\Delta H}{\Delta S}. \tag{3.19}$$

Die beiden Größen ΔH und ΔS sind, wie wir schon sagten, positiv. Die Schmelztemperatur ist um so höher, je größer ΔH (was ja die Schmelzwärme darstellt) und je kleiner die Entropiedifferenz ΔS ist. Würden die Entropien von Kristall und Flüssigkeit immer übereinstimmen, wäre also ΔS gleich null, dann käme es nicht zum Schmelzen: $T_{\text{Schm}} \to \infty$. Die Änderung der Entropie am Phasenübergang bestimmt die Möglichkeit des Überganges.

Wir ermitteln ΔS für Eis. Hier ist $\Delta H = 5982$ J/mol, $T_{\text{Schm}} = 273{,}15$ K und folglich

$$\Delta S_{\text{Schm}} = (5982\ \text{J/mol})/273{,}15\ \text{K} = 21{,}89\ \text{J/(mol} \cdot \text{K)}.$$

Wir haben derartige Beziehungen bereits bei der Berechnung der Entropie von Tetrachlorkohlenstoff verwendet.

Ähnliche Ausdrücke erhalten wir für das Sieden einer Flüssigkeit. Für Wasser ist

$$\Delta S_{\text{S}} = (40613\ \text{J/mol})/373{,}15\ \text{K} = 108{,}84\ \text{J/(mol} \cdot \text{K)}.$$

Wir sehen, welche wichtige Rolle die Entropie spielt. Ohne Entropieänderungen gäbe es keine Phasenübergänge, gäbe es nicht die Welt, in der wir leben. Wäre insbesondere Wasser vorhanden, aber nur in Form von Eis, könnte kein Leben existieren.

Vorerst betrachten wir diese physikalischen Prozesse phänomenologisch, formal. Wir konstatieren Änderungen der Enthalpie und der Entropie beim Schmelzen und Verdampfen, doch wir stellen uns dabei nicht die für die Physik grundlegende Frage: Warum? Warum nehmen Enthalpie und Entropie bei Abkühlung ab und wachsen bei Erwärmung an? Warum sind Verdampfungswärme und -entropie viel größer als Schmelzwärme und -entropie?

Auf diese Fragen gibt die Thermodynamik keine Antwort. Sie überschreiten die Grenzen ihrer Kompetenz. Mit anderen Worten, auf diese Fragen kann man keine Antwort erhalten, wenn man nur von den drei Hauptsätzen ausgeht.

Selbstverständlich lassen sich diese Fragen im Rahmen der Physik beantworten. Doch dafür brauchen wir zwei andere von ihren Teilgebieten: die statistische Physik und die kinetische Theorie. Von ihnen wird im nächsten Kapitel die Rede sein.

Warum löst sich Spiritus in Wasser, Benzin aber nicht?

Wenn wir gedanklich verarbeiten, was wir über chemische Reaktionen und Phasenübergänge erfahren haben, dann können wir auch die thermodynamischen Grundlagen für die Lösung eines Stoffes in einem anderen verstehen.

Das wichtigste Lösungsmittel ist Wasser. Mit wäßrigen Lösungen haben wir es immer und überall zu tun.

Bereits das Wasser, das aus dem Wasserhahn fließt, ist eine Lösung. Es enthält gelöste Zusatzstoffe — den Härtegrad bestimmende Salze: Carbonate, Silicate, Phosphate und Sulfate, vor allem Calciumsulfat. Die Löslichkeit dieser Salze ist gering, deshalb setzen sie sich ständig an Gefäßwänden ab und bilden den sogenannten Kesselstein. Der Kesselstein ist im Teekessel zwar unangenehm, aber nicht gefährlich, während er in Dampfkesseln große Havarien verursachen kann.

Wir sagten, die Löslichkeit ist gering. Bei welchen Stoffen aber ist sie hoch?

Es gibt bekanntlich Spirituosen mit verschiedenstem Alkoholgehalt. Das bedeutet, Ethylalkohol löst sich in beliebigem Verhältnis in Wasser.

In Wasser löslich sind auch Zucker und Salz, wobei ihre Löslichkeit mit der Temperatur anwächst. Die Mehrheit anderer Stoffe, insbesondere sehr viele Salze, Säuren und Basen, lösen sich ebenfalls in Wasser. Auch deren Löslichkeit nimmt in der Regel mit der Temperatur zu.

Andererseits gibt es Stoffe, die in Wasser nicht löslich sind. Wir reden nicht von metallischem Quecksilber — es scheint widernatürlich, sich die Auflösung von Quecksilber in Wasser vorzustellen. (Silber übrigens ist sehr schwach löslich und wirkt als Bakterizid.) Vielmehr geht es um die vielen organischen Verbindungen, vor allem Kohlenwasserstoffe, die in Wasser praktisch unlöslich sind. Benzin und Kerosin — Kohlenwasserstoffgemische — werden von Wasser abgewiesen.

Der Regenbogenfilm auf einer Wasseroberfläche, auf die Benzin tropfte, ist ein Beweis für die praktische Wasserunlöslichkeit vieler Kohlenwasserstoffe. Aufgrund der hohen Oberflächenspannung des Wassers breitet sich eine Benzinschicht aus, die einen dünnen Film bildet. Dessen Farben entstehen genauso wie bei Seifenblasen. Diese Interferenzerscheinung, Interferenzfarben dünner Filme, ist ein schöner Beweis der Wellennatur des Lichtes. Doch kehren wir zur Thermodynamik zurück. Was bedeutet hohe oder geringe Löslichkeit?

Offensichtlich kommt es zu einer Lösung, wenn dabei die freie Enthalpie abnimmt. Es findet etwas ähnliches wie eine chemische Reaktion statt:

löslicher Stoff + Lösungsmittel = Lösung.

Die freie Enthalpie muß sich verringern. Und das vorzugsweise durch Anwachsen der Entropie. Wir haben gesehen, die Entropie wächst bei der Vergrößerung des einem Gas zur Verfügung stehenden Volumens, und die Mischungsentropie ist positiv. Beim Mischen von einem Liter Spiritus und einem Liter Wasser stellen wir sowohl dem einen als auch dem anderen Stoff ein größeres Volumen zur Verfügung. Bei ihrer Vermischung wächst die Entropie an (und die Enthalpie nimmt ab). Das heißt, die freie Enthalpie verringert sich:

$$\Delta H < 0, \qquad \Delta S > 0,$$

$$\Delta G = H - T\,\Delta S < 0.$$

Die Abnahme der Enthalpie wird durch die Wechselwirkung der Moleküle des gelösten Stoffes und des Lösungsmittels hervorgerufen. Das Anwachsen der Entropie bei der Lösung einer Reihe von Stoffen zeigt sich unmittelbar in der Zunahme der Löslichkeit mit steigender Temperatur (z. B. im Falle der wäßrigen Lösung von Zucker bzw. Kochsalz). Tatsächlich geht ΔS, multipliziert mit der Temperatur, in die Differenz der freien Enthalpien, ΔG, ein. Ist ΔS positiv, dann wächst mit steigender Temperatur der negative Term $-T\,\Delta S$, d. h., je höher die Temperatur, desto niedriger ist der Wert der freien Enthalpie. Der Term ΔH ist wesentlich schwächer temperaturabhängig.

Also lösen sich Spiritus, Zucker und Salz in Wasser, weil dabei die freie Enthalpie verringert wird. Und warum löst sich Benzin nicht? Die Antwort ist klar: weil dabei die freie Enthalpie zunehmen würde.

Aber warum würde sie das? Die freie Enthalpie kann doch aus zwei Gründen anwachsen — entweder wächst die Enthalpie, oder die Entropie nimmt ab. Wie ist das im betrachteten Fall?

Kohlenwasserstoffe lösen sich durchaus in Wasser. Zwar sehr schwach, aber sie lösen sich. Eine sorgfältige Untersuchung zeigte, daß sich dabei die Enthalpie verringert, $\Delta H < 0$. Doch völlig ungewöhnlicherweise erhöht sich die Löslichkeit eines Kohlenwasserstoffes nicht bei Erwärmung, sondern nimmt ab. Das bedeutet, daß beim Lösevorgang die Entropie nicht größer, sondern kleiner wird. Und zwar derart, daß die freie Enthalpie anwächst:

$$\Delta H < 0, \qquad \Delta S < 0,$$

$$\Delta G = \Delta H - T\,\Delta S > 0.$$

Die positive Größe $-T\,\Delta S$ überkompensiert den Enthalpieverlust: $T|\Delta S| > |\Delta H|$.

Folglich wird die Entmischung von Benzin und Wasser durch die Entropie hervorgerufen! Die Änderung der Entropie stößt die Kohlenwasserstoffmoleküle vom Wasser weg. Die Entropieänderung hat eine ähnliche Wirkung wie eine Kraft.

Hydrophobe Kräfte und Eiweißstrukturen

Diese Kraft entropischer Natur wird als hydrophob bezeichnet. Ebenso nennt man Stoffe, die durch diese Kraft vom Wasser abgestoßen werden, sozusagen „wasserfeindlich" sind, im Unterschied zu den hydrophilen Stoffen von der Art des Spiritus, die das Wasser „lieben".

Mit den hydrophoben Kräften stehen zahlreiche wichtige Erscheinungen in Zusammenhang. Warum beispielsweise wäscht Seife?

Seife besteht aus Natrium- und Kaliumsalzen von Fettsäuren mit etwa folgender chemischer Strukturformel:

$$H_3C-CH_2-CH_2-CH_2-CH_2-CH_2-CH_2-CH_2-CH_2-CH_2$$

$$-CH_2-CH_2-CH_2-CH_2-CH_2-COONa$$

(Natriumsalz der Palmitinsäure).

Die lange Kohlenwasserstoffgruppe $H_3O\ (CH_2)_{14}$ ist hydrophob; dagegen ist die Gruppe COONa hydrophil. In Wasser bildet die Seife kolloide Lösungen, ihre Moleküle ordnen sich in Mizellen an — fadenartigen Teilchenstrukturen mit einer ganz spezifischen Anordnung von Molekülen des Typs $H_3C(CH_2)_{14}COONa$. Die hydrophoben Kohlenwasserstoffgruppen sind ins Innere der Mizelle gerichtet, weil sie vom Wasser abgstoßen werden; die hydrophilen Gruppen bleiben an der Oberfläche der Mizelle. Das Schema einer solchen Seifenmizelle ist in Abbildung 3.3 gezeigt.

Diese Mizellenstruktur ihrer Lösung ist verantwortlich für die reinigende Wirkung der Seife. Die Mizellen haben eine hohe Oberflächenaktivität und adsorbieren gut verschiedene Stoffe. Das Vorhandensein der Kohlenwasserstoffgruppen befähigt die Seife, wasserabweisende Oberflächen zu benetzen, Fette und Öle zu emulgieren usw. Hinzu kommt die alkalische Reaktion der Gruppe COONa.

Die wichtigste Folgeerscheinung der hydrophoben Entropie-Kräfte sind freilich nicht die Regenbogenfilme auf dem Wasser und die Waschkraft der Seife, sondern der Aufbau der Eiweiße — der Stoffe, die bestimmend sind für den Ablauf aller Lebensvorgänge.

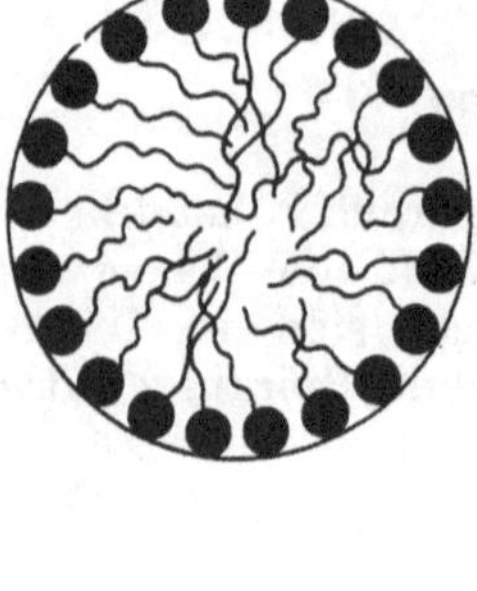

Abb. 3.3 Modell einer Seifenmizelle: hydrophile „Köpfe" und hydrophobe „Schwänze" der Moleküle

Ein Eiweißmolekül ist kettenförmig aus Aminosäureresten aufgebaut. Alle Eiweiße bestehen aus 20 verschiedenen Aminosäuren der allgemeinen Strukturformel

$$\begin{array}{rcl} & H & \\ & | & \\ H_2N- & C & -COOH. \\ & | & \\ & R & \end{array}$$

R bezeichnet eine bestimmte Gruppe von Atomen, die eine Aminosäure von der anderen unterscheidet. Bei der Verbindung der Aminosäuren zur Eiweißkette werden Wassermoleküle freigesetzt und bilden Peptidbindungen —CO—NH—. Hier ein Bruchstück einer Eiweißkette:

$$\begin{array}{rcccccl} & H & & H & & H & \\ & | & & | & & | & \\ -NH- & C & -CO-NH- & C & -CO-NH- & C & -CO-. \\ & | & & | & & | & \\ & R_1 & & R_2 & & R_3 & \end{array}$$

R_1, R_2 und R_3 bezeichnen verschiedene oder auch identische Radikale. Die gesamte Kette, die sehr lang sein und hundert oder mehr Aminosäurereste enthalten kann, stellt eine Art Text mit einem 20buchstabigen Alphabet dar. Wir kommen am Ende des Buches noch auf solche Texte zu sprechen.

Eiweiße wirken in wäßrigen Lösungen vorzugsweise als Enzyme, als Katalysatoren biochemischer Reaktionen. Die Eiweißkette hat eine bestimmte Biegsamkeit, denn um die einzelnen C—N- und C—C-Bindungen sind Drehungen möglich. In ihrem biofunktionalen Urzustand ist die Eiweißkette in der Lösung zu einem dichten, kompakten Gebilde verknäult. Diese kugelige „globuläre“ Struktur hat für ein gegebenes Eiweiß einen ganz bestimmten Aufbau. Was ist dafür ausschlaggebend?

Unter den Radikalen, den Atomgruppen $R_1, R_2, \ldots, R_{20}$, gibt es hydrophobe, die Kohlenwasserstoffgruppen enthalten, und hydrophile, die insbesondere Säure- und Basengruppen enthalten. Was passiert mit den einen und mit den anderen in einer Eiweißkette, die sich in Wasser befindet?

Das Eiweißknäuel ist in gewissem Sinne ähnlich aufgebaut wie eine Seifenmizelle: Die Eiweißkette ist auf solche Art verschlungen, daß die hydrophoben Gruppen, die die Wassernähe zu meiden suchen, im Inneren und die hydrophilen Gruppen an der Oberfläche

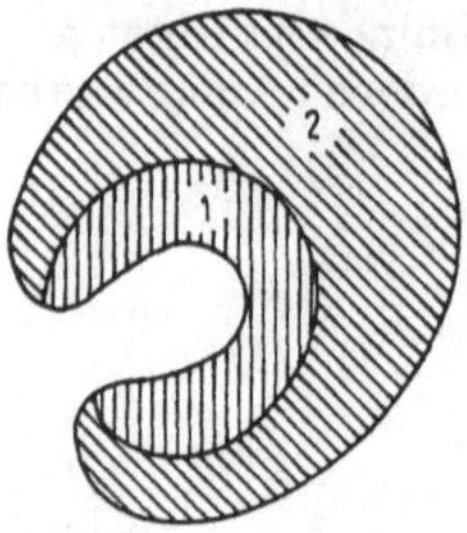

Abb. 3.4 Modell der globulären Eiweißstruktur
1 — hydrophobe, 2 — hydrophile Radikale

des Knäuels sitzen. In Abbildung 3.4 ist die globuläre Struktur schematisch dargestellt, in Abbildung 3.5 der durch Röntgenstrukturanalyse ermittelte Aufbau des Myoglobins.

Viele Eiweiße „funktionieren“ in dieser globulären Gestalt. Diese ursprüngliche Form kann durch die Einwirkung von Säuren und Basen oder durch Erhitzen zerstört werden. Es kommt zur Denaturierung des Eiweißes, in deren Ergebnis es seine Funktion nicht

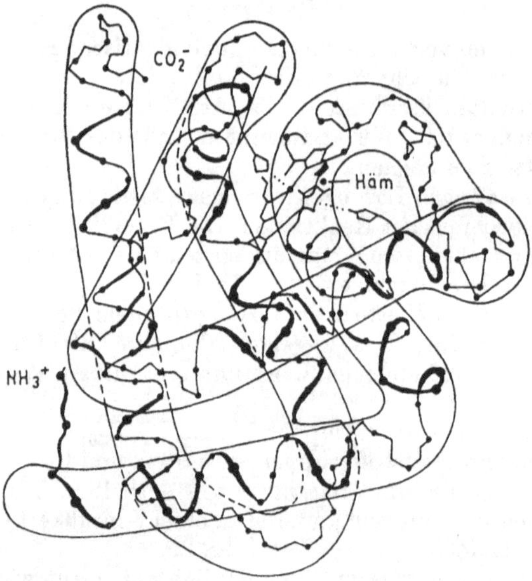

Abb. 3.5 Globuläre Struktur des Myoglobins
Die schwarzen Punkte stellen Aminosäurereste dar. Wie die Abbildung zeigt, ist die Eiweißkette des Myoglobins teilweise spiralförmig angeordnet.

mehr erfüllt. Aus einem gekochten Ei kann man kein Küken herausholen.

Wir sind damit zu einer alles andere als trivialen Schlußfolgerung gelangt. Die Funktionsweise einer Reihe der lebenswichtigsten Eiweiße wird durch ihre globuläre Struktur bestimmt. Und diese Struktur entsteht aufgrund von hydrophoben, d. h. durch Entropieänderung bedingten, Kräften, die in wäßriger Umgebung wirken.

Gummi und ideales Gas — was haben sie gemeinsam?

Eine solche Fragestellung scheint völlig unsinnig zu sein. Welche Gemeinsamkeiten kann es zwischen einem festen Körper, der Gummi zweifellos ist, und einem Gas, zumal einem idealen, d. h. verdünnten, Gas geben? Offensichtlich haben wir eine ganz spezielle Eigenschaft im Auge, die Gummi von anderen festen Körpern unterscheidet und ihn dem Gas näherbringt.

Gerade solche paradoxen Fragen geben oftmals den Anstoß zur Weiterentwicklung der Wissenschaft. Lew Landau sagte einmal, die Aufgabe der theoretischen Physik bestehe darin, neue Zusammenhänge — zwischen Erscheinungen, die auf den ersten Blick nichts miteinander zu tun haben — aufzudecken. Das Aufspüren derartiger Zusammenhänge (ein hervorragendes Beispiel ist der von Maxwell entdeckte Zusammenhang zwischen der Wellentheorie des Lichtes und der Theorie elektromagnetischer Erscheinungen) ist stets eine ergiebige Quelle neuer Erkenntnis.

Im betrachteten Fall geht es um die Elastizität, die elastische Kraft und die elastische Verformung.

Bei der Dehnung einer Stahlfeder tritt eine elastische Kraft auf, die um so größer wird, je stärker die Dehnung ist. Nach dem Hookeschen Gesetz ist die in einem festen Körper entstehende Spannung proportional zu seiner Deformation:

$$\sigma = \frac{f}{s} = \varepsilon \frac{L - L_0}{L_0}. \tag{3.20}$$

Dabei bezeichnen σ die Spannung, d. h. die auf die Flächeneinheit s des deformierten Körpers bezogene Kraft f, L die Länge des gedehnten Körpers, L_0 seine ursprüngliche Länge und ε den Elastizitätsmodul. Für eine Stahlfeder ist der Elastizitätsmodul sehr groß, er liegt in der Größenordnung von 200 GPa. Das bedeutet, daß schon eine kleine Deformation eine große elastische Kraft hervorruft. Umgekehrt muß man eine große Kraft aufwenden, um die Feder merklich zu deformieren.

Woher kommt die elastische Kraft? Verformen wir Metall, so vergrößern wir seine innere Energie, d. h. die potentielle Energie seiner Atome, die durch chemische Bindungen im Kristallgitter miteinander verbunden sind. Es ändert sich also die Energie. Wie wir sahen — siehe Gl. (3.4) — besteht die an einem Körper geleistete Arbeit in der Vergrößerung seiner freien Energie:

$$\Delta W = \Delta F = \Delta E - T\,\Delta S.$$

Andererseits ist Arbeit das Produkt aus Kraft und Weg:

$$\Delta W = f\,\Delta L = f(L - L_0). \tag{3.21}$$

Daraus ergibt sich die elastische Kraft

$$f = \sigma s = \frac{\Delta F}{\Delta L} = \frac{\Delta E}{\Delta L} - T\,\frac{\Delta S}{\Delta L}. \tag{3.22}$$

Folglich ändert sich bei der Deformation einer Stahlfeder die Energie, nicht aber die Entropie, $\Delta S = 0$, und die elastische Kraft $f = \Delta E/\Delta L$ ist rein energetischer Natur. Dieses Verhalten zeigen die Mehrzahl der festen Körper. Nicht so der Gummi. Der Elastizitätsmodul von Gummi ist um viele Größenordnungen kleiner als der von Metall, er liegt je nach dem Vulkanisierungsgrad zwischen 200 und 8000 kPa. Dementsprechend läßt sich ein Stück Gummi, z. B. ein Schlauch, um ein Mehrfaches dehnen.

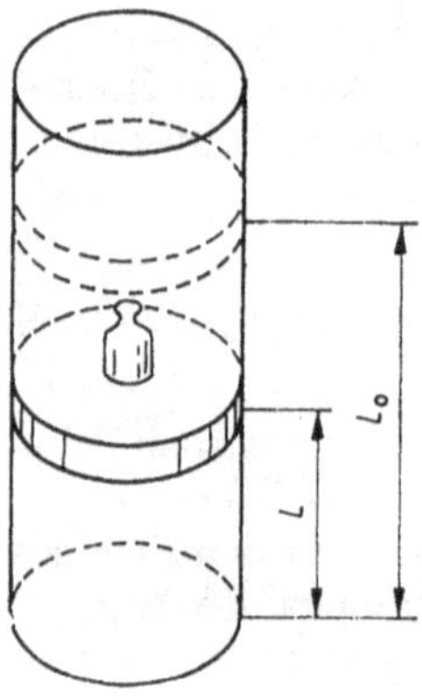

Abb. 3.6 Gaskompression in einem Kolbenzylinder

Wir wollen nun den Elastizitätsmodul eines idealen Gases berechnen. Auch ein Gas ist ein elastischer Körper, der zwar nicht seiner Ausdehnung, aber seinem Zusammendrücken Widerstand entgegensetzt. Ein Gas befinde sich in einem Zylinder unterhalb eines Kolbens (Abb. 3.6). Bei der Kompression des Gases entsteht die elastische Kraft

$$f = ps = \frac{\Delta F}{\Delta L}.$$

Es gilt aber $L = V/s$ (mit s als Zylinderquerschnitt), also ist

$$f = ps = s\,\frac{\Delta F}{\Delta V} = s\left(\frac{\Delta E}{\Delta V} - T\,\frac{\Delta S}{\Delta V}\right). \tag{3.23}$$

Eine der grundlegendsten Eigenschaften eines idealen Gases ist nun aber die Unabhängigkeit seiner inneren Energie vom Volumen. Das ideale Gas ist ein extrem verdünntes Gas, zwischen dessen Molekülen es keinerlei Wechselwirkung gibt. Somit ist die innere Energie E unabhängig vom Abstand zwischen den Molekülen, also unabhängig vom Volumen. Demzufolge gilt $\Delta E = 0$, und wir erhalten aus (3.23)

$$p = -T\,\frac{\Delta S}{\Delta V}. \tag{3.24}$$

Das ideale Gas genügt der Zustandsgleichung

$$pV = RT.$$

Der Druck p spielt die Rolle eines Elastizitätsmoduls. Bei isothermer Kompression ist $T = \text{const}$ und $pV = \text{const}$. Folglich finden wir durch Differentiation

$$\mathrm{d}(pV) = V\,\mathrm{d}p + p\,\mathrm{d}V = 0$$

und die elastische Kraft (der Kompressionsdruck) ist

$$\mathrm{d}p = -p\,\frac{\mathrm{d}V}{V}. \tag{3.25}$$

Damit sind wir wieder beim Hookeschen Gesetz — die elastische Kraft ist proportional zur zugehörigen Deformation $\mathrm{d}V/V$. Gemäß (3.24) ist der Elastizitätsmodul p des idealen Gases proportional zur Temperatur T. Das erkennt man allerdings auch unmittelbar aus der Zustandsgleichung:

$$p = \frac{RT}{V}.$$

Auf diese Weise ist die Elastizität des idealen Gases nicht energetisch bedingt wie bei einer Stahlfeder, sondern hat Entropiecharakter. Das Gas widersetzt sich der Kompression nicht, weil sie seine Energie vergrößert, sondern weil sie seine Entropie verringert.

Normaldruck bedeutet einen Elastizitätsmodul von 100 kPa, er ist also von derselben Größenordnung wie der Elastizitätsmodul von Gummi. Auch die Elastizität des Gummis kommt von der Entropie. Die Erfahrung zeigt, daß die elastische Kraft von Gummi proportional zur thermodynamischen Temperatur ist, wobei die Funktion $f(T)$ sehr flach verläuft. Dadurch ändert sich bei seiner Dehnung die innere Energie des Gummis praktisch nicht, und es gilt

$$f \approx -T\frac{\Delta S}{\Delta L}. \tag{3.26}$$

Gummi ist von hoher Elastizität, weil seine Entropie bei Dehnung abnimmt.

Wenn dem aber so ist, dann müssen bei elastischer Deformation eines Gases und von Gummi ähnliche thermische Erscheinungen zu beobachten sein. Bei rascher Kompression erwärmt sich ein Gas — das weiß jeder, der schon einmal einen Fahrradschlauch aufzupumpen hatte. Rasche Kompression ist ein adiabatischer Prozeß, weil es dabei nicht zum Wärmeaustausch mit der Umgebung kommt. Die Entropie bleibt während des Prozesses konstant, und die am Gas geleistete Arbeit wird in freigesetzte Wärme umgewandelt. Dasselbe geschieht bei ruckartiger Dehnung von Gummi. Davon können wir uns leicht überzeugen: Ziehen wir ein Gummiband an den Lippen auseinander, so verspüren wir die freiwerdende Wärme.

Die entropiebedingte Elastizität ist die wichtigste Eigenschaft von Gummi, auf dieser Eigenschaft beruht seine hauptsächliche Verwendung — für Auto- und Flugzeugreifen.

Am Schluß dieses Abschnittes stellen wir in der Tabelle 2 noch einmal die Eigenschaften von idealem Gas und Gummi zusammen.

Tabelle 2
Eigenschaften von idealem Gas und Gummi

Ideales Gas	Gummi
Der Elastizitätsmodul ist proportional zur thermodynamischen Temperatur und beträgt bei Normaldruck 100 kPa.	Der Elastizitätsmodul ist proportional zur thermodynamischen Temperatur und liegt zwischen 200 und 8 000 kPa.
Das Volumen des Gases kann mehrfach verändert werden.	Die Länge des Gummi-Probestücks kann mehrfach verändert werden.
Bei adiabatischer Kompression erwärmt sich das Gas.	Bei adiabatischer Dehnung erwärmt sich der Gummi.
Die innere Energie ist unabhängig vom Volumen.	Die innere Energie ist praktisch volumenunabhängig.
Bei Kompression des Gases entsteht eine entropiebedingte elastische Kraft.	Bei Dehnung entsteht eine entropiebedingte elastische Kraft.

Bis jetzt verstehen wir jedoch nicht, wodurch diese Ähnlichkeit derart unterschiedlicher Körper begründet ist. Davon wird später die Rede sein.

Wozu heizen wir unser Zimmer?

Anhand dieser scheinbar simplen Frage können wir die Beziehung zwischen Energie und Entropie besser verstehen lernen.

Arnold Sommerfeld und der Japaner Ryogo Kubo, bedeutende theoretische Physiker, zitieren in ihren Monographien zur Thermodynamik eine Bemerkung des deutschen Geophysikers Robert Emden, die er unter der Überschrift „Wozu haben wir eine Winterheizung?“ 1938 in der englischen Zeitschrift „Nature“ veröffentlicht hatte. Wir folgen ihrem Beispiel und bringen Emdens Bemerkung im vollen Wortlaut.

„Auf die Frage, warum wir im Winter heizen, antwortet der Laie: ‚Um das Zimmer wärmer zu machen.‘ Ein Fachmann der Thermodynamik drückt sich möglicherweise so aus: ‚Um fehlende Energie zuzuführen.‘ In diesem Fall erweist sich der Laie, nicht der Gelehrte, als im Recht.

Entsprechend der tatsächlichen Sachlage gehen wir davon aus, daß der Luftdruck im Zimmer stets gleich dem atmosphärischen ist. Die Energie einer Masseneinheit der Zimmerluft ist

$$E = C_V T$$

und die Energie einer Volumeneinheit folglich

$$E_1' = C_V \varrho T$$

(mit der Dichte ϱ — M. W.) bzw. unter Berücksichtigung der Zustandsgleichung $p/\varrho = RT$

$$E_1 = C_V \frac{p}{R}.$$

Für die Luft ist unter Normaldruck $E_1 = 0{,}2528\ \mathrm{J/cm^3}$. Demzufolge hängt die Energiemenge im Zimmer nicht von der Temperatur ab und ist durch die Anzeige des Barometers vollständig bestimmt. Die gesamte Energie, die wir beim Heizen in das Zimmer einführen, entweicht über die Poren in den Wänden nach außen.

Ich hole eine Flasche Rotwein aus dem kühlen Keller, sie nimmt die Zimmertemperatur an. Sie wird wärmer, doch ihre innere Energie erhöht sich auf Kosten der Energie der Außen-, nicht aber der Zimmerluft.

Warum heizen wir nun trotzdem? Aus dem gleichen Grund, aus dem Leben auf der Erde nicht möglich wäre ohne die Sonneneinstrahlung. Es geht dabei nicht um die einfallende Energie. Letztere wird bis auf einen vernachlässigbar kleinen Anteil wieder abgestrahlt — etwa so, wie ein Mensch ungeachtet der Aufnahme von Nahrung sein Gewicht nicht ändert. Zu den Bedingungen unserer Existenz gehört das Aufrechterhalten der Körpertemperatur, und dazu wird nicht etwa eine Erhöhung der Energie, sondern eine Abnahme der Entropie genutzt.

Als ich Student war, las ich mit Gewinn ein kleines Buch von F. WALD: „Die Herrscherin der Welt und ihr Schatten“. Gemeint waren Energie und Entropie. Zu tieferer Einsicht gelangt, kam ich zu dem Schluß, daß man ihre Plätze austauschen muß. In der gigantischen Fabrik natürlicher Prozesse hat das Entropieprinzip die Stellung des Direktors inne, der die Art und den Ablauf aller Geschäfte vorschreibt. Das Energieerhaltungsgesetz spielt nur die Rolle des Buchhalters, der Soll und Haben in Einklang bringt.“

SOMMERFELD präzisierte die Berechnungen EMDENS und zeigte,

daß die Energiedichte bei Erwärmung nicht konstant bleibt, sondern sogar abnimmt. Um so gerechtfertigter ist die Schlußfolgerung über die Priorität der Entropie gegenüber der Energie.

„Die Herrscherin der Welt und ihr Schatten“

Das von Emden erwähnte Buch von Wald ist nicht das einzige mit solchem Titel. Ich habe in meiner Kindheit das Buch „Die Weltherrin und ihr Schatten“ von Felix Auerbach gelesen. Die Verbreiter dieser Metaphern haben dafür gesorgt, daß sie sich bis heute gehalten haben. Recht hat aber natürlich Emden.

Die Energie wird als Herrscherin der Welt bezeichnet, weil alles, was auf der Welt geschieht, damit verbunden ist, daß sich Energiearten ineinander umwandeln. Wie Einstein zeigte, ist die Masse m der Energie E äquivalent:

$$E = mc^2,$$

wobei c die Lichtgeschwindigkeit bezeichnet. Energie ist auf notwendige Weise in Materie, in Stoffen und Feldern enthalten. Der größte Teil davon, welcher der Ruhmasse entspricht, wird nur in spezifischen Umwandlungsprozessen der Atomkerne freigesetzt und nutzbar. Das ist die Atomenergie. Alle übrigen Energiearten — potentielle und kinetische, thermische und chemische, elektrische und magnetische — dienen unmittelbar als Quellen für in Natur und Technik zu leistende Arbeit. Arbeit ist Umwandlung einer Energieart in eine andere.

Die Entropie wurde als „Schatten“ der „Weltbeherrscherin“ bezeichnet, weil sie als Maß der Entwertung der Energie dienen kann.

Als Wert der Energie kann man die Möglichkeit ihrer Umwandlung in Nutzarbeit betrachten. Wie wir gesehen haben, ist die maximale Nutzarbeit gleich dem Verlust an freier Energie, vgl. (3.4). Die Helmholtzsche freie Energie ist aber gleich der inneren Energie unter Abzug der Wärme (3.5):

$$F = E - TS;$$

Je mehr Wärme freigesetzt wird, d. h., je stärker sich die Entropie ändert, desto kleiner ist die Nutzarbeit, d. h., desto geringer ist der Wert der Energie E. In rein mechanischen Prozessen kann die gesamte Energie für die Arbeit aufgewendet werden. In Prozessen aber, die mit der Abgabe von Wärme einhergehen — beispielsweise bei Reibungsvorgängen — wird ein Teil der Energie in Wärme umgewandelt, also in Entropie, multipliziert mit der Temperatur.

Wieso hat Emden recht?

Weil Richtung und Ablauf aller realen Prozesse durch die Änderung der Entropie gegeben sind. Wie wir bereits sagten, sind alle realen Prozesse irreversibel. Folglich verlaufen sie in einem abgeschlossenen System in Richtung wachsender Entropie. Doch all dies bedeutet nicht, daß die Entropie nicht abnehmen kann. Das Gesetz des Anwachsens der Entropie gilt nur für abgeschlossene Systeme. In offenen Systemen, also solchen, die mit der Umgebung Stoff und Energie austauschen, entstehen völlig andere Situationen. Alle Erscheinungen in der Biosphäre, in der belebten Natur, sind mit Entropieänderungen verbunden. Unter normalen Bedingungen bleiben Masse und Energievorrat des menschlichen Organismus konstant. Diese Konstanz wird durch Atmung und Ernährung aufrechterhalten. Dabei nimmt nicht die Energie zu, sondern die Entropie ab. Eine wichtige Folgerung aus dem zweiten Hauptsatz ist die Behauptung, die in EMDENS Bemerkung steckt und die ERWIN SCHRÖDINGER, einer der Begründer der Quantenmechanik, in seinem berühmten Buch „What is life?“ formulierte: Ein lebender Organismus lebt von negativer Entropie. In Kapitel 6 werden wir erklären, was das bedeutet.

Deshalb also meint EMDEN, Entropie und Energie — Schatten und Herrscherin — müssen die Rollen tauschen. Wie in dem Märchen „Der Schatten“ von HANS CHRISTIAN ANDERSEN, das JEWGENI SCHWARZ in ein wunderschönes Bühnenstück umsetzte. Ein solcher bildhafter Vergleich — Herrscherin und Schatten — ist nicht sehr sinnvoll. Man sollte auf ihn lieber verzichten, weder die Energie noch die Entropie als Herrscherin oder Schatten bezeichnen. Jedenfalls ist, wie wir sehen konnten, die Entropie nicht weniger wichtig als die Energie, in der Kosmologie ebenso wie in der Biologie. Das hängt damit zusammen, daß Zeit von der Vergangenheit in die Zukunft läuft.

4. Entropie und Wahrscheinlichkeit

Die Boltzmann-Formel

Wir haben uns bislang mit phänomenologischer Physik, mit Thermodynamik beschäftigt, d. h., wir haben unsere Systeme mit Hilfe von Zustandsfunktionen — Energie, Enthalpie, Entropie, freie Energie — beschrieben. Dabei haben wir uns davon überzeugt, daß in spontan ablaufenden Prozessen die Entropie anwächst. Warum ist das so?

Die Antwort auf diese Frage ist in der Boltzmann-Formel

$$S = k \ln P \tag{4.1}$$

enthalten, wobei P das sogenannte statistische Gewicht (die thermodynamische Wahrscheinlichkeit) des Systemzustandes bezeichnet. Die Konstante k heißt Boltzmann-Konstante, sie ist gleich dem Quotienten aus der Gaskonstante $R = 8{,}317\ \mathrm{J/(mol \cdot K)}$ und der Avogadro-Konstante (der Anzahl der in 1 mol eines Gases enthaltenen Moleküle) $N_A = 6{,}025 \cdot 10^{23}\ \mathrm{mol}^{-1}$,

$$k = \frac{R}{N_A} = 1{,}38 \cdot 10^{-23}\ \mathrm{J/K}. \tag{4.2}$$

Eine strenge Herleitung dieser bedeutsamen Formel zu geben, würde den Rahmen dieses Buches sprengen. Wir werden jedoch zeigen, daß die Formel (4.1) tatsächlich einen Zusammenhang zwischen der Entropie und der Wahrscheinlichkeit des Zustands eines Gases herstellt.

Dafür müssen wir vor allem verstehen, was das statistische Gewicht eines Zustands ist. Offensichtlich handelt es sich dabei nicht um die gewöhnliche Wahrscheinlichkeit für die Realisierung eines bestimmten Ereignisses aus einer Anzahl möglicher Ereignisse. So werfen wir beispielsweise mit einem kubischen Spielwürfel mit der Wahrscheinlichkeit $q = 1/6$ eine Drei. Die Wahrscheinlichkeiten sind also kleiner als eins. Die Summe der Wahrscheinlichkeiten aller möglichen Ereignisse — in unserem Beispiel die Wahrscheinlichkeit dafür, eine Eins oder eine Zwei oder eine Drei oder eine Vier oder eine Fünf oder eine Sechs zu würfeln — ist gleich eins. Der Logarithmus einer Zahl, die kleiner als eins ist, ist aber negativ; also steht in der Formel (4.1) offenbar nicht die gewöhnliche Wahrscheinlichkeit.

Das statistische Gewicht P ist die Zahl der Realisierungsmöglichkeiten eines betrachteten Zustands. Beim Spielwürfel gibt es sechs Möglichkeiten für einen Wurf mit beliebiger Augenzahl. In diesem Fall ist das statistische Gewicht für den Zustand des geworfenen Würfels gleich 6, d. h. $P = 6 = 1/q$. Verwenden wir zwei Würfel, dann ist die Zahl der verschiedenen Möglichkeiten gleich dem Produkt $6 \cdot 6 = 36$. Die Wahrscheinlichkeit dafür, mit dem ersten Würfel eine Drei und mit dem zweiten eine Vier zu werfen, ist gleich dem Produkt der beiden Einzelwahrscheinlichkeiten, weil diese Ereignisse unabhängig voneinander sind. In diesem Fall werden die Zahlen für P, die zu den unabhängigen Ereignissen gehören, multipliziert und deren Logarithmen addiert. Für

$$P = P_1 P_2 \tag{4.3}$$

st die Entropie gleich einer Summe von Entropien:

$$S = k \ln P = k \ln P_1 + k \ln P_2 = S_1 + S_2 \, . \tag{4.4}$$

Die Additivität von Entropien folgt unmittelbar aus der Boltzmann-Formel.

Nehmen wir an, es seien vier Moleküle auf zwei Kästchen zu verteilen. Wieviel verschiedene Zustände sind möglich? Wie aus Abbildung 4.1 zu sehen, ist die Zahl der Zustände gleich 5: 4/0, 3/1, 2/2, 1/3, 0/4. Die Zahl der Realisierungsmöglichkeiten dieser Zustände, d. h. ihr statistisches Gewicht, ist unterschiedlich. Gehen wir davon aus, daß wir die Moleküle numerieren oder durch verschiedene Farben kennzeichnen können, so erhalten wir entsprechend 1, 4, 6, 4, 1 Möglichkeiten. Als am wahrscheinlichsten erweist sich die Gleichverteilung 2/2 — je zwei Moleküle in jedem Kästchen.

Was sind das nun für Zahlen — 1, 4, 6, 4, 1? Es sind die Binomialkoeffizienten

$$\frac{4!}{4!\,0!} = 1, \quad \frac{4!}{3!\,1!} = 4, \quad \frac{4!}{2!\,2!} = 6, \quad \frac{4!}{1!\,3!} = 4, \quad \frac{4!}{4!\,0!} = 1 \, .$$

1	2
○ ● ⊙ ⊗	
○ ● ⊙	⊗
○ ● ⊗	⊙
○ ⊙ ⊗	●
● ⊙ ⊗	○
○ ●	⊙ ⊗
○ ⊙	● ⊗
○ ⊗	● ⊙
● ⊙	○ ⊗
● ⊗	○ ⊙
⊙ ⊗	○ ●
⊗	○ ● ⊙
⊙	○ ● ⊗
●	○ ⊙ ⊗
○	● ⊙ ⊗
	○ ● ⊙ ⊗

Abb. 4.1 Mögliche Zustände von 4 Teilchen in 2 Kästchen

Wir erinnern daran, daß $N!$ (gelesen „N Fakultät“) definiert ist als das Produkt aller Zahlen von 1 bis N:

$$N! = 1 \cdot 2 \cdot 3 \cdot \ldots \cdot N$$

mit der Festlegung $0! = 1$. Es gilt also $1! = 1$, $2! = 2$, $3! = 6$, $4! = 24$ usw.

Für den allgemeinen Fall der Verteilung von N Molekülen auf zwei Kästchen erhalten wir

$$P = \frac{N!}{N_1!\,N_2!} = \frac{N!}{N_1!\,(N - N_1)!}. \tag{4.5}$$

Der Sinn dieser Formel ist evident: $N!$ ist die Gesamtzahl der Permutationen aller Moleküle, einschließlich der Vertauschungen innerhalb jedes Kästchens, die keine neuen Situationen ergeben. Um letztere auszuschließen, teilen wir $N!$ durch die Zahlen $N_1!$ und $N_2! = (N - N_1)!$ der Vertauschungen innerhalb der Kästchen.

Wir berechnen nun unter Verwendung der Boltzmann-Formel

die Entropie des Gemisches zweier Gase, 1 und 2, mit N_1 bzw. N_2 Molekülen.

Vor ihrer Vermischung waren die Gase durch eine Wand getrennt. Wir unterscheiden die Zustände der Gase allein durch den Aufenthaltsort der Moleküle: N_1 Moleküle des ersten Gases befinden sich mit Bestimmtheit in der linken und N_2 Moleküle des zweiten Gases in der rechten Hälfte des Behälters. Die zugehörigen statistischen Gewichte sind gleich

$$P_1 = N_1!, \qquad P_2 = N_2!$$

und, da Entropien additiv sind,

$$S = S_1 + S_2 = k \ln N_1! + k \ln N_2!.$$

Nach dem Entfernen der Trennwand vermischen sich die Gase. Die Entropie des Gemisches ist gleich

$$S' = k \ln (N_1 + N_2)! = k \ln N!.$$

Für die Mischungsentropie, $\Delta S = S' - S$, erhalten wir

$$\Delta S = k \ln \frac{N!}{N_1!\,(N - N_1)!}. \tag{4.6}$$

Die Mischungsentropie wird durch eine Gleichung beschrieben, die aus dem Ausdruck (4.5) folgt. Für ihre Berechnung müssen wir lernen, Fakultäten großer Zahlen zu logarithmieren. Groß heißt viel größer als eins.

Die Stirling-Formel

Wegen $N! = 1 \cdot 2 \cdot 3 \cdot \ldots \cdot N$ erhalten wir beim Logarithmieren von $N!$

$$\ln N! = \ln 1 + \ln 2 + \ln 3 + \ldots + \ln N = \sum_{i=1}^{N} \ln i. \tag{4.7}$$

Die Logarithmen großer Zahlen ändern sich nur langsam, da die Differenz $\ln (N + 1) - \ln N = \ln (1 + 1/N)$ mit steigendem N rasch abfällt. Wir können deshalb die Summe (4.7) näherungsweise durch ein Integral ersetzen:

$$\ln N! \approx \int_1^N \ln x \, \mathrm{d}x. \tag{4.8}$$

Dieses Integral wird partiell ausgewertet. Wir erinnern daran, wie das zu machen ist. Für zwei beliebige Funktionen u und v gilt

$$\mathrm{d}(uv) = u\,\mathrm{d}v + v\,\mathrm{d}u$$

und folglich

$$\int_a^b u\,\mathrm{d}v = \int_a^b \mathrm{d}(uv) - \int_a^b v\,\mathrm{d}u = uv|_a^b - \int_a^b v\,\mathrm{d}u\,.$$

In unserem Falle ist $u = \ln x$ und $v = x$. Wir erhalten

$$\int_1^N \ln x\,\mathrm{d}x = x \ln x|_1^N - \int_1^N x\,\mathrm{d}(\ln x)$$

$$= N \ln N - \int_1^N x \frac{\mathrm{d}x}{x} = N \ln N - (N - 1)\,.$$

Wir vernachlässigen die Eins gegenüber den großen Zahlen N und $N \ln N$ und finden

$$\ln N! \approx N \ln N - N = N \ln \frac{N}{\mathrm{e}} \tag{4.9}$$

bzw.

$$N! \approx (N/\mathrm{e})^N\,. \tag{4.10}$$

Dies ist die Stirling-Formel. Ein genauerer Wert ergibt sich aus

$$N! \approx (2\pi N)^{1/2}\,(N/\mathrm{e})^N \tag{4.11}$$

oder

$$\ln N! \approx N \ln N - N + \frac{1}{2} \ln N + \frac{1}{2} \ln 2\pi\,. \tag{4.12}$$

Wir werden die Variante (4.10) benutzen, denn für große N kann man in Formel (4.12) die Terme $(1/2) \ln N$ und $(1/2) \ln 2$ gegenüber $N \ln N$ und N vernachlässigen. Nachdem wir das Logarithmieren von Fakultäten gelernt haben, kehren wir zu Gleichung (4.6) zurück. Es gilt

$$\Delta S = k(N \ln N - N - N_1 \ln N_1 - N_2 \ln N_2 + N_1 + N_2)$$
$$= k[(N_1 + N_2) \ln (N_1 + N_2) - N_1 \ln N_1 - N_2 \ln N_2]$$

oder

$$\Delta S = k\left(N_1 \ln \frac{N_1 + N_2}{N_1} + N_2 \ln \frac{N_1 + N_2}{N_2}\right). \tag{4.13}$$

Die Zahl der Moleküle können wir über die Molzahlen n_1, n_2 ausdrücken:

$$N_1 = N_A n_1, \qquad N_2 = N_A n_2,$$

und damit folgt aus (4.13)

$$\Delta S = kN_A n_1 \ln \frac{n_1 + n_2}{n_1} + n_2 \ln \frac{n_1 + n_2}{n_2}. \tag{4.14}$$

Wie bereits gesagt, ist $kN_A = R$. Ausgehend von der Boltzmann-Formel (4.1) sind wir zu dem bekannten Ausdruck (2.24) für die Mischungsentropie gelangt, der aus gänzlich anderen Überlegungen hervorgegangen war.

Die Bedeutung der Boltzmann-Formel

Wir haben also gezeigt (wenn auch natürlich nicht bewiesen), daß die Entropie über den Logarithmus des statistischen Gewichts des Systemzustands angegeben wird. Das hat sehr viele Konsequenzen.

Unter den Bedingungen des Gleichgewichts hat die Entropie nichts Aufregendes an sich. Sie ist eine Zustandsfunktion, die man messen (und mit Hilfe derselben Boltzmann-Formel auch theoretisch berechnen — siehe weiter unten) kann. Doch kaum entfernt sich ein abgeschlossenes System vom Gleichgewicht, schon zeigt sich eine ungewöhnliche Eigenschaft der Entropie: stets nur zu wachsen in dem Bestreben, ihren Maximalwert zu erreichen.

Diese Eigenschaft ist durch den Zusammenhang zwischen der Entropie S und dem statistischen Gewicht P bestimmt. Wir können die Boltzmann-Formel auch in der Form

$$P = e^{S/k} \tag{4.15}$$

schreiben. Die Wahrscheinlichkeit für einen Zustand wächst mit der Zunahme seiner Entropie. Die Entropie kann experimentell ermittelt werden, damit ist P bestimmbar. Anwachsen der Entropie in einem irreversiblen Prozeß bedeutet Erhöhung der Wahrscheinlichkeit des Zustands. Ein ungeordneter Zustand ist wahrscheinlicher als ein geordneter.

Zwei Körper befanden sich anfangs auf unterschiedlichen Temperaturen. Dadurch war eine gewisse Ordnung gegeben. Der Ausgleich der Temperaturen infolge von Wärmeleitung, der Übergang von Wärme vom wärmeren zum kälteren Körper, zerstört die ursprüngliche Ordnung. Dasselbe geschieht beim Vermischen von Gasen oder Flüssigkeiten. Die freie Ausbreitung des Gases, wenn man den Hahn an einem Ballon mit Sauerstoff oder CO_2 öffnet, bedeutet Erniedrigung der Ordnung. Solange sich das Gas im Ballon befand, nahm es einen kleinen Teil des Raumes ein. Beim Öffnen des Hahnes breitet es sich ungehindert aus, weil die Einnahme eines größeren Volumens wahrscheinlicher ist, d. h., das statistische Gewicht für den Zustand des Gases, daß es ein größeres Volumen einnimmt, ist größer als das statistische Gewicht des Gaszustands im kleineren Volumen. Der weniger geordnete Zustand hat das größere statistische Gewicht, weil er mit einer größeren Zahl von Möglichkeiten realisiert werden kann als der geordnete Zustand.

Bücher und Papiere auf einem Schreibtisch geraten unweigerlich in einen ungeordneten Zustand, wenn man nicht auf sie achtet. Diese Unordnung ist das Ergebnis zufälliger Verschiebungen — einer zufälligen, nicht organisierten Tätigkeit.

Die Ordnung wird in den angeführten Beispielen künstlich hergestellt; die Unordnung dagegen entsteht von allein, da ihr die höhere Wahrscheinlichkeit, die größere Entropie entspricht. Man kann sagen, daß die Entropie ein Maß der Ungeordnetheit eines Systems ist.

Die vernünftige Tätigkeit des Menschen, die Aktivität von Tieren sind darauf gerichtet, eine Erniedrigung der Ordnung rückgängig zu machen. So hat die landwirtschaftliche Produktion mit spontanen Prozessen wie Bodenerosion, Verunreinigung der Saaten usw. zu kämpfen. Auch hier ist die Entropie von größerer Bedeutung als die Energie.

Aus dem Gesagten folgt, daß sich der Charakter des zweiten Hauptsatzes der Thermodynamik wesentlich von dem des Energieerhaltungssatzes unterscheidet.

Der erste Hauptsatz ist ein absolut strenges Gesetz. Die Energie bleibt in makroskopischen Systemen ebenso erhalten wie in den Wechselwirkungsprozessen der Elementarteilchen.

Es ist an dieser Stelle nützlich, sich daran zu erinnern, daß in den dreißiger Jahren die Vorstellung aufkam, die Energie bliebe nur im Mittel erhalten — für einzelne Elementarprozesse könne es auch anders sein. Diese Vorstellung gründete sich natürlich auf die Natur des zweiten Hauptsatzes. Der amerikanische Physiker SHENKLAND, der die Wechselwirkung von Photonen mit Elektronen untersuchte, schien einen Beweis für die Nichteinhaltung des ersten Hauptsatzes in Elementarprozessen gefunden zu haben. Sogar einer der bedeutendsten Gelehrten des Jahrhunderts, NIELS BOHR, hielt es für möglich, daß der Energieerhaltungssatz sich nicht auf ein Einzelereignis im Mikrokosmos bezieht und nur im Mittel gültig ist. Die Fehlerhaftigkeit der Versuche von SHENKLAND wurde indes bald nachgewiesen und seitdem der strenge Charakter des ersten Hauptsatzes kaum noch in Zweifel gezogen.

Abb. 4.2 GAMOWS Symbol für die Schwierigkeiten der Theorie des β-Zerfalls

Mehr noch. Dieses Gesetz war zusammen mit dem Impulserhaltungssatz Grundlage einer großen Entdeckung — der Entdeckung des Neutrinos. Die Theorie des α-Zerfalls von Radium war 1928 von G. A. GAMOW geschaffen worden. Mit dem Gesetz der Energieerhaltung war hier alles in Ordnung. Der β-Zerfall hingegen — die Emission eines Elektrons aus dem Atomkern — gab damals ein unlösbares Rätsel auf. Die Erhaltungssätze wurden nicht erfüllt. GAMOW, für einen guten Streich immer zu haben, fertigte (aus gewöhnlichem Baumwollatlas) einen Stempel an, der einen Schädel und zwei gekreuzte griechische Beta darstellte (Abb. 4.2). Diesen Stempel setzte er unter seine Zeitschriftenartikel und symbolisierte so die Schwierigkeiten mit der Theorie des β-Zerfalls.

WOLFGANG PAULI zerschlug den gordischen Knoten, indem er 1933 das Neutrino theoretisch einführte, damit die Erhaltungssätze erfüllt werden. Später wurde dieses Teilchen auch experimentell entdeckt.

Im Unterschied zum ersten Hauptsatz ist das Gesetz von der Unmöglichkeit eines Perpetuum mobile zweiter Art, das Gesetz des Anwachsens der Entropie, kein deterministisches Gesetz, sondern ein statistisches, ein Gesetz mit Wahrscheinlichkeitscharakter.

Die Unmöglichkeit des Perpetuum mobile zweiter Art ist durch seine Unwahrscheinlichkeit gegeben. Wir wollen die Wahrscheinlichkeit dafür abschätzen, daß sich alle Moleküle spontan in einer Hälfte eines Behälters mit dem Volumen V versammeln. Die Wahrscheinlichkeit für ein Molekül, sich in einer, sagen wir der rechten, Hälfte des Behälters zu befinden, ist gleich 1/2. Ist die Zahl der Moleküle gleich N, dann multiplizieren sich die Wahrscheinlichkeiten für jedes der N Moleküle, in die betrachtete Hälfte des Behälters zu geraten, wie die Wahrscheinlichkeiten voneinander unabhängiger Ereignisse. Das Volumen V betrage 1 cm³. Unter Normalbedingungen befinden sich in 1 cm³ etwa $2{,}7 \cdot 10^{19}$ Gasmoleküle (Loschmidtsche Zahl). Wir erhalten

$$\left(\frac{1}{2}\right)^{2{,}7\cdot 10^{19}}$$

Das ist eine verschwindend kleine Größe. Für eine Verletzung des zweiten Hauptsatzes sind aber gerade derartige Ereignisse erforderlich wie die Kompression eines Gases ohne den Aufwand von Arbeit an diesem Gas.

Die Entdeckungen der Begründer der statistischen Physik, Boltzmann und Gibbs, kennzeichneten eine wissenschaftliche Revolution, den Durchbruch zu einem völlig neuen Gebiet. Selbstverständlich kam, wie es in der Wissenschaft zu sein pflegt, diese Umwälzung nicht einfach aus dem leeren Raum. Wegbereiter für Boltzmann und Gibbs waren Carnot, Clausius, Thomson und Maxwell.

Das Neue bestand in diesem probabilistischen Charakter statistischer Gesetze. Wir hatten gesagt, es sei unmöglich, daß ein wassergefüllter Teekessel, den man in einen Eimer mit Wasser gestellt hat, zu kochen beginnt, während das Wasser im Eimer gefriert. Ja — es ist unmöglich; aber nur insofern, als die Wahrscheinlichkeit für dieses Ereignis winzig klein ist. Das wiederum bedeutet, daß ein solches — mehr als sonderbares — Ereignis nicht völlig ausgeschlossen ist. Irgendwann einmal in einer unermeßlichen großen Zahl von Versuchen könnte es eintreten. Mit anderen Worten, selten (sehr selten!) einmal kann die Entropie spontan abnehmen, statt anzuwachsen. Wir werden das später noch besser verstehen. Einstweilen werden wir so formulieren, daß die Abweichungen vom — Wahrscheinlichkeitscharakter tragenden — zweiten Hauptsatz in einem makroskopischen System sehr gering sind, wie es auch die obige Berechnung zeigt. Trotzdem gibt es solche Abweichungen, und wir sehen das Tag für Tag — ist doch die blaue Farbe des Himmels nichts anderes als eine Folge der Statistik! Im folgenden Kapitel wird davon die Rede sein.

In dem klassischen Lehrbuch der statistischen Mechanik von JOSEPH MAYER und seiner Frau MARIA GÖPPERT-MAYER ist der Behandlung dieser Fragen folgender Epigraph vorangestellt:

„Wirklich niemals?“ — „Nein, niemals.“
„Wirklich niemals?“ — „Nun ja, kaum einmal.“

Noch einmal: Das Schmelzen eines Kristalls und das Verdampfen einer Flüssigkeit

Wir können nun verstehen, was ein Phasenübergang physikalisch bedeutet. Über das Schmelzen eines Kristalls und das Verdampfen einer Flüssigkeit haben wir bereits gesprochen. Bei diesen Übergängen kommt es zu einer Änderung sowohl der Enthalpie, ΔH, als auch der Entropie, ΔS. Solche Übergänge heißen Phasenübergänge erster Art.

Beim Schmelzen ist die Aufhebung der Ordnung des Kristalls, das Entstehen einer Flüssigkeit, „entropiemäßig günstig“. Ein ungeordneter Zustand von Atomen oder Molekülen ist wahrscheinlicher als ein geordneter, er kann durch eine größere Zahl von Plazierungsmöglichkeiten der Teilchen realisiert werden als der geordnete — kristalline — Zustand. Dementsprechend ist die Entropie der Flüssigkeit größer als die Entropie des Kristalls. Dagegen ist die Enthalpie des Kristalls kleiner als die Enthalpie der Flüssigkeit; um den Kristall zum Schmelzen zu bringen, muß ein Teil der zwischenatomaren bzw. zwischenmolekularen Bindungen aufgebrochen werden. Der kristalline Zustand ist günstig im Sinne der Enthalpie, der Energie, aber ungünstig im Sinne der Entropie. Es kommt zur Schmelze, wenn der Entropiebeitrag in der Differenz der freien Enthalpien von Flüssigkeit und Kristall den Enthalpiebeitrag genau kompensiert:

$$T_{\text{Schm}}\,\Delta S = \Delta H\,.$$

Bei höheren Temperaturen, $T > T_{\text{Schm}}$, ist

$$T\,\Delta S > \Delta H\,,$$

der Entropiebeitrag überwiegt gegenüber ΔH, und stabil ist der wahrscheinlichere Zustand der Flüssigkeit. Bei niedrigeren Temperaturen, $T < T_{\text{Schm}}$, gilt

$$T\,\Delta S < \Delta H\,,$$

es überwiegt der Enthalpiebeitrag — der Kristall ist stabiler.

Analoge Überlegungen gelten für die Verdampfung. Der gasförmige Zustand ist wahrscheinlicher als der flüssige, jedoch ist die Enthalpie der Flüssigkeit geringer, weil in ihr Wechselwirkungen zwischen den Teilchen stattfinden.

Warum ist nun ΔH bei der Verdampfung viel größer als beim Schmelzen? Wir hatten bereits entsprechende Werte angeführt. Für Tetrachlorkohlenstoff ist

$$\Delta H_{\text{Schm}} = 2416{,}2\ \text{J/mol}, \qquad \Delta H_{\text{Verd}} = 32410{,}9\ \text{J/mol},$$

für Wasser

$$\Delta H_{\text{Schm}} = 5982\ \text{J/mol}, \qquad \Delta H_{\text{Verd}} = 40613\ \text{J/mol}.$$

Der Unterschied wurzelt darin, daß in der Flüssigkeit nicht alle Bindungen zwischen den Teilchen, die im Kristall vorhanden waren, aufgebrochen sind. Ähnlich wie der Kristall ist die Flüssigkeit ein kondensierter Körper, die Dichten von Flüssigkeit und Kristall unterscheiden sich wenig. Im Gegensatz dazu werden bei der Verdampfung alle Bindungen zwischen den Teilchen zerstört, und dies erfordert selbstverständlich einen bedeutend größeren Aufwand an Energie. Ebenfalls größer ist die Änderung der Entropie.

Entropiekräfte

Wir sahen, daß sich Benzin nicht in Wasser löst, weil die Kohlenwasserstoffmoleküle durch entropiebedingte Kräfte abgestoßen werden, und daß sich aus derselben Ursache heraus ein Eiweißfaden im Wasser kugelförmig verknäult. Die Elastizität des idealen Gases und die Elastizität von Kautschuk, von Gummi, werden durch Änderung der Entropie und nicht der inneren Energie bestimmt. Nachdem wir die statistische Natur der Entropie kennen, können wir nun verstehen, wieso diese Entropiekräfte auftreten.

Bei der Vermischung eines Kohlenwasserstoffs mit Wasser sinkt die Entropie. Das bedeutet, der Mischungszustand, den wir für unseren Zweck hier einmal wie folgt darstellen wollen (C_6H_6 ist der Kohlenwasserstoff Benzen):

$H_2O \dots C_6H_6$

$C_6H_6 \dots H_2O$,

ist weniger wahrscheinlich als der Zustand, bei dem Wasser und Kohlenwasserstoff getrennt vorliegen:

$C_6H_6 \dots C_6H_6$

$H_2O \dots H_2O$:

Eigentlich schien der erste Zustand wahrscheinlicher zu sein, weil er einem Gemisch entspricht — denn wir hatten doch gesehen, daß die Mischungsentropie positiv ist. Wieso stimmt das nun scheinbar nicht mehr?

Es kommt hier darauf an, daß wir uns das Auflösen eines Kohlenwasserstoffs in Wasser nicht als ein Durcheinanderbringen von, sagen wir blauen und roten, Glaskügelchen vorstellen dürfen. Wasser ist nicht schlechthin eine Flüssigkeit; davon zeugen seine

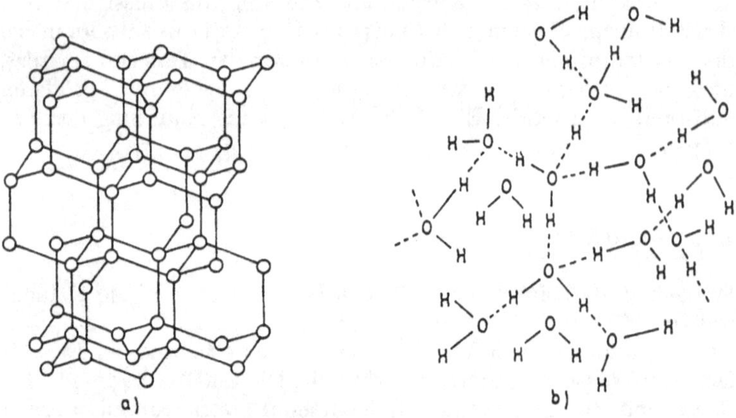

Abb. 4.3 Struktur von Eis (a) und Wasser (b)

In a) bezeichnen die Kreise H_2O-Moleküle, die Linien die Wasserstoffbrückenbindungen zwischen ihnen. In b) bedeuten die durchgezogenen Linien chemische Bindungen O—H, die gestrichelten Wasserstoffbrückenbindungen.

bekannten Eigenschaften: Eis ist leichter als Wasser, und seine größte Dichte hat Wasser nicht am Schmelzpunkt des Eises bei 0 °C, sondern bei 4 °C (bei Normaldruck). Das kommt daher, daß Wasser eine assoziierte Flüssigkeit ist; zwischen seinen Molekülen bestehen sogenannte Wasserstoffbrückenbindungen, die in Abbildung 4.3 dargestellt sind. Diese Bindungen sind wesentlich schwächer als chemische Bindungen. Die Energie der chemischen Bindung O—H, d. h. die zum Aufbrechen dieser Bindung erforderliche Arbeit, ist gleich 463 kJ/mol. Die Energie der Wasserstoffbrückenbindung OH...O im Wasser beträgt $\sim$12 kJ/mol.

Ein Eiskristall ist leicht, weil er sehr locker gebaut ist: Jedes H_2O-Molekül ist von insgesamt nur vier anderen, tetraedrisch angeordneten, H_2O-Molekülen umgeben (Abb. 4.3a). Das Kristallgitter enthält einen entsprechend hohen Prozentsatz an Lücken. Im flüssigen Wasser liegt ein „unordentliches" eisähnliches Gitter vor. Im Eiskristall ist jedes Molekül über vier Wassserstoffbrückenbindungen mit seinen Nachbarn verbunden, in der Flüssigkeit ist ein Teil der Bindungen aufgebrochen, es gibt Moleküle mit vier, drei, zwei Bindungen oder mit nur einer Bindung sowie gänzlich ungebundene (Abb. 4.3b). Deshalb ist Wasser weniger geordnet als Eis, aber dichter — in die Lücken des defekten Eiskristallgitters gelangen Wassermoleküle.

Die Erniedrigung der Entropie bei der Lösung eines Kohlenwasserstoffs in Wasser bedeutet ein bestimmtes Anwachsen des Ordnungsgrades. Wasser, das ein Kohlenwasserstoffmolekül umgibt, wird eisähnlich, kristallartig. Man kann sagen, um das Kohlenwasserstoffmolekül herum wächst ein Eisberg, wenn auch ein mikroskopisch kleiner. Die Entstehung von Ordnung ist ein wenig wahrscheinlicher Ereignis, ihre Zerstörung ist ein wahrscheinliches Ereignis. Die Trennung des Gemischs in zwei Schichten ist wahrscheinlicher als die Lösung. Darin liegt die Bedeutung der hydrophoben, entropiebedingten Kraft. Wie wir sahen, bestimmt diese Kraft die Eigenschaften von Seife und die globuläre Eiweißstruktur.

Woher kommt die elastische Kraft im idealen Gas, die Widerstand gegen seine Kompression leistet? Es ist klar, daß der komprimierte Zustand für ein Gas weniger wahrscheinlich ist als seine Ausbreitung. Je weniger Raum das Gas einnimmt, desto höher ist die Ordnung. In der Sprache der Molekularphysik ist die entropiebedingte elastische Kraft vollkommen verständlich: Bei der Kompression des Gases wächst die Zahl der Stöße von Molekülen gegen den Kolben, und dieser erfährt einen immer größeren Widerstand.

Das ist alles recht einfach, doch wie verhält es sich mit dem Kautschuk? Wieso entsteht beim Dehnen eines Gummibandes oder -schlauches eine entropiebedingte elastische Kraft, die das Probestück in seinen Ausgangszustand zurückzubringen sucht? Und worin besteht das Gemeinsame von Kautschuk und idealem Gas unter dem Gesichtspunkt der Molekularphysik?

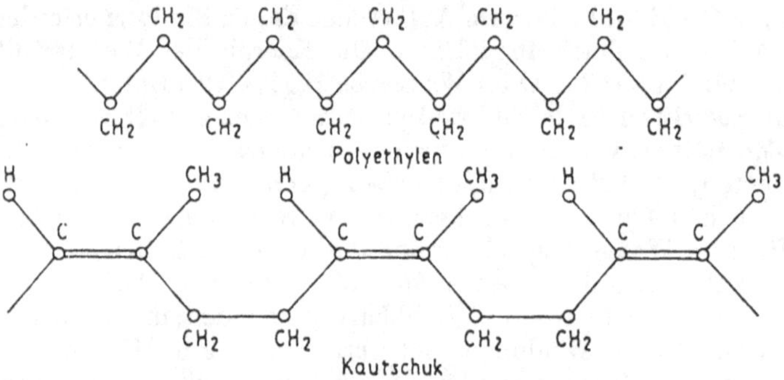

Abb. 4.4 Struktur von Polyethylen und Kautschuk

Die Entropiekraft in einem Gas ist durch statistische, durch probabilistische Eigenschaften bedingt. Ein Gas besteht aus sich unabhängig voneinander bewegenden, nicht miteinander wechselwirkenden Molekülen. Offensichtlich muß auch der Kautschuk unabhängige kinetische Elemente enthalten, die den Gesetzen der Statistik, den Wahrscheinlichkeitsgesetzen unterworfen sind. Um diese Elemente zu finden, müssen wir uns mit der molekularen Struktur von Kautschuk vertraut machen. Sie ist in Abbildung 4.4 dargestellt. Naturkautschuk ist ebenso wie Synthesekautschuk, aus dem Gummi hergestellt wird, aus langen Polymerketten aufgebaut. Da im Prinzip sehr viele Polymere die Eigenschaften des Kautschuks — vor allem seine hohe Elastizität — besitzen, betrachten wir der Einfachheit halber das wohl einfachste unter ihnen, Polyethylen, das ebenfalls in Abbildung 4.4 gezeigt wird. Das gewöhnliche Polyethylen, jedem gut bekannt durch die daraus hergestellten Filme und Tüten, verfügt nicht über die Eigenschaften des Kautschuks, weil es teilweise kristallisiert ist. Unter bestimmten Bedingungen jedoch verhält sich auch Polyethylen kautschukartig.

Wir haben also eine polymere Kette, gebildet aus den einzelnen chemischen Bindungen $-CH_2-CH_2-$. Um derartige Bindungen sind Drehungen möglich, die keine besonders große Energie erfordern. Für eine Drehung um die C—C-Bindung im Ethan (H_3C—CH_3)-Molekül ist eine Energie von 12 kJ/mol notwendig. Die thermische Energie, die im Mittel auf einen Freiheitsgrad des Moleküls — unter anderem für die Rotationsbewegung um die C—C-Bindung — kommt, beträgt bei Zimmertemperatur, bezogen auf ein Mol, $N_A kT = RT = 2{,}5$ kJ/mol. Die für die Drehung benötigte Energie ist etwa fünfmal so groß. Dennoch finden auch bei gewöhnlicher Temperatur ständig Drehungen statt, denn kT ist nur der mittlere Wert, und es gibt eine Menge von Molekülen mit höherer Energie. Deshalb befinden sich bei normaler Temperatur die Makromoleküle, d. h. die polymeren Ketten, in Lösung und erfahren alle möglichen inneren Verdrehungen um die einzelnen Bin-

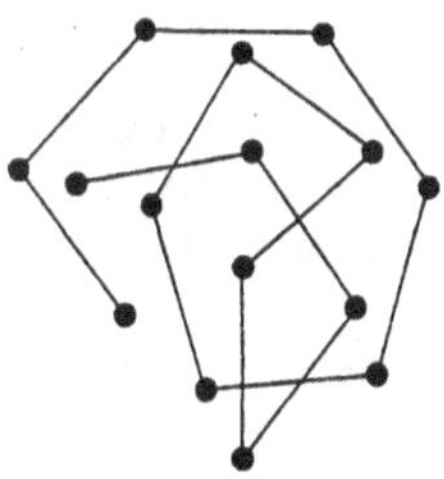

Abb. 4.5 Modell des polymeren „Knäuels“

dungen — darin besteht hier die Wärmebewegung. Im Endergebnis verschlingt sich das Makromolekül in der Lösung zu einem Knäuel. Dieses polymere Knäuel darf man nicht mit der globulären Eiweißstruktur verwechseln. Ersteres ist ein lockeres Gebilde, durch das das Lösungsmittel hindurchfließen kann, während die Eiweißfäden sich zu dicht gepackten kondensierten Körpern falten. Abbildung 4.5 zeigt das Strukturschema eines solchen Polymerknäuels, das aus einer weitgliedrigen Gelenkkette entsteht. Ein solches Modell für ein Makromolekül ist gerechtfertigt: Wenn in einer Kette Drehungen um die einzelnen Verbindungsglieder stattfinden, dann kann man sie ersetzen durch eine Folge lose verbundener Segmente. Der verschlungene Zustand der Kette ist wahrscheinlicher, weil man ihn mit einer größeren Zahl von Möglichkeiten realisieren kann als den Zustand der gestreckten Kette. Die lose verbundenen Segmente kann man als unabhängige kinetische Elemente des Kautschuks ansehen. Bei der Dehnung eines kautschukartigen Polymers geht dieses aus dem wahrscheinlicheren verknäulten Zustand in den weniger wahrscheinlichen gestreckten über. Die Entropie sinkt, und es entsteht eine elastische, zur Temperatur proportionale Kraft.

Somit ergibt sich die Ähnlichkeit von idealem Gas und Gummi daraus, daß in beiden Fällen das System aus einer großen Zahl unabhängiger kinetischer Elemente – Molekülen bzw. Kettengliedern – besteht. Ein solches System gehorcht der Statistik, sein Verhalten hat Wahrscheinlichkeitscharakter.

Die Entropie im Gleichgewicht

Ein im Gleichgewicht befindliches abgeschlossenes System besitzt maximale Entropie. Wie tritt diese statistisch in Erscheinung?

Wir gehen von der Boltzmann-Formel (4.1) aus. Es ist der maximale Wert des statistischen Gewichts P zu finden.

Wie ermittelt man überhaupt im allgemeinen Fall das statistische Gewicht? Es sei ein physikalisches System gegeben, das aus Atomen oder Molekülen besteht. Es wird charakterisiert durch einen Satz möglicher Zustände. Diese Zustände unterscheiden sich durch die Energiewerte E_i.

Die allgemeine Formel für das statistische Gewicht hat die Gestalt

$$P = \frac{N!}{N_1!\,N_2!\dots N_M!}, \tag{4.16}$$

wobei $N_1, N_2, \dots, N_M$ die Zahl der Teilchen – Atome oder Moleküle – in den Zuständen $1, 2, \dots, M$ angeben. Offensichtlich stellt die Formel (4.16) eine Verallgemeinerung von (4.6) dar. Es gilt

$$\sum_{i=1}^{M} N_i \equiv N_1 + N_2 + \cdots + N_M = N. \tag{4.17}$$

Außerdem ist die Gesamtenergie unseres Systems gleich

$$E = \sum_{i=1}^{N} N_i E_i, \tag{4.18}$$

wobei E_i die Energie eines Teilchens im i-ten Zustand ist. Wir suchen das Maximum des Ausdrucks

$$S = k \ln P = k \left(N \ln N - \sum_{i=1}^{M} N_i \ln N_i \right) \tag{4.19}$$

bei gleichzeitiger Erfüllung der Bedingungen (4.17) und (4.18).

Die höhere Mathematik läßt uns diese Aufgabe ohne Mühe lösen. Wir geben hier das fertige Endergebnis an. Die wahrscheinlichste Verteilung der Teilchen über die Zustände verschiedener Energie — die dem Gleichgewicht, d. h. maximaler Entropie, entsprechende Verteilung — ist durch die folgende Beziehung gegeben:

$$p_i = \frac{N_i}{N} = \frac{e^{-E_i/(kT)}}{\sum_{i=1}^{M} e^{-E_i/(kT)}}. \tag{4.20}$$

p_i bezeichnet die Wahrscheinlichkeit dafür, daß sich ein Molekül in dem Zustand mit der Energie E_i befindet. Man sieht sofort, daß

$$\sum_{i=1}^{M} N_i = N$$

und folglich

$$\sum_{i=1}^{M} p_i = 1 \tag{4.21}$$

gilt. Die Summe der Wahrscheinlichkeiten aller M Zustände ist gleich eins.

Die Wahrscheinlichkeitsverteilung (4.20) heißt Boltzmann-Verteilung. Sie gilt für Atome bzw. Moleküle; für Teilchen, die man in Gedanken numerieren oder auf irgendeine andere Art und Weise kennzeichnen kann. Bei der Ableitung der Formel (4.20) ist diese Möglichkeit vorausgesetzt. Wir haben bereits weiter oben bei der Berechnung von P gemäß (4.16) von ihr Gebrauch gemacht.

In der Boltzmann-Verteilung tritt eine wichtige physikalische Größe auf:

$$Z = \sum_{i} e^{-E_i/(kT)}, \tag{4.22}$$

die als Zustandssumme eines Systems bezeichnet wird. Wir können schreiben:

$$p_i = \frac{1}{Z} e^{-E_i/(kT)}. \tag{4.23}$$

Über die Zustandssumme Z lassen sich alle thermodynamischen Charakteristika eines Körpers darstellen — Energie, Entropie, freie Energie. Die Berechnung ergibt für ein Mol eines Gases

$$E = RT^2 \frac{\mathrm{d} \ln Z}{\mathrm{d}T}, \tag{4.24}$$

$$S = \frac{E}{T} + R \ln Z. \tag{4.25}$$

Aus (4.24) und (4.25) kann man leicht die freie Energie erhalten. Es gilt

$$F = E - TS = -RT \ln Z: \tag{4.26}$$

Die freie Energie F läßt sich am einfachsten mit Hilfe der Zustandssumme ausdrücken. Durch Potenzieren erhalten wir aus (4.26)

$$Z = \mathrm{e}^{-F/(RT)} \tag{4.27}$$

Die Zustandssumme ist über einen einfachen Exponentialausdruck mit der freien Energie verknüpft.

Wir haben die Formeln für ein Gas angegeben, man kann aber auch für feste Körper und Flüssigkeiten die Zustandssummen ermitteln. Dies ist nicht immer einfach, doch die Mühe lohnt sich. Denn mit der Kenntnis der Zustandssumme erhalten wir die Möglichkeit, beliebige thermodynamische Größen theoretisch zu berechnen. Dafür ist es allerdings erforderlich, das gesamte Möglichkeitsfeld für die Werte E_i, also die Energien aller denkbaren Zustände des betreffenden Körpers zu kennen.

Die Ableitung der Gleichungen (4.24) und (4.25) ist ziemlich einfach.

Ein wenig Quantenmechanik

Die nachfolgende Berechnung wollen wir für ein aus zweiatomigen Molekülen bestehendes Gas, sagen wir für Stickstoff N_2, anstellen. Welche Energiewerte sind den Molekülen zugeordnet?

Die Stickstoffmoleküle können — in drei Richtungen — Translationsbewegungen ausführen, haben also drei Translationsfreiheitsgrade. Sie können sich um zwei senkrecht zur Verbindungslinie zweier Atome stehende Achsen drehen. Drehung um die mit dieser Linie zusammenfallende Achse bringt nichts Neues und erfordert keinerlei Energieaufwand. Folglich gibt es zwei Rotationsfreiheits-

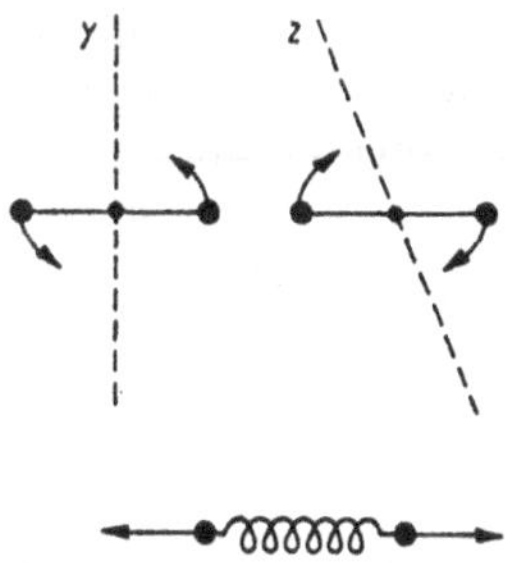

Abb. 4.6 Rotation und Schwingung eines zweiatomigen Moleküls

grade. Schließlich können die Atome im Molekülverband längs ihrer Bindung schwingen — die chemische Bindung verhält sich ähnlich wie eine Feder. Also ein Schwingungsfreiheitsgrad. Diese Bewegungsarten sind in Abbildung 4.6 schematisch dargestellt.

Darüber hinaus sind die Elektronen eines Moleküls, analog den Elektronen in einem Atom, durch einen Satz möglicher Energiewerte charakterisiert.

Infolgedessen setzt sich die Energie eines Moleküls aus vier Anteilen zusammen: aus einem Translations-, einem Rotations-, einem Schwingungs- und einem Elektronenterm:

$$E = E_{\text{Transl}} + E_{\text{Rot}} + E_{\text{Schw}} + E_{\text{El}}. \quad (4.28)$$

Die Quantenmechanik — die Physik des Mikrokosmos — gestattet, diese Anteile mit hoher Genauigkeit zu berechnen.

Da in dem Ausdruck für die Zustandssumme die Energiewerte im Exponenten der Exponentialfunktion stehen, erhalten wir

$$\begin{aligned} Z &= \sum_i e^{-E_i/(kT)} \\ &= \sum_a e^{-E_a^{\text{Transl}}/(kT)} \sum_b e^{-E_b^{\text{Rot}}/(kT)} \sum_c e^{-E_c^{\text{Schw}}/(kT)} \sum_d e^{-E_d^{\text{El}}/(kT)} \end{aligned}$$

oder

$$Z = Z_{\text{Transl}} Z_{\text{Rot}} Z_{\text{Schw}} Z_{\text{El}}. \quad (4.29)$$

Dabei ist unter normalen Bedingungen Z_{El} praktisch gleich eins. Die Energien der Elektronen in Atomen und Molekülen sind nämlich diskontinuierlich, diskret. Es sind nur ganz bestimmte Werte E_d^{El} möglich: $E_1^{\text{El}}, E_2^{\text{El}}, \ldots$ Wir können diese Energien vom Grundzustand des Moleküls aus rechnen, in dem keine Elektronenanregung vorhanden ist, d. h., wir können $E_1^{El} = 0$ setzen. Die Energien angeregter Elektronenzustände des Moleküls sind groß gegen kT, die zugehörigen Terme in der Zustandssumme Z_{El} sind annähernd null. Folglich gilt $Z_{El} \approx 1$.

Die Energien der Schwingungs- und Rotationsbewegungen haben ebenfalls diskrete Werte, die jedoch vergleichbar mit kT sind. Die Translationsenergie ist dagegen nicht diskret.

In die Ausdrücke für Energie und Entropie geht der Logarithmus von Z ein, es gilt

$$\ln Z = \ln Z_{\text{Transl}} + \ln Z_{\text{Rot}} + \ln Z_{\text{Schw}}. \tag{4.30}$$

Die Energien der verschiedenen Bewegungsarten addieren sich, vgl. (4.28). Gleiches gilt für die Entropie:

$$S = S_{\text{Transl}} + S_{\text{Rot}} + S_{\text{Schw}}. \tag{4.31}$$

Nachdem wir mit Hilfe der Quantenmechanik die Energiewerte ermittelt haben, können wir die Entropie theoretisch ausrechnen. Derartige Berechnungen wurden für die Mehrzahl der Stoffe durchgeführt, darunter auch für Tetrachlorkohlenstoff (vgl. S. 89). Die Ergebnisse stimmen ausgezeichnet mit dem Experiment überein.

Die Boltzmann-Verteilung ist jedoch nicht von universeller Gültigkeit. Sie taugt für Atome und Moleküle, nicht aber für Elektronen und Photonen.

Wie wir bereits betont hatten, wurde bei der Herleitung von (4.16) vorausgesetzt, daß die Teilchen, aus denen das System besteht, unterscheidbar sind — daß man sie numerieren oder verschiedenfarbig kennzeichnen kann. Auf die Mikroteilchen, die von der Quantenmechanik untersucht werden, trifft das nicht zu. Sie sind prinzipiell ununterscheidbar. In der Boltzmann-Statistik berücksichtigt man die Nichtunterscheidbarkeit nachträglich durch halbempirische Korrekturen, die die zuviel gezählten $N!$ Permutationen rückgängig machen. Dieses Verfahren liefert jedoch nur für die relativ schweren Atome und Moleküle befriedigende Resultate. Die leichten Photonen und Elektronen lassen sich gar nicht mehr klassisch behandeln. Man muß deshalb andere Verteilungen benutzen. Zu diesem Zweck wurden zwei Quantenstatistiken geschaffen: die Bose-Einstein- und die Fermi-Dirac-Statistik, wobei erstere insbesondere für Strahlung, d. h. für ein Photonengas, geeignet ist und letztere für Elektronen, z. B. für das Elektronengas in einem Metall. In einem bestimmten energetischen Zustand kann sich eine beliebige Zahl von Photonen befinden. Dagegen können sich wegen des Pauli-Prinzips in einem Zustand nur zwei Elektronen mit entgegengesetzten Spins — Eigendrehimpulsen — aufhalten. Aus genau diesem Grund sind zwei Statistiken mit verschiedenen Verteilungen erforderlich, die sich von der Boltzmann-Verteilung unterscheiden. Wir werden uns mit den Quantenstatistiken hier nicht befassen.

Das Gibbssche Paradoxon

Die weiter oben abgeleitete Formel für die Mischungsentropie führt auf ein erstaunliches Paradoxon, das in den Arbeiten eines der Begründer der statistischen Physik, J. GIBBS, aus den Jahren 1875—1878 Erörterung fand.

Wie wir sahen — Gleichung (4.13) —, steigt beim Mischen zweier Gase mit den Molekülzahlen N_1 und N_2 die Entropie um

$$\Delta S = k\left(N_1 \ln \frac{N_1 + N_2}{N_1} + N_2 \ln \frac{N_1 + N_2}{N_2}\right).$$

Das bedeutet, die Entropie wächst um den Betrag der Mischungsentropie (4.13) in dem folgenden Prozeß: Anfangs waren die Gase 1 und 2 durch eine Wand getrennt, dann wurde die Trennwand entfernt, und die Gase vermischten sich ungehindert. Stimmen die Molekülzahlen N_1 und N_2 überein und sind sie gleich $N/2$, so erhalten wir aus (4.13)

$$\Delta S = \frac{kN}{2} \cdot 2 \ln 2 = kN \ln 2\,. \tag{4.32}$$

So stehen die Dinge, wenn die Gase verschieden sind. Gleichung (4.32) gilt aber für Gase, die sich beliebig wenig voneinander unterscheiden können — bei ihrer Mischung vergrößert sich die Entropie um ein und denselben Betrag, $kN \ln 2$. Klar ist andererseits, daß das Entfernen der Trennwand zu keinem Entropiezuwachs führen kann, wenn die Gase absolut identisch sind, d. h., wenn sich in beiden Hälften des Behälters ein und dasselbe Gas befindet. Es liegt ein Paradoxon vor; im Verhalten der Entropie beim kontinuierlichen Übergang von wenig unterschiedlichen zu völlig identischen Gasen tritt ein Sprung auf. Zwei Gase waren gerade noch verschieden voneinander, ihre Mischungsentropie betrug $kN \ln 2$. Die Unterschiede verschwanden allmählich, die Größe $kN \ln 2$ aber wurde ganz und gar nicht allmählich, sondern schlagartig zu null, als die Gase schließlich identisch waren. Was geht hier vor? Die Aufhebung dieses Paradoxons brachte die Quantenmechanik. Wir reden von kontinuierlicher Annäherung der Eigenschaften der Gase. Dabei setzen wir die ganze Zeit voraus, daß — wenn ihre Vermischung möglich ist — diese Gase dann auch reversibel wieder getrennt werden können, natürlich unter Aufwendung entsprechender Arbeit. In Wirklichkeit haben aber die Eigenschaften von Atomen und Molekülen letztlich immer Quantencharakter und können sich deshalb gar nicht kontinuierlich ändern. Es gibt keine Kontinuität in den Eigenschaften von Isotopen, weil ihre Atomkerne sich durch die Neutronenzahl unterscheiden, die nur eine ganze Zahl sein kann. Es gibt keine Kontinuität in den Eigenschaften ähnlicher chemischer Verbindungen, beispielsweise der Kohlenwasserstoffe C_nH_{2n+2}. Für große n unterscheiden sich die Stoffe mit $n = m$ und mit $n = m + 1$ sehr wenig voneinander; doch n ist eine ganze Zahl, und zwei solcher Stoffe mit verschiedenen n können sich nicht kontinuierlich aneinander angleichen.

Das Nernstsche Wärmetheorem

Wir hatten weiter oben ohne jeden Kommentar das Nernstsche Wärmetheorem — oder den dritten Hauptsatz der Thermodynamik — angeführt, nach dem die Entropie am absoluten Nullpunkt der Temperatur gleich null ist. Dies ist ein sehr wichtiger Satz, denn er gestattet, nicht nur Entropieunterschiede, sondern auch den absoluten Wert der Entropie zu ermitteln.

Aus der Boltzmann-Formel

$$S = k \ln P$$

folgt, daß S gegen null geht, wenn das statistische Gewicht $P = 1$ ist. Daran knüpft auch der quantenmechanisch begründete strenge Beweis des Nernstschen Satzes an. Am absoluten Nullpunkt der Temperatur befindet sich ein Körper im Grundzustand mit der minimalen Energie E_0. Der Grundzustand hat das statistische Gewicht $P = 1$; er ist sicher.

Gleichung (2.21), die die Abhängigkeit der Entropie von der Temperatur beschreibt,

$$S = R \ln V + C_V \ln T + a,$$

steht nicht im Einklang mit dem Nernstschen Wärmetheorem:

Wenn T gegen null geht, strebt S gegen minus unendlich. Das liegt daran, daß die für die Entropie des klassischen idealen Gases abgeleitete Gleichung (2.21) für tiefe Temperaturen — bei denen es übrigens keine idealen Gase gibt — nicht gilt.

Der dritte Hauptsatz der Thermodynamik, das Nernstsche Wärmetheorem, führt zu wichtigen Schlußfolgerungen. Es läßt sich zeigen, daß mit der Entropie auch die Wärmekapazitäten C_p und C_V sowie der Wärmeausdehnungskoeffizient gegen null gehen.

Der dritte Hauptsatz wurde durch direkte Experimente zur Messung der Entropie an vielen Systemen bestätigt. Indessen sind auch Situationen zu berücksichtigen, in denen die Voraussetzungen für die Gültigkeit des dritten Hauptsatzes nicht erfüllt werden.

Betrachten wir zum Beispiel Chlor. Das Gas Cl_2 setzt sich aus einem Gemisch von isotopen Molekülen zusammen — in der Hauptsache $^{35}Cl-^{35}Cl$, $^{37}Cl-^{35}Cl$ und $^{37}Cl-^{37}Cl$. Die Entropie des Gases enthält notwendigerweise Mischungsentropie, die sich bei keiner Temperatur ändert und auch am absoluten Nullpunkt erhalten bleibt. Folglich strebt die Entropie von Chlor bei $T \to 0$ gegen einen Wert, der gleich der Mischungsentropie ist. Um diesen Entropieanteil zu verändern, muß man die Isotopenzusammensetzung des Gemischs ändern. Bei einer strengeren Betrachtung ist zu berücksichtigen, daß sich die Energien der Grundzustände isotoper Moleküle geringfügig unterscheiden. Deshalb befindet sich reales Chlor bei 0 K nicht im Gleichgewicht. Da sich in gewöhnlichen chemischen und physikalischen Prozessen die Isotopenzusammensetzung des Chlors aber nicht ändert, kann man seine Entropie am absoluten Nullpunkt praktisch gleich null setzen. Bei der Berechnung von Entropiedifferenzen machen wir hier keinerlei Fehler.

Ein anderes Beispiel sei Glas. „Was kann man über Glas anderes sagen, als daß seine Entropie am absoluten Nullpunkt verschieden von null ist?" sagte Lew Landau einmal zu mir. In Wahrheit kann man über Glas sehr viel sagen, aber vom Standpunkt der Thermodynamik hatte Landau recht.

Glas ist ein fester Körper, der sich nicht im Gleichgewicht befindet. Wir kühlen eine Flüssigkeit ab. Bei einer bestimmten Temperatur, wenn die Bedingung gleicher freier Energie von Flüssigkeit und Kristall erfüllt ist, kristallisiert die Flüssigkeit. Dafür bedarf es jedoch einer gewissen Zeit — die Moleküle in der Flüssigkeit müssen Drehungen und Umgruppierungen ausführen, um sich akkurat zum Kristallgitter zu ordnen. Handelt es sich um eine viskose Flüssigkeit, dann ist erhebliche Zeit erforderlich. Bei Erniedrigung der Temperatur wird die Beweglichkeit der Moleküle herabgesetzt, die Viskosität wächst steil an. Bevor sich ein Kristall bilden konnte, haben die Moleküle in einer zähen Flüssigkeit bereits ihre Beweglichkeit eingebüßt. Es ist Glas entstanden. Um sich in einen Kristall zu verwandeln, braucht es sehr lange Zeit — Tausende von Jahren und mehr. Antike Glasgefäße, die man in Museen sehen kann, haben stellenweise ihre Durchsichtigkeit verloren. Das ist dadurch passiert, daß an diesen Stellen das Glas kristallisierte. Eine Reihe von Stoffen sind in kristalliner Form sehr schwer zu erhalten, sie bevorzugen es, zu verglasen. Dazu gehören Polymere, Glyzerol sowie Gemische von Metalloxiden und Siliciumoxid, aus denen gewöhnliche Gläser hergestellt werden.

Somit ist Glas ein Festkörper, der die ungeordnete Struktur der Flüssigkeit, wie sie bei der Temperatur ihrer Verglasung vorlag, beibehalten hat. Die Ungeordnetheit kann man in diesem Fall als eine Mischung verschiedener Ortslagen und Orientierungen von Molekülen deuten. Es ist offensichtlich, daß die Entropie von Glas bei $T = 0$ K verschieden von null ist. Gegen null gehen kann sie erst bei der Kristallisation des Glases, auf die man aber allzu lange warten muß.

In solchen Fällen sind die Voraussetzungen für die Gültigkeit des dritten Hauptsatzes nicht gegeben.

5. Statistik und Mechanik

Geschwindigkeitsverteilung und Temperatur

Wir wollen uns einige Schlußfolgerungen aus der Boltzmann-Verteilung ansehen.

Wirken auf ein ideales Gas keinerlei Kräfte (wir vernachlässigen also beispielsweise auch die Schwerkraft), so besitzen seine Moleküle lediglich kinetische Energie. Diese ist gleich $mv^2/2$, wobei m die Masse des Moleküls und v seine Geschwindigkeit bezeichnet. Die Werte von v können beliebig sein — von null bis zur Lichtgeschwindigkeit. Die Moleküle bewegen sich in alle Richtungen, stoßen miteinander und mit den Wänden des Behälters zusammen und verändern dabei ihre Geschwindigkeiten.

Bereits 1860, noch bevor BOLTZMANN sein Energieverteilungsgesetz formuliert hatte, fand MAXWELL die Geschwindigkeitsverteilung der Moleküle eines idealen Gases. Mit anderen Worten, er stellte fest, welche Anzahl von Molekülen Geschwindigkeiten im Bereich von v bis $v + \Delta v$ aufweisen.

Wir werden sogleich erkennen, daß die Maxwell-Verteilung einen Spezialfall der Boltzmann-Verteilung für Moleküle mit rein kinetischer Energie darstellt.

Die Geschwindigkeit ist eine Vektorgröße, sie verfügt über eine

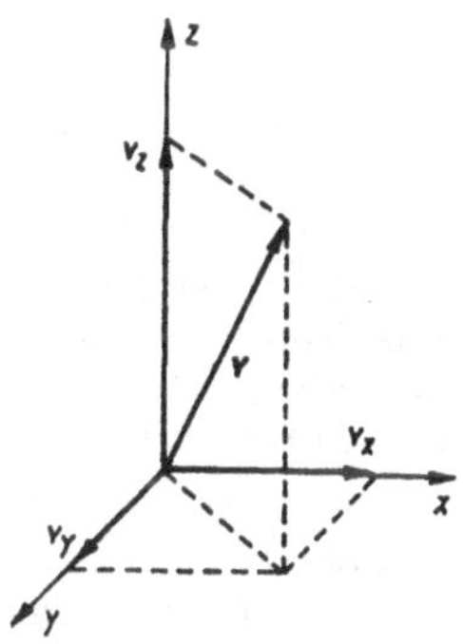

Abb. 5.1 Der Vektor der Geschwindigkeit und seine Komponenten

Richtung im Raum. Wir zerlegen den Vektor $\boldsymbol{v}$ in seine Komponenten entsprechend den drei Koordinatenachsen (Abb. 5.1). Offensichtlich gilt nach dem Satz des Pythagoras

$$v^2 = v_x{}^2 + v_y{}^2 + v_z{}^2. \tag{5.1}$$

Es ist die Zahl der Teilchen zu ermitteln, die Geschwindigkeiten zwischen $\boldsymbol{v}$ und $\boldsymbol{v} + \mathrm{d}\boldsymbol{v}$ haben. Nach der Boltzmann-Verteilung (4.20) stellt sich diese dar als

$$\mathrm{d}N(\boldsymbol{v}) = Nf(v)\,\mathrm{d}\boldsymbol{v}, \tag{5.2}$$

wobei N die Gesamtzahl der Teilchen mit beliebigen Geschwindigkeiten und $f(v)$ die zu ermittelnde Geschwindigkeitsfunktion bezeichnet. Letztere wird über die Boltzmannsche Verteilungsfunktion ausgedrückt; vgl. (4.23):

$$f = \frac{1}{Z} \exp\left(-\frac{mv^2}{2kT}\right) = \frac{1}{Z} \exp\left[-\frac{m}{2kT}(v_x{}^2 + v_y{}^2 + v_z{}^2)\right]. \tag{5.3}$$

Da die Geschwindigkeiten beliebig sein können, ändern sich die Werte der kinetischen Energie kontinuierlich. Mit anderen Worten, die Energie der Translationsbewegung von Molekülen — die kinetische Energie — ist keine Quantengröße. Deshalb wird aus der Zustandssumme Z hier ein Zustandsintegral. Die Geschwindigkeitskomponenten v_x, v_y, v_z sind unabhängig voneinander, so daß wir die Integration über sie einzeln ausführen können. Es gilt

$$Z = \int_{-\infty}^{+\infty} \exp\left(-\frac{mv_x{}^2}{2kT}\right) \mathrm{d}v_x \int_{-\infty}^{+\infty} \exp\left(-\frac{mv_y{}^2}{2kT}\right) \mathrm{d}v_y$$

$$\times \int_{-\infty}^{+\infty} \exp\left(-\frac{mv_z{}^2}{2kT}\right) \mathrm{d}v_z. \tag{5.4}$$

Woher haben wir die Integrationsgrenzen $-\infty$ und $+\infty$ genommen? In Wirklichkeit ist die Geschwindigkeit eines Teilchens natürlich begrenzt und kann z. B. nicht größer sein als die Lichtgeschwindigkeit. Bei hohen Geschwindigkeiten, für die z. B. $mv_x{}^2 \gg 2kT$ ist, gehen die Ausdrücke unter dem Integral von der Form $\exp[-mv_x{}^2/(2kT)]$ rasch gegen null. Deshalb können wir die Integrationsgrenzen stillschweigend ins Unendliche erweitern. Die

Rechnung ergibt

$$Z_x = \int_{-\infty}^{+\infty} \exp\left(-\frac{mv_x^2}{2kT}\right) \mathrm{d}v_x = \left(\frac{2\pi kT}{m}\right)^{1/2} \tag{5.5}$$

und analoge Ausdrücke für Z_y und Z_z. Folglich ist

$$Z = Z_x Z_y Z_z = \left(\frac{2\pi kT}{m}\right)^{3/2}. \tag{5.6}$$

Gemäß den Gleichungen (5.2) und (5.3) erhalten wir

$$\mathrm{d}N(\boldsymbol{v}) = N\left(\frac{2\pi kT}{m}\right)^{-3/2} \exp\left(-\frac{mv^2}{2kT}\right) \mathrm{d}\boldsymbol{v} \tag{5.7}$$

und für eine einzelne Geschwindigkeitskomponente

$$\mathrm{d}N(v_x) = N\frac{1}{Z_x} \exp\left(-\frac{mv_x^2}{2kT}\right) \mathrm{d}v_x = N \exp\left(-\frac{mv_x^2}{2kT}\right)\left(\frac{2\pi kT}{m}\right)^{-1/2} \mathrm{d}v_x. \tag{5.8}$$

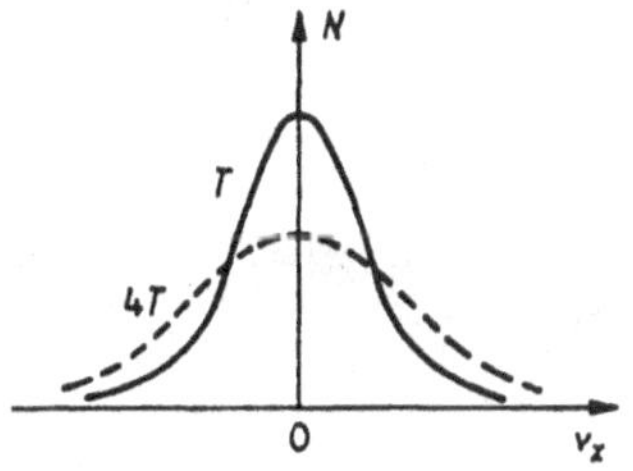

Abb. 5.2 Verlauf der Maxwell-Boltzmann-Funktion bei den Temperaturen T und $4T$

Damit haben wir das Maxwell-Boltzmann-Verteilungsgesetz für Geschwindigkeiten. Abbildung 5.2 zeigt den Verlauf der Funktion $N(v_x)$ für zwei verschiedene Temperaturen. Bei Erhöhung der Temperatur verbreitert sich die Kurve und wird flacher. Folglich wächst mit der Temperatur die Wahrscheinlichkeit, Moleküle mit hoher Geschwindigkeit zu finden. Wie man aus der Abbildung erkennt, ist die Kurve symmetrisch zur Geschwindigkeit $v_x = 0$, der das Maximum der Verteilung entspricht. Die mittlere Geschwindigkeit ist somit gleich null. Das ist einleuchtend — die Bewegung von Molekülen in positiver und negativer Richtung längs jeder der drei Koordinatenachsen x, y, z ist gleichwahrscheinlich, und im

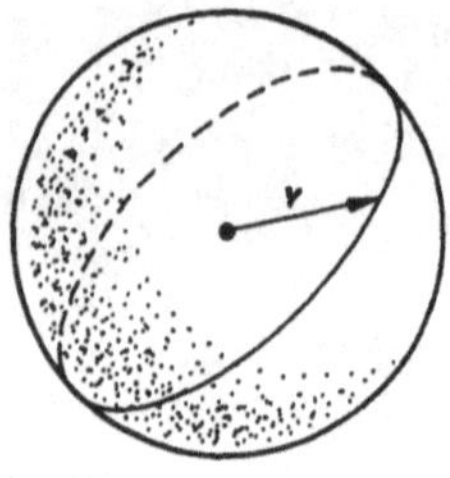

Abb. 5.3 Zur Berechnung der mittleren quadratischen Geschwindigkeit

Mittel ist die Zahl der Moleküle mit der Geschwindigkeit v_x gleich der Zahl derer mit der Geschwindigkeit $-v_x$.

Die mittlere Geschwindigkeit ist gleich null, das mittlere Quadrat der Geschwindigkeit ist dagegen selbstverständlich von null verschieden. Wir wollen die mittlere kinetische Energie der Moleküle und damit das mittlere Geschwindigkeitsquadrat berechnen.

Zunächst ermitteln wir die Verteilung der Absolutbeträge der Geschwindigkeit, $|\boldsymbol{v}| = v$. Diese Werte sind stets positiv und variieren zwischen 0 und ∞. Dabei kann der Geschwindigkeitsvektor $\boldsymbol{v}$ alle möglichen Richtungen haben, seine Spitze kann in einen beliebigen Punkt der Oberfläche einer Kugel mit dem Radius v treffen. Diese Oberfläche ist gleich $4\pi v^2$ (Abb. 5.3). Daraus folgt

$$N(|\boldsymbol{v}|) = N(v) \cdot 4\pi v^2 = N \left(\frac{2\pi kT}{m}\right)^{-3/2} \exp\left(-\frac{mv^2}{2kT}\right) \cdot 4\pi v^2 . \qquad (5.9)$$

Mit Hilfe dieser Funktion berechnen wir die mittlere kinetische Energie eines Gasmoleküls und erhalten

$$\frac{1}{2}\, m\overline{v^2} = \frac{1}{N} \int\limits_0^\infty \frac{1}{2}\, mv^2\, N(v) \cdot 4\pi v^2\, \mathrm{d}v . \qquad (5.10)$$

Die Auswertung des Integrals liefert

$$\frac{1}{2}\, m\overline{v^2} = \frac{3}{2}\, kT , \qquad (5.11)$$

und demzufolge ist

$$\overline{v^2} = \frac{3kT}{m}, \qquad \sqrt{\overline{v^2}} = \sqrt{\frac{3kT}{m}} .$$

Damit kennen wir sowohl die mittlere kinetische Energie eines Moleküls als auch die mittlere quadratische Geschwindigkeit.

Der Ausdruck (5.11) verknüpft die Temperatur eines einatomigen idealen Gases mit der mittleren kinetischen Energie seiner Moleküle. Erhöhung der Temperatur beschleunigt die Moleküle. Gleichung (5.11) gestattet die kinetische Bestimmung der thermodynamischen Temperatur.

Wir sehen, daß es auf die *mittlere* Geschwindigkeit ankommt. Sie ist es, die mit der Temperatur im Zusammenhang steht. Es ist nicht sinnvoll, von der Temperatur eines einzelnen Moleküls und seiner Entropie zu sprechen. Währenddessen ist die Energie eines einzelnen Moleküls eine durchaus sinnvolle Größe.

Die Temperatur und die Entropie charakterisieren das mittlere Verhalten einer großen Gesamtheit von Teilchen, eines statistischen Ensembles. Die Mechanik kennt keine Temperatur und Entropie — diese Größen erscheinen erst in der Thermodynamik und in der statistischen Physik.

Wir schreiben die Boltzmann-Verteilung (4.20) in der vereinfachten Form

$$N(E) = NB\,\mathrm{e}^{-E/(kT)}\,\mathrm{d}E\,. \qquad (5.12)$$

Gleichung (5.12) gibt den Anteil der Moleküle an, die eine Energie im Bereich von E bis $E + \mathrm{d}E$ besitzen; B ist ein Vorfaktor zur e-Funktion.

Die Boltzmann-Verteilung gibt Aufschluß darüber, in welcher Weise die Geschwindigkeit einer chemischen Reaktion von der Temperatur abhängen muß. Wie wir gesehen hatten (S. 62), sind nur diejenigen Moleküle an der Reaktion beteiligt, deren Energie ausreichend für die Überwindung der Aktivierungsschwelle ist, d. h., deren Energie gleich der Aktivierungsenergie E_a ist. Der Anteil solcher Moleküle ist proportional zu dem Faktor $\exp[-E_a/(kT)]$.

Nehmen wir an, es findet folgende Gasreaktion statt:

$$HCl + NH_3 \rightarrow NH_4Cl;$$

aus Chlorwasserstoff und Ammoniak wird Salmiak — Ammoniumchlorid. Die Reaktionsgeschwindigkeit ist proportional zur Zahl der Stöße wechselwirkender Moleküle pro Zeiteinheit, d. h. proportional zum Produkt ihrer Konzentration, gekennzeichnet durch eckige Klammern:

$$v = \varkappa[HCl]\,[NH_3]; \qquad (5.13)$$

$\varkappa$ ist der Proportionalitätsfaktor zwischen der Geschwindigkeit und den Konzentrationen, die sogenannte Reaktionsgeschwindigkeitskonstante, die in Wahrheit von der Temperatur abhängt. Ausgehend von der Boltzmann-Verteilung machte der schwedische Physikochemiker SVANTE ARRHENIUS 1889 den Ansatz

$$\varkappa = A\,\mathrm{e}^{-E_\mathrm{a}/(kT)}, \tag{5.14}$$

der deshalb als Arrhenius-Formel bezeichnet wird. In einer exakteren Formel tritt — entsprechend den Ausführungen auf S. 63 — statt der Energie die freie Enthalpie auf:

$$\varkappa = A'\,\mathrm{e}^{-G_\mathrm{a}/(kT)} = A'\,\mathrm{e}^{S_\mathrm{a}/k}\,\mathrm{e}^{-H_\mathrm{a}/(kT)}; \tag{5.15}$$

A und A' sind Konstanten. Nach (5.14) und (5.15) ist die Reaktionsgeschwindigkeitskonstante $\varkappa$ stark temperaturabhängig. Durch Logarithmieren von (5.14) erhalten wir

$$\ln \varkappa = \ln A - \frac{E_\mathrm{a}}{kT}. \tag{5.16}$$

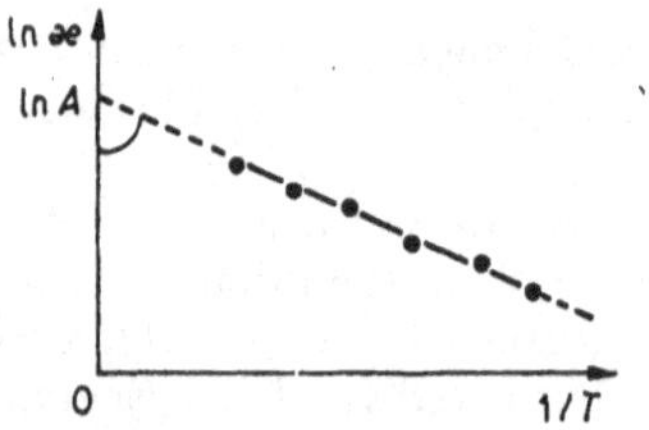

Abb. 5.4 Abhängigkeit des Logarithmus der Reaktionsgeschwindigkeitskonstante von der reziproken Temperatur gemäß dem Arrhenius-Gesetz

Der Zusammenhang von $\ln \varkappa$ und T^{-1} ist linear (Abb. 5.4). Nach Messung der Reaktionsgeschwindigkeit bei verschiedenen Temperaturen und Darstellung der Funktion (5.16) finden wir aus dem Anstieg der Geraden die Aktivierungsenergie der Reaktion. All dies wird experimentell gut bestätigt.

Barometrische Höhenformel und „Gravitationsmaschine"

Ein Spezialfall der Energieverteilung von Molekülen ist die Verteilung von Gasmolekülen im Schwerefeld. Wir betrachten eine dünne horizontale Gasschicht der Dicke $\mathrm{d}x$ mit dem Querschnitt $s = 1\ \mathrm{cm}^2$. Das Gewicht dieser Schicht ist gleich $nMgs\,\mathrm{d}x$. Dabei bezeichnet n die Dichte, d. h. die Zahl der Gasmoleküle pro Kubikzentimeter, M die Molekülmasse und g die Beschleunigung des freien Falles. Dieses Gewicht wird durch die Kraft des Druckes von unten, die größer ist als oben, ausgeglichen:

$$-\mathrm{d}p = nMg\,\mathrm{d}x\,. \tag{5.17}$$

Für die Berechnung des Druckes müssen wir die Kraft durch die Fläche s teilen. Wir gehen von einem idealen Gas aus mit

$$p = nRT$$

und erhalten

$$\mathrm{d}p = RT\,\mathrm{d}n\,. \tag{5.18}$$

Einsetzen von $\mathrm{d}p$ in (5.17) ergibt

$$\frac{\mathrm{d}n}{n} = -\frac{Mg}{RT}\,\mathrm{d}x\,. \tag{5.19}$$

Wir integrieren diese Gleichung von $x = 0$ (Erdoberfläche) bis x und finden

$$n = n_0 \exp\left(-\frac{Mgx}{RT}\right) \tag{5.20}$$

bzw.

$$p = p_0 \exp\left(-\frac{Mgx}{RT}\right); \tag{5.21}$$

n_0 und p_0 bezeichnen Dichte und Druck des Gases an der Erdoberfläche. Nach Division von M und R durch die Avogadro-Konstante $N_\mathrm{A} = 6{,}025 \cdot 10^{23}\,\mathrm{mol}^{-1}$ erhalten wir (m — Masse eines Moleküls)

$$n = n_0 \exp\left(-\frac{mgx}{kT}\right). \tag{5.22}$$

Gleichung (5.21) bzw. (5.22) heißt barometrische Höhenformel: Sie zeigt, wie der Druck (bzw. die Dichte) eines Gases mit seiner Höhe im Schwerefeld abnimmt. Offensichtlich ist (5.22) ein Spezialfall der Boltzmann-Verteilung (5.12) dafür, daß die Energie E eines Gasmoleküls gleich seiner potentiellen Energie in der Höhe x ist:

$$E = mgx.$$

Die barometrische Höhenformel hat der Physik gute Dienste geleistet. Mit ihrer Hilfe wurde die Avogadro-Konstante N_A bestimmt. Im Jahre 1908 ermittelte der französische Physiker JEAN PERRIN auf experimentellem Wege die Funktion

$$f(x) = \exp\left(-\frac{mgx}{kT}\right)$$

für die in Wasser suspendierten kolloiden Teilchen von Gummigutt. Für Teilchen mit hinreichend großer Masse m fällt diese Funktion mit Abnahme der Höhe x — um Bruchteile eines Millimeters — rasch ab, und man kann die Werte $f(x)$ unmittelbar beobachten. Es gilt

$$\ln f(x) = -\frac{mgx}{kT} = -N_A \frac{mgx}{RT}.$$

Die Masse m eines kolloiden Teilchens, die Gaskonstante R, die Temperatur T und die Fallbeschleunigung g sind bekannt (für die Teilchen in Wasser wird natürlich noch eine Korrektur gemäß dem Archimedischen Prinzip eingeführt). Die Konstante N_A wurde durch Messung von $f(x)$ mit hoher Genauigkeit bestimmt.

Unter Mißachtung der barometrischen Höhenformel wurde in pseudowissenschaftlicher Literatur und sogar in einigen Lehrbüchern eine Widerlegung des zweiten Hauptsatzes der Thermodynamik propagiert; eine „Gravitationsmaschine" — ein Perpetuum mobile zweiter Art — wurde angeboten. Man behauptete, daß durch die Anwesenheit des Schwerefeldes in einer Gassäule unter Gleichgewichtsbedingungen ein Temperaturunterschied entsteht — oben sei die Temperatur niedriger als unten. Dies geschehe ohne Aufwand von Arbeit. Unter Ausnutzung dieses Temperaturgefälles könne man kostenlos eine praktisch unbegrenzte Menge an Energie erzielen.

Die Existenz eines solchen Perpetuum mobile wurde folgendermaßen begründet: Wir heben adiabatisch, d. h. ohne Wärmeaustausch, eine bestimmte Masse eines Gases um die Höhe dx. Dabei sinkt der Druck um die Größe dp (5.17). Bei adiabatischer Expansion eines Gases nimmt, wie wir wissen, seine Temperatur ab. Eine einfache Rechnung zeigt, daß der negative Temperaturgradient $-dT/dx$ proportional zu dem Verhältnis g/C_p — mit C_p als Wärmekapazität des Gases bei konstantem Druck — ist. Vom Standpunkt der kinetischen Gastheorie bedeutet das, daß die mittlere kinetische Energie der Moleküle mit der Höhe abnimmt, ein Teil davon wird in die potentielle Energie mgx umgewandelt.

Die Argumentation erscheint auf den ersten Blick als vernünftig. Sie steht jedoch im völligen Widerspruch zu der soeben angegebenen Ableitung der barometrischen Höhenformel. In der Tat nehmen wir bei der Berechnung der Ausdrücke (5.21) und (5.22) die Temperatur als konstante Größe an, und nicht als Funktion der Höhe x. In der barometrischen Höhenformel steht eine konstante Temperatur – wir gehen von der Voraussetzung thermodynamischen Gleichgewichts aus, d. h. von der Konstanz der Temperatur in einer Säule von Gas oder kolloider Lösung. Wie wir sahen, funktioniert die barometrische Höhenformel ausgezeichnet.

Worin besteht nun der Fehler in der Begründung der „Gravitationsmaschine“?

Das Argument einer adiabatischen Anhebung des Gases ist nicht stichhaltig, es steht in keinem Verhältnis zur Realität. Das Gas in der Säule besitzt keinerlei adiabatisch isolierende Umhüllung, und nach seiner Anhebung um die Höhe dx tritt es allmählich in den Wärmeaustausch mit den benachbarten Gasschichten. Die Temperatur gleicht sich aus.

Die Aussage über die kinetische Energie der Gasmoleküle beruht ebenfalls auf einem elementaren Fehler. Angeblich ist

$$\frac{mv^2}{2} = \frac{mv_0^2}{2} - mgx$$

(v_0 — Geschwindigkeit eines Moleküls auf der Erdoberfläche, v — diejenige in der Höhe x). In Wirklichkeit jedoch verfügen langsame Moleküle, die sich unten befinden, ganz und gar nicht über ausreichende kinetische Energie, um in die Höhe x zu gelangen. Auf diese Höhe werden nur die Teilchen angehoben, für die

$$\frac{mv_0^2}{2} \geqq mgx$$

gilt. Beim Auffinden der mittleren kinetischen Energie fallen die langsameren Teilchen aus der Rechnung heraus, und die mittlere kinetische Energie bleibt unten und oben gleich. Mit der Höhe verringert sich die Zahl der Teilchen, nicht aber ihre mittlere kinetische Energie, d. h. die Temperatur. Dies läßt sich durch exakte Berechnung beweisen.

Der Leser kann einwenden, daß in der Natur ein Unterschied

der Lufttemperatur in verschiedenen Höhen jederzeit zu beobachten ist. Auf dem Gipfel des Kilimandscharo liegt ewiger Schnee, an seinem Fuße grünt der Tropenwald.

Hier herrscht aber auch kein thermodynamisches Gleichgewicht. Die Erde ist warm, der Weltraum kalt. Die Erde ist ein offenes System, das von der Sonne aufgeheizt wird (siehe das folgende Kapitel.) Auf dieser Grundlage könnte man tatsächlich eine Supermaschine konstruieren, die allerdings absolut nichts mit jener zu tun hätte, die zur Debatte stand.

Es gibt somit kein „gravitatives" Perpetuum mobile. Es ist erstaunlich, welche primitiven Versuche zur Widerlegung des zweiten Hauptsatzes unternommen werden und daß sie Eingang in die Literatur finden. Die kritische Analyse solcher Versuche ist jedoch nicht ohne Wert für die Entwicklung unseres physikalischen Verständnisses.

Eine physikalische Theorie ist ein ganzheitliches, selbstkonsistentes System. Könnte es eine solche „Gravitationsmaschine" geben, dann wäre die barometrische Höhenformel falsch und damit auch die Boltzmann-Verteilung, d. h. die gesamte statistische Mechanik und Thermodynamik. Alles, was in diesem Buch steht, erwiese sich als Lüge. Wie zu erwarten, erweist sich statt dessen die „Gravitationsmaschine" als leicht zu widerlegender Irrtum.

Fluktuationen

Physikalische Größen, die den Zustand von Elektronen, Atomen und Molekülen charakterisieren, stimmen nicht notwendig mit ihren Mittelwerten überein. Das Verhalten der Teilchen ist zufällig, es unterliegt den Gesetzen der Wahrscheinlichkeitstheorie.

Im Gleichgewichtszustand erreicht die Entropie ihren Maximalwert. Das System befindet sich im Zustand maximaler möglicher Ungeordnetheit. In einem gegebenen Gasvolumen ist die Temperatur ausgeglichen, und auch die Dichte ist homogen. Die Temperatur bringt den mittleren Wert der kinetischen Energie der Moleküle zum Ausdruck, die Dichte die mittlere Zahl von Molekülen pro Volumeneinheit. Es kommen jedoch Abweichungen vor, Abweichungen von den wahrscheinlichsten Werten, vom gemittelten Verhalten. Die Moleküle bewegen sich ja — und sie tun das zufällig. Deshalb kann die Entropie kleiner werden als die maximale; in dem betrachteten Volumen können spontan Temperaturunterschiede, Verdichtungen und Verdünnungen entstehen.

Tabelle 3
Verteilungen von N Molekülen auf zwei Kästchen; statistische Gewichte

$N = 2$		$N = 4$		$N = 6$		$N = 8$		$N = 10$		$N = 12$	
N_1/N_2	P	N_1/N_2	P	N_1/N_2	P	N_1/N_2	P	N_1/N_2	P	N_1/N_2	P
2/0	1	4/0	1	6/0	1	8/0	1	10/0	1	12/0	1
1/1	**2**	3/1	4	5/1	6	7/1	8	9/1	10	11/1	12
0/2	1	**2/2**	**6**	4/2	15	6/2	28	8/2	45	10/2	66
		1/3	4	**3/3**	**20**	5/3	56	7/3	120	9/3	220
		0/4	1	2/4	15	**4/4**	**70**	6/4	210	8/4	495
				1/5	6	3/5	56	**5/5**	**252**	7/5	792
				0/6	1	2/6	28	4/6	210	**6/6**	**924**
						1/7	8	3/8	120	5/7	792
						0/8	1	2/8	45	4/8	495
								1/9	10	3/9	220
								0/10	1	2/10	66
										1/11	12
										0/12	1

Diese Abweichungen werden Fluktuationen genannt. Sie sind um so wahrscheinlicher, je größer die Zahl der Moleküle ist. Wir wollen mit Hilfe der Formel für die Binomialverteilung (4.5)

$$P = \frac{N!}{N_1!\,(N - N_1)!}$$

die Verteilungen verschiedener Molekülzahlen N auf zwei Kästchen vergleichen.

Wir erkennen, wie sich der Charakter der Verteilung bei Vergrößerung der Teilchenzahl N verändert (Tab. 3). Je größer N, desto schärfer ist die Verteilung, desto kleiner die relative Wahrscheinlichkeit der Randverteilungen gegenüber den wahrscheinlichsten Verteilungen, die mit der größten Zahl von Möglichkeiten realisiert werden. Das statistische Gewicht der Zustands, in dem sich sich alle Moleküle in einem, sagen wir dem linken Kästchen versammeln, ist bei $N = 2$ ganze zweimal kleiner als das statistische Gewicht — die Zahl der Realisierungsmöglichkeiten — des Gleichverteilungszustands. Bei $N = 12$ beträgt dieses Verhältnis statt 1:2 bereits 1:924. In dieser Weise verringert sich die Wahrscheinlichkeit für eine merkliche Abweichung vom wahrscheinlichsten Zustand mit wachsendem N. Aber diese Abweichungen sind ja eben Fluktuationen. Bei einer großen Molekülzahl ist die Zahl der Realisierungsmöglichkeiten ihrer Gleichverteilung auf zwei Kästchen gleich

$$P = \frac{N!}{(N/2)!\,(N/2)!}$$

oder, entsprechend der Stirlingschen Näherungsformel (4.10),

$$P \approx \frac{(N/\mathrm{e})^N}{\left[(N/(2\mathrm{e}))^{N/2}\right]^2} = 2^N .$$

Diese Zahl ist um vieles größer als die Zahl der Realisierungsmöglichkeiten für die „unordentlichen" Randverteilungen.

Unsere Ausgangsüberlegungen gelten auch für Verteilungen anderer statistischer Größen, beispielsweise der mittleren kinetischen Energien, also der mittleren quadratischen Geschwindigkeiten von Molekülen in einem Gas. Die mittlere quadratische Geschwindigkeit eines Sauerstoffmoleküls O_2 beim Gasdruck p folgt aus der Bedingung

$$pV = \frac{2}{3} N \frac{m\overline{v^2}}{2}, \quad \text{d. h.} \quad \overline{v^2} = \frac{3pV}{Nm}.$$

Bei Normaldruck ergibt sich für Sauerstoff $\sqrt{\overline{v^2}} = 455$ m/s. Gemäß der Maxwell-Verteilung ist die Wahrscheinlichkeit, ein Molekül mit zehnfacher Geschwindigkeit, d. h. mit $v = 4{,}5$ km/s, anzutreffen, proportional zu $\mathrm{e}^{-10^2} \equiv \mathrm{e}^{-100} = 10^{-43}$. Diese Größe ist verschwindend klein.

Fluktuationsartige Abweichungen vom mittleren statistischen Zustand sind um so weniger wahrscheinlich, je größer diese Abweichungen und je größer die Teilchenzahl ist. Tabelle 3 zeigt, daß die Wahrscheinlichkeit dafür, alle 12 Moleküle in einer Hälfte des Behälters zu finden, sehr klein ist im Vergleich zur Wahrscheinlichkeit der Verteilung 6/6. Dagegen besitzen die Verteilungen 7/5, 5/7 sowie 8/4 und 4/7 eine hohe Wahrscheinlichkeit.

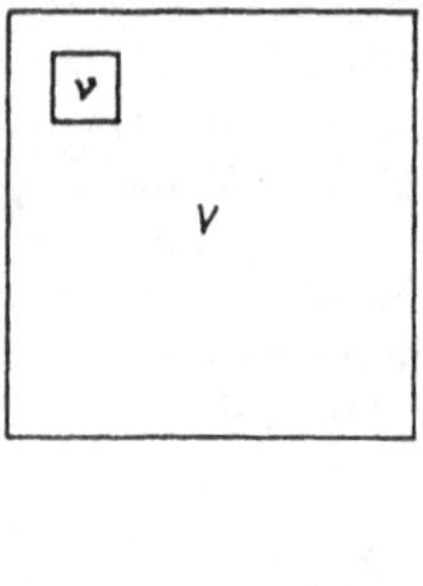

Abb. 5.5 Zur Berechnung einer Dichtefluktuation

Wir berechnen die Fluktuationen der Teilchenzahldichte pro Volumeneinheit. Es sei ein ideales Gas gegeben, das das Volumen V einnimmt, in dem sich N Moleküle befinden. Wir teilen einen Teil dieses Volumens, $\nu \ll V$ (Abb. 5.5), ab. Wie wird die mittlere Abweichung der Teilchenzahl n im Volumen ν von der für alle kleinen Volumina ν identischen mittleren Molekülzahl $\bar{n}$ aussehen? Offenbar gilt

$$\overline{(n - \bar{n})} = \bar{n} - \bar{n} = 0,$$

da Vergrößerung und Verkleinerung der Molekülzahl gegenüber der mittleren dieselbe Wahrscheinlichkeit haben. Wir haben deshalb das mittlere Quadrat der Größe $n - \bar{n}$ zu berechnen, d. h.

$$\overline{(n - \bar{n})^2}.$$

Die Wahrscheinlichkeit dafür, ein bestimmtes Molekül gerade im Volumen ν zu finden, ist

$$q = \frac{\nu}{V}.$$

Die Moleküle des idealen Gases finden sich unabhängig voneinander in dem Volumen ν ein. Wir erhalten die mittlere Zahl von Teilchen $\bar{n}$ in ν. Wir können uns einer einfachen Proportion bedienen:

N Noleküle befinden sich in V,

$\bar{n}$ Moleküle befinden sich in ν;

dann ist

$$\bar{n} = N \frac{\nu}{V} = Nq.$$

Man kann auch auf strengerem Wege zu diesem Ergebnis gelangen. Wir führen eine Größe δ_i ein von der Art, daß $\delta_i = 1$, wenn das i-te Teilchen in das Volumen ν trifft, und $\delta_i = 0$, wenn das i-te Teilchen nicht dorthin gerät. Es gilt dann

$$n = \delta_1 + \delta_2 + \ldots + \delta_N \equiv \sum_{i=1}^{N} \delta_i$$

und

$$\bar{n} = \overline{\delta_1} + \overline{\delta_2} + \ldots + \overline{\delta_N} \equiv \sum_{i=1}^{N} \overline{\delta_i}.$$

Wie groß ist dieses $\overline{\delta_i}$? Mit der Wahrscheinlichkeit q ist $\delta_i = 1$, und mit der Wahrscheinlichkeit $1 - q$ ist $\delta_i = 0$. Daraus folgt

$$\overline{\delta_i} = 1 \cdot q + 0 \cdot (1 - q) = q.$$

Damit gilt tatsächlich

$$\bar{n} = \sum_{i=1}^{N} q = Nq,$$

ein Ergebnis, das eigentlich auf der Hand liegt.

Mit denselben Überlegungen gehen wir an die Berechnung des mittleren Quadrats der Abweichung vom Mittelwert heran:

$$\overline{(n - \bar{n})^2} = \overline{n^2} - 2\bar{n}\bar{n} + \bar{n}^2 = \overline{n^2} - \bar{n}^2.$$

Der Mittelwert des Quadrats von n ist keineswegs gleich dem Quadrat des Mittelwerts von n. Es gilt

$$\overline{n^2} = \overline{\left(\sum_{i=1}^{N} \delta_i\right)^2} = \sum_{i=1}^{N} \overline{\delta_i^2} + 2 \sum_{i=1}^{N} \sum_{j \neq i} \overline{\delta_i \delta_j}.$$

Den Mittelwert der Summe über δ_i bilden wir mit Hilfe elementarer Rechenvorschriften. Die erste Summe auf der rechten Seite enthält N, die zweite $N(N - 1)/2$ Glieder. Definitionsgemäß ist

$$\delta_i^2 = \delta_i,$$

weil δ_i entweder gleich eins oder gleich null ist. Also gilt

$$\overline{\delta_i^2} = \overline{\delta_i} = q.$$

Wir berechnen nun $\overline{\delta_i \delta_j}$:

$$\overline{\delta_i \delta_j} = 1 \cdot 1 \cdot q^2 + 2 \cdot 1 \cdot 0 \cdot q(1 - q) + 0 \cdot 0(1 - q)^2 = q^2,$$

erhalten

$$\overline{n^2} = Nq + 2\,\frac{N(N - 1)}{2}\,q^2$$

und daraus

$$\overline{(n - \bar{n})^2} = \overline{n^2} - \bar{n}^2 = Nq + N(N - 1)\,q^2 - N^2 q^2$$
$$= Nq(1 - q) = \bar{n}(1 - q).$$

Wegen $q \ll 1$ kann man q gegenüber der Eins vernachlässigen. Wir kommen schließlich auf

$$\overline{(n - \bar{n})^2} = \bar{n}. \tag{5.23}$$

Diese Formel zeigt ein unerwartetes Aussehen. Sie ist von großer Bedeutung.

Das Auftreten einer Fluktuation bedeutet eine Änderung der Größe P, des statistischen Gewichts eines Zustands. Dem Gleichgewichtszustand entspricht der Maximalwert P_{max}, der Fluktuation der weitaus kleinere Wert P'. Offensichtlich ist P' um so kleiner, je größer die fluktuationsartige Abweichung vom Gleichgewicht ist. Man kann die Wahrscheinlichkeit der Fluktuation mit Hilfe des Verhältnisses P'/P_{max} darstellen. Wie wir gesehen hatten – siehe (4.15) – ist aber

$$P = e^{S/k}.$$

Folglich gilt für die gesuchte Wahrscheinlichkeit

$$w = \frac{P'}{P_{max}} = \exp \frac{S' - S_{max}}{k} \tag{5.24}$$

mit $P' \ll P_{max}$, $S_{max} \gg S'$ für merkliche Fluktuationen. Somit ist die Wahrscheinlichkeit w für Fluktuationen sehr gering.

Warum ist der Himmel blau?

Wenn die Wahrscheinlichkeit von Fluktuationen auch gering ist, so begegnen wir ihnen dennoch täglich. Gäbe es keine Fluktuationen der Gasdichte, keine Fluktuationen der Teilchenzahl, dann sähen wir am Tage die Sterne, und die Sonne schiene an einem schwarzen Himmel. Kurz gesagt, alle Menschen auf der Erde sähen das, was die Kosmonauten sehen.

Wir denken gewöhnlich über die Ursachen für den blauen Schein des Firmaments nicht nach. Und doch steckt gerade darin ein echtes Problem. Wieso sehen wir, mit dem Rücken zur Sonne gewandt, einen blauen Himmel? Das Licht breitet sich doch geradlinig von der Sonne aus. Es muß also etwas von der Sonne beleuchtet sein: die Luft.

Für das beste populärwissenschaftliche Buch über Physik hielt S. I. Wawilow die „Briefe an eine deutsche Prinzessin über einige

Gegenstände der Physik und Philosophie" von LEONHARD EULER. Der Brief Nr. XXXII des ersten Bandes, datiert vom 27. Juli 1760, trägt die Überschrift „Über die blaue Farbe des Himmels".

„Ich werde Eurer Hoheit zeigen", schreibt EULER, „daß die Ursache des Himmelsblaus in unserer Atmosphäre zu suchen ist, wenn man begreift, daß sie nicht vollkommen lichtdurchlässig ist ... Die Luft besteht aus einer Menge kleiner Teilchen, die nicht völlig lichtdurchlässig sind, sondern durch die Lichteinstrahlung in eine Schwingungsbewegung versetzt werden, die neue Strahlen erzeugt, die diesen Teilchen eigentümlich sind ... die Farbe dieser Teilchen ist bläulich."

Diese Worte haben einen tiefen Sinn. Auch die moderne Physik geht davon aus, daß Bestrahlung eine Änderung des Zustands der Elektronen in einem Molekül hervorruft, die man als deren Eigenschwingungen auffassen kann. Und doch hat EULER nicht recht; die Moleküle von Stickstoff, Sauerstoff, Argon und Kohlendioxid, aus denen die Atmosphäre besteht, haben keine Farbe — sie absorbieren kein Licht im sichtbaren Spektralbereich.

Mehr als hundert Jahre später wurde von RAYLEIGH — JOHN STRUTT, Lord Rayleigh, einem englischen Physiker, der auf den Gebieten der Optik und der Akustik sehr viel geleistet hat — eine neue Erklärung vorgeschlagen.

Der Himmel sei blau, weil die Luft das Sonnenlicht streut. Auch in einem beliebigen trüben Medium, wie im Nebel, kommt es zur Streuung von Strahlung in verschiedene Richtungen, die sich von der Einfallsrichtung des Strahles unterscheiden. RAYLEIGH nahm an, daß die Streuung des Lichts durch die Atmosphäre nicht an größeren Inhomogenitäten (wie an den Wassertröpfchen im Nebel), sondern an Molekülen erfolgt. Die Moleküle bewegen sich ungeordnet und streuen das Licht. RAYLEIGH stellte seine bekannte Formel für die Intensität des gestreuten Lichtes auf. Nach dieser Formel ist die Intensität der Streuung umgekehrt proportional zu λ^4, zur vierten Potenz der Wellenlänge des Lichtes. Das bedeutet, daß violette Strahlen mit einer Wellenlänge von 400 nm etwa 13mal so stark gestreut werden wie rote Strahlen mit einer Wellenlänge von 760 nm. Deshalb ist der Himmel blau. Deshalb erscheinen weit entfernte Wälder und Gebirge bläulich — wir sehen sie durch eine dicke Luftschicht hindurch, die von der Seite beleuchtet wird und vorzugsweise blaue Strahlen streut. Deshalb ist die Sonne beim Aufgang und beim Untergang rot — wir sehen sie dann durch eine dickere Luftschicht, als wenn sie im Zenit steht, und direkt zu uns gelangen die Strahlen, die am wenigsten gestreut werden.

Im weiteren konnte gezeigt werden, daß das Licht von der Luft (und von jedem anderen Gas) gestreut wird, weil die Bewegung der Moleküle zu Abweichungen von ihrer homogenen räumlichen Verteilung führt. Es treten Fluktuationen der Gasdichte auf, und man kann sagen, daß das Licht genau an diesen Fluktuationen gestreut wird. Die Intensität des gestreuten Lichtes, die nach dem Rayleighschen Strahlungsgesetz über λ^{-4} von der Wellenlänge abhängt, ist proportional zur mittleren quadratischen Abweichung der Teilchenzahl in einem bestimmten Volumen, $\overline{(n - \bar{n})^2}$. Da diese Fluktuation gemäß (5.23) gleich $\bar{n}$ ist, kann man über die Intensität des gestreuten Lichtes die Zahl der Gasmoleküle pro Volumeneinheit und damit im Molvolumen — die Avogadro-Konstante — bestimmen. Dies wurde auch mit hoher Genauigkeit getan.

Die Theorie der Lichtstreuung in Gasen, Flüssigkeiten und Kristallen wurde nach RAYLEIGH und EINSTEIN von dem polnischen Physiker M. SMOLUCHOWSKI und dem sowjetischen Physiker L. I. MANDELSTAM entwickelt.

Betrachten wir den blauen Himmel, dann sehen wir also indirekt Fluktuationen der Luftdichte. Fluktuationen anderer physikalischer Größen begrenzen die Empfindlichkeit physikalischer Meßgeräte, beispielsweise schwankt die gemessene Stromstärke oder Spannung um einen bestimmten mittleren Wert. Fluktuationen sind für das Rauschen in Hochfrequenzanlagen verantwortlich usw.

Wir hatten die Verschlingung einer polymeren Kette zu einem statistischen Knäuel betrachtet. Eine Polymerkette, ein Makromolekül fluktuiert ununterbrochen in der Lösung und erfährt Verlängerungen und Verkürzungen des Knäuels infolge der Wärmebewegung, die sich in Drehungen um die einzelnen Bindungen äußert. Gegenstand der statistischen Theorie sind die mittleren Ausdehnungen des Knäuels und deren Verteilung.

Gewiß verschwindet in einem im Gleichgewicht befindlichen System eine entstandene Fluktuation nach einiger Zeit, sie wird beseitigt — das System ist bestrebt, seinen wahrscheinlichsten Zustand einzunehmen. Doch es entstehen immer wieder neue Fluktuationen. Die Bewegung der Moleküle und Atome, auch die der Elektronen in einem Metall, gehorcht den Gesetzen des Zufalls.

Das Zeitalter Darwins

Boltzmann wurde eines Tages gefragt, wie er sein — also das neunzehnte — Jahrhundert charakterisieren würde. Boltzmann gab zur Antwort, er wollte es das Zeitalter Darwins nennen.

Er hatte dazu guten Grund. In der Biologie gewannen die Gesetze des Zufalls, die Gesetze der Wahrscheinlichkeitstheorie, eher die Oberhand als in der Physik. Darwin entdeckte den grundlegenden Mechanismus der Evolution — die natürliche Auslese. Jede Population von Tieren oder Pflanzen besitzt eine genetische Variabilität — durch zufällige Abweichungen vom wahrscheinlichsten, mittleren Wert dieses oder jenes Merkmals des Organismus. Nehmen wir eine zufällig ausgewählte, hinreichend große Gruppe von Menschen an. In dieser Gruppe wird die Körpergröße dem Verteilungsgesetz für die Geschwindigkeiten von Molekülen in einem Gas folgen. Mit der Entfernung vom Mittelwert der Körpergröße wird die Personenzahl in der Gruppe symmetrisch abnehmen — sowohl nach der Seite geringeren als auch nach der Seite höheren Wuchses (Abb. 5.6).

Im Unterschied zu den fluktuationsartigen Abweichungen vom Mittel im Verhalten von Molekülen klingt die genetische Variabilität nicht ab, sondern die Erbmerkmale werden gefestigt, wenn sie Anpassungscharakter haben, d. h. dem Organismus günstigere Bedingungen für seine Existenz und Fortpflanzung bieten. Eine zufällige Verteilung macht eine Evolution durch, sie verändert sich. Lebende Organismen entwickeln sich und sind mit einem Ge-

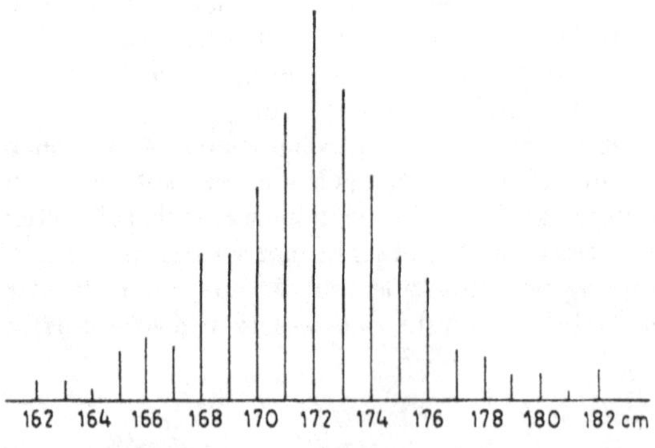

Abb. 5.6 Verteilung der Körpergröße in einer willkürlich ausgewählten Personengruppe

dächtnis für ihre evolutionäre Entwicklung ausgerüstet. Die biologische Evolution dauert, wie wir heute wissen, bereits etwa $3,9 \cdot 10^9$ Jahre an. Sie ähnelt in keiner Weise dem gewöhnlichen Verhalten eines abgeschlossenen physikalischen Systems, das vergleichsweise schnell in den Gleichgewichtszustand übergeht.

Indessen bedeutete die Erforschung der Wärmeerscheinungen, die Entdeckung der Irreversibilität physikalischer Prozesse, den Beginn der Aufklärung der Natur physikalischer Evolution. Auch ein physikalisches System macht eine Evolution durch — in Richtung maximaler Entropie —, wenn es abgeschlossen ist. Wie sich offene Systeme verhalten, die mit der Umgebung Stoff und Energie austauschen, werden wir im nächsten Kapitel erfahren.

Ein abgeschlossenes System ist etwas ziemlich Langweiliges. Früher oder später geht es in den Gleichgewichtszustand über, dem das Maximum der Entropie entspricht. Danach sind lediglich Fluktuationen in Richtung Entropieabnahme möglich. Man kann sagen, daß der „Zeitzeiger" auf das Gleichgewicht im abgeschlossenen System eingestellt ist. Wenn das Gleichgewicht erreicht ist, bleibt die Zeit stehen — es gibt keinerlei Ereignisse, und abgesehen von schwachen Fluktuationen ändert sich nichts mehr. Und davor, bis das Gleichgewicht erreicht ist, erlebt das abgeschlossene System eben seine Evolution und strebt nach maximaler Entropie.

Boltzmann stellte sich das Ziel, eine Physik der Evolution aufzubauen — nach dem Vorbild der von Darwin begründeten evolutionären Biologie.

Was war dem vorangegangen? Wie das 19. Jahrhundert das Zeitalter Darwins, ist das 18. Jahrhundert das Zeitalter Newtons. Die klassische Mechanik, die Mechanik reversibler Prozesse, die ohne Dissipation, d. h. ohne Zerstreuung von Energie, ablaufen, hatte die Zeit ihres Triumphes. In dieser Mechanik war kein Platz für Zufälligkeit, kein Platz für die Entropie. Wenn die Bewegungsgesetze sowie die Anfangsorte und -geschwindigkeiten der Körper, die das betrachtete System bilden, gegeben sind, dann ist das Verhalten des Systems vollständig determiniert und im voraus bekannt. Das System erinnert sich seiner Anfangsbedingungen.

Damit schien alles gelöst. Noch zu Lebzeiten Newtons schrieb der englische Dichter Alexander Pope:

> Finsternis herrschte um die Natur und ihre Gesetze.
> Gott sprach: „Es werde Newton!" und überall ward Licht.

Man stellte sich die Welt als ein grandioses Uhrwerk vor, das — einmal in Gang gesetzt — nach relativ einfachen Gesetzen funktioniert. In diesem Sinne war die klassische Mechanik in ihrer Unkenntnis von Irreversibilität und Zufälligkeit die Wissenschaft von einer einfachen, passiven Welt. Doch bereits 1802 schrieb der englische Lyriker und bildende Künstler William Blake:

> Bewahre uns Gott
> vor einseitiger Betrachtung und Newtonschem Traum!

Das Zeitalter Darwins hatte gerade erst begonnen, da empfand der große Dichter und scharfsinnige Denker die klassische Mechanik bereits als etwas Enges und Einseitiges.

Wir begreifen heute, daß es für die klassische Mechanik bestimmte Grenzen ihrer Anwendbarkeit gibt. Innerhalb dieser Grenzen funktioniert sie ausgezeichnet — auf ihrer Grundlage werden mit hoher Exaktheit die Bahnen von Planeten und künstlichen Erdtrabanten berechnet und Aufgaben der Technik gelöst. Insgesamt gesehen widersetzt sich jedoch die Natur als eine sich evolutionär entwickelte Gesamtheit wechselwirkender Körper der Vereinfachung zu einem universellen, durch eine reversible Zeit gekennzeichneten Schema.

1822 formulierte der französische Mathematiker und Physiker Jean Baptiste Joseph de Fourier das Gesetz der Wärmeleitung, des einseitigen Wärmetransports von einem wärmeren zu einem weniger warmen Körper. Damit begann die Physik, über das Newtonsche Schema hinauszugehen. Dem folgten dann die Betrachtungen Carnots, die Entdeckung des zweiten Hauptsatzes der Thermodynamik, die Einführung der Entropie und deren von Boltzmann und Gibbs gelieferte Wahrscheinlichkeitsinterpretation.

Ein mechanisches System „erinnert sich" an seine Anfangsbedingungen. Dagegen bedeutet Anwachsen der Entropie ein allmähliches „Vergessen" jeglicher Ausgangsordnung. Wer weiß, wie es zu einer bestimmten Temperatur einer Flüssigkeit in einem Gefäß kam — durch deren Erwärmung oder durch deren Abkühlung. Das ist auch unwesentlich; wichtig ist, daß sich die Flüssigkeit im Gleichgewicht befindet.

Es blieb das Zeitalter Darwins. Boltzmanns Hauptleistung bestand darin, aus den Gesetzen der Mechanik heraus die irreversibel anwachsende Entropie gefunden zu haben. Wenn aber die thermischen Eigenschaften der Körper durch die Bewegungen der Moleküle bestimmt werden, dann mußte man von der Mechanik eine Brücke zur Physik der Wärme schlagen. Die Moleküle in einem Gas bewegen sich wie gewöhnliche Körper, sie haben ihre

Bahnen, d. h. bestimmte Werte der Geschwindigkeit und des Ortes zu jedem Zeitpunkt. Was tut es da zur Sache, daß es so viele sind? Die Mechanik kann nirgendwohin verschwinden.

Bei seinen Betrachtungen zu den Stößen von Molekülen in einem Gas stellte Boltzmann eine Funktion der Koordinaten und der Geschwindigkeiten der Moleküle auf, die eine zeitliche Veränderlichkeit in einer Richtung aufwies. Die Entropie ist proportional zu dieser Funktion. So lautet das bekannte H-Theorem von Boltzmann, das für die physikalische Kinetik von großer Bedeutung ist.

Seine eigentliche Aufgabe aber führte Boltzmann nicht zu Ende. Immerhin brachte er in verdeckter Weise einen nicht-mechanischen Ansatz in die Ableitung seines Theorems ein — die Annahme eines molekularen Chaos.

Die zermürbenden Bemühungen, die Kluft zwischen Mechanik und Statistik zu beseitigen, die Ablehnung seiner Arbeiten durch die Zeitgenossen — beides dürfte bei Boltzmanns Freitod 1906 eine Rolle gespielt haben.

Der Laplacesche Dämon und Sinais Billard

Der französische Astronom, Physiker und Mathematiker Pierre Simon Laplace gehörte zu einer Gruppe hervorragender Fortsetzer der Newtonschen Ideen; Laplace war einer der Begründer der theoretischen Mechanik. In seinen Arbeiten tauchte ein „Dämon" auf. Ein anderer Dämon begegnete Maxwell — von diesem wird in Kapitel 7 die Rede sein.

Als Laplaceschen Dämon bezeichnen wir ein von ihm geschaffenes hypothetisches Wesen. Laplace glaubte an die Mechanik. Dabei hatte er selbstverständlich begriffen, daß in einem Gas eine ungeheuer große Zahl von Molekülen enthalten ist. Die Moleküle bewegen sich wahllos, sie stoßen miteinander zusammen und an die Wände des Behälters, in dem sie sich befinden. Die Eigenschaften des Gases beschreiben wir mit Hilfe der gemittelten Kenngrößen der Moleküle. So kommen wir auf die Temperatur:

$$\frac{1}{2} m\overline{v^2} = \frac{3}{2} kT .$$

Wir sind nicht in der Lage, die Bewegung jedes der $2{,}7 \cdot 10^{19}$ Moleküle in 1 cm^3 Gas zu verfolgen. Tatsächlich jedoch, meinte Laplace, sei diese Bewegung vollständig determiniert, und es gäbe keine

Zufälligkeiten. Zufälligkeit und statistischer Charakter entstünden lediglich im Zusammenhang mit unserer Unkenntnis.

Gäbe es so eine Art Dämon — ein Wesen, das die Anfangsbedingungen und -trajektorien aller Moleküle zu ermitteln vermag —, dann könnte dieses Wesen im voraus berechnen, was mit den Molekülen passiert, d. h., was aus dem Gas wird. Mehr noch: wenn dies für 1 cm^3 Gas gilt, dann gilt es wofür auch immer. Zufälligkeit gibt es objektiv nicht, hinter ihr verbergen sich vollständig determinierte Systemparameter. Der Laplacesche Dämon kennt sie, wir aber kennen sie nicht.

Laplace schrieb: „... haben wir den gegenwärtigen Zustand des Universums als Wirkung des ihm vorangegangenen Zustands und als Ursache des auf ihn folgenden anzusehen. Der Weltgeist, dem für einen beliebigen gegebenen Augenblick alle Kräfte, die die Welt zusammenhalten, und die zugehörigen Ortskoordinaten ihrer Bestandteile bekannt wären, würde — wenn er obendrein sich als groß genug erwiese, um diese Angaben einer Analyse zu unterziehen — in einer einzigen Formel die Bewegung der gewaltigsten Körper des Alls ebenso erfassen wie die Bewegung der leichtesten Atome; nichts bliebe, was für ihn ungewiß wäre, und die Zukunft gleichwohl wie die Vergangenheit zeigten sich seinem Blick." (Versuch einer Philosophie zur Theorie der Wahrscheinlichkeiten, 1814)

Wie fällt eine geworfene Münze — mit Wappen oder Zahl nach oben? Ihr Verhalten hängt davon ab, wie sie geworfen wurde, und vom Luftwiderstand, d. h. von Zusammenstößen mit Molekülen. Der Laplacesche Dämon weiß, wie das Los fallen wird; er weiß alles, kennt Vergangenheit und Zukunft der Welt. Die Entwicklung des Universums folgt rundum fatalistischen Gesetzen.

Natürlich verstand LAPLACE ausgezeichnet, daß sein Dämon unmöglich war. Der Grundgedanke von LAPLACE' Überlegung bestand allein darin, daß alles in der Welt determiniert, vorausbestimmt sei. Diese Determination ist jedoch für uns nicht zugänglich, wir kennen sie nicht und können sie nicht kennenlernen.

Aus diesem Blickwinkel gesehen, ist die Entropie ein Maß unserer Unkenntnis, ein Maß für den Mangel an Information über ein zu betrachtendes System. Und wenn LAPLACE recht hat, dann ist diese Unkenntnis subjektiver Art, und nicht objektiv bedingt; sie widerspiegelt keine realen, von unserem Bewußtsein unabhängigen Naturgesetze.

Wir sehen, das Problem des Verhältnisses von Mechanik und Statistik führt uns zu tiefen philosophischen Fragen, zu Fragen nach dem Zusammenhang von Sein und Bewußtsein.

Das Problem des Verhältnisses von Mechanik und Statistik wurde auch von sowjetischen Wissenschaftlern untersucht: von dem früh verstorbenen Physiker N. S. Krylow (1948), dem Physiker und Mathematiker N. N. Bogoljubow (1946) und den Mathematikern A. N. Kolmogorow (1958) und Ja. G. Sinai (1963, 1967).

Abb. 5.7 Mögliche Ruhelage eines physikalischen Pendels

Die Grundidee Krylows war, daß nicht jede Lösung einer mechanischen Aufgabe mit dem Experiment verglichen werden kann. Die Lösungen können stabil oder instabil sein. Betrachten wir beispielsweise ein physikalisches Pendel — einen starren Körper, der mit einem Ende an einer Achse befestigt ist, um die er schwingen kann (Abb. 5.7). Es sind zwei Ruhelagen des Pendels möglich, die untere und die obere. Die untere Lage ist stabil: Bei kleinen Auslenkungen aus dieser Lage kommt das Pendel zum Schwingen, bleibt aber dann unter Rückkehr in den Ausgangszustand stehen. Die obere Lage ist instabil: Geringfügiges Auslenken reicht aus, daß das Pendel umschlägt. Je nach der Richtung der anfänglichen Auslenkung ergeben sich ganz verschiedene Entwicklungen. Zwei nur sehr wenig verschiedene Anfangsbedingungen können völlig verschiedene Bewegungen auslösen.

Offensichtlich hat bei starker Instabilität die Bewegungskurve eines einzelnen Teilchens keinen exakten Sinn. Man kann sie beobachten (Beispielsweise läßt sich der Weg eines Brownschen Kolloidteilchens unter dem Mikroskop verfolgen), aber die Berechnung einer solchen Bahnkurve aus den Bewegungsgesetzen und Anfangsbedingungen wird niemals mit dem Experiment im Einklang stehen. Die instabile Bahnkurve „vergißt" ihre Anfangsbedingungen.

Ist die Lösung einer Aufgabe der Mechanik instabil bezüglich einer Variation der Anfangsbedingungen, dann ist sie faktisch nicht beobachtbar. Es werden nur solche Lösungen in der Wirklichkeit realisiert, die stabil sind. Folglich kann ein mechanischer Prozeß zeitlich unumkehrbar werden, wenn er instabil ist. Damit verbindet sich eine Begrenztheit des Begriffes „abgeschlossenes System". Es versteht sich, daß dieser Begriff stets eine Idealisierung darstellt — absolut abgeschlossene Systeme gibt es nicht. Sind jedoch sowohl die äußeren Einwirkungen als auch die Reaktion des Systems auf diese klein, kann man ein System (im Grenzwert) als abgeschlossen ansehen. Ist nun aber ein System stark instabil, dann führt so eine kleine Einwirkung zu einer deutlichen Änderung seines Zustands. Das System kann nicht mehr als abgeschlossen betrachtet werden. Kleine Ursachen vermögen in diesem Fall große Wirkungen hervorzurufen. Als einzige Betrachtungsweise für die kleinen Störungen kommt dabei die statistische in Frage, die von deren zufälligem Charakter ausgeht.

Die Instabilität eines mechanischen Systems — sagen wir einer Gesamtheit sich im Sinne der Instabilität ihrer Bahnen ungeordnet bewegender Moleküle — ist die Ursache des statistischen Charakters dieses Systems. Es erweist sich als unmöglich, das Verhalten eines solchen instabilen Systems in der Sprache der Mechanik zu beschreiben. Man muß statt dessen Wahrscheinlichkeiten — für diese oder jene Abweichung in der Bewegung eines Teilchens — einführen.

Die Beschreibung mit Wahrscheinlichkeiten ist vollkommen objektiv; in ihr drückt sich nicht unsere Unkenntnis aus, sondern objektiv existierende Instabilitäten, d. h. eine objektiv vorhandene Zufälligkeit des Verhaltens.

Als Folge der Unmöglichkeit, solches Verhalten eines mechanischen Systems vollständig zu beschreiben, entsteht die Irreversibilität. Die Unvollständigkeit der Beschreibung kann alles in allem verschiedene Ursachen haben: Unvollständigkeit in der Vorgabe der Anfangs- oder (bzw. und) Randbedingungen, Änderung der Kräfte im Verlaufe der Bewegung — Auftreten von Zufallskräften.

Man kann die Entstehung und Entwicklung einer Instabilität streng mathematisch analysieren. Betrachten wir eine Anzahl von Kugeln in einem Behälter, die elastische Stöße absolvieren. Als zweidimensionales Modell könnte ein Billardtisch (ohne Fanglöcher) und die Kugeln darauf dienen. Wir beginnen mit der exakt berechneten Bahn einer der Kugeln. Im Ergebnis eines jeden Stoßes wird diese Bahn von der berechneten abweichen, und sei es um einen sehr kleinen Winkel. Bei einer großen Zahl von Stößen wird die Abweichung zunehmen. Die Rechnung zeigt, daß die Abweichung exponentiell anwächst mit der Zahl der Stöße und demzufolge mit der Zeit. Es kommt zum „Vergessen“ der Anfangsbedingungen, der Anfangsbahn.

Wesentlich ist, daß man dafür keineswegs eine große Zahl von Kugeln benötigt. Im Gedankenexperiment kann man sich dieses nach SINAI benannte Billard als ein Gefäß vorstellen, dessen eine Wand (von Inneren aus betrachtet) konvex ist (Abb. 5.8). In diesem Fall reicht *eine* Kugel. Alle Bahnkurven dieser Kugel, die von den Wänden reflektiert wird, sind instabil. Zwei anfangs benachbarte Trajektorien laufen später unbegrenzt weit auseinander.

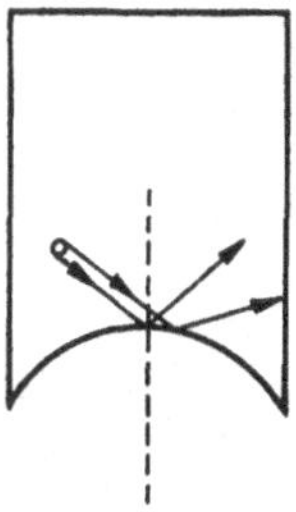

Abb. 5.8 Reflexion eines elastischen Teilchens von einer konvexen Gefäßwand

Somit ist die Laplacesche Determiniertheit unmöglich. Ein beliebiger Versuch, auf der Basis der Anfangsbedingungen und der Gesetze der Bewegung — und sei es einer einzigen Kugel in einem Gefäß mit einer konvexen Wand — die Zukunft vorauszusagen, stieße rasch auf Instabilitäten und endete mit einem totalen Fiasko.

Die Situation bekommt etwas Eigenartiges. In der Mechanik hat die Bahnkurve eines Körpers eine ganz reale Bedeutung. Es handelt sich um einen völlig strengen Begriff. Andererseits haben in der Mechanik Größen, die aus statistischer, wahrscheinlichkeitstheoretischer Mittelung hervorgehen, keinen konstruktiven Inhalt — es ist nutzlos, von der Temperatur eines mechanischen Systems oder von seiner Entropie zu sprechen. Rein mechanische Prozesse verlaufen adiabatisch, in diesem Verlauf kommt es zu keiner Änderung der Entropie, $\Delta S = 0$. In der Statistik ist es umgekehrt; der Begriff der Bahnkurve von Körpern verliert seinen Sinn, dafür kommen wohldefinierte statistische Kenngrößen ins Spiel — die Temperatur und die Entropie.

Die Energie hat ihre exakte Bedeutung sowohl in der Mechanik als auch in der Statistik.

Auf diese Weise ist die Entropie in der Tat ein objektives Maß unserer Unkenntnis, ein Maß für das Fehlen von Information über ein System (siehe Kapitel 7). Sie ist ein Maß für die prinzipielle Unmöglichkeit von Kenntnis, für eine bestimmte Instabilität von Bahnkurven und anderen mechanischen Charakteristiken eines Systems. Das Fehlen von Information ist eine Eigenschaft des Systems, nicht eine Eigenschaft des Betrachters. Wir hatten bereits gesehen, daß die Entropie eine Zustandsfunktion ist.

Das Schicksal des Universums

Droht der Welt Wärmetod? Zu dieser düsteren Prognose gelangten THOMSON und CLAUSIUS, nachdem sie das Gesetz des Anwachsens der Entropie in irreversiblen Prozessen entdeckt hatten. Das frappierendste daran ist, daß sie von einem technologischen Prozeß aus — der Arbeit einer Wärmekraftmaschine — zu einer derart allgemeinen kosmologischen Schlußfolgerung kamen.

Was heißt eigentlich „Wärmetod"?

Man denkt dabei an den Zustand der Materie, den Zustand des Weltalls, mit maximaler Entropie — den Zustand, der durch homogene Verteilung von Materie konstanter Temperatur charakterisiert ist. Alles würde absterben, sich in ein totes Chaos verwandeln. Nach dem zweiten Hauptsatz ist in einem abgeschlossenen System, das sich in einem solchen — dem wahrscheinlichsten — Zustand befindet, die Entstehung irgendwelcher Inhomogenitäten, irgendeiner Ordnung, die Entstehung von (hier greifen wir vor) Information unmöglich.

THOMSON, der die Statistik, die Wahrscheinlichkeitsinterpretation der Entropie noch nicht kannte, hielt den Wärmetod des Universums für unausweichlich.

BOLTZMANN, der den Zusammenhang von Entropie und statistischem Gewicht gefunden hatte, ging davon aus, daß der gegenwärtige, offenkundig inhomogene Zustand des Weltalls mit seinen Sternen und Galaxien das Ergebnis einer gigantischen Fluktuation ist. War das Weltall einst homogen und isotherm, dann konnte nur eine Fluktuation die Ursache seiner nachfolgenden Inhomogenität sein, und zwar eine riesige Fluktuation, mit demzufolge verschwindend geringer Wahrscheinlichkeit. Doch in kosmischen Zeiten, in Milliarden von Jahren kann alles geschehen, was man nur will ...

Alle diese Überlegungen entsprechen nicht mehr dem Stand der Kenntnisse über den Aufbau und die Geschichte des Weltalls.

Das Weltall befindet sich nicht im Zustand statistischen Gleichgewichts. Das gilt auch für ein beliebig großes, aber endliches Gebiet des Weltalls. Boltzmann suchte in einer Fluktuation die Erklärung für dieses Entferntsein vom Gleichgewicht. Die richtige Deutung lieferte erst die Allgemeine Relativitätstheorie. Im Weltall wirken Gravitationsfelder, die für die Entstehung von Sternen und Galaxien verantwortlich sind. Gemäß der Allgemeinen Relativitätstheorie bedeuten diese Felder die Änderung der Eigenschaften von Raum und Zeit. In der gewöhnlichen, nichtrelativistischen Physik, in deren Rahmen die Wärmetodhypothese formuliert wird, können die Eigenschaften von Raum und Zeit als äußere Bedingungen angesehen werden. Der zweite Hauptsatz gilt nur für stationäre äußere Bedingungen. Doch das Weltall ist nicht stationär, es expandiert. Es stellt ein System dar, das sich in einem veränderlichen Gravitationsfeld befindet.

Die Tatsache, daß die Gravitationskräfte Strukturbildung aus dem Chaos heraus bewirken können, daß sie aus dem kosmischen Staub Sterne hervorzubringen vermögen, war lange vor der Schaffung der Allgemeinen Relativitätstheorie bekannt — davon sprach bereits Newton. Der große norwegische Dramatiker Henrik Ibsen schrieb 1886 in dem Gedicht „Sterne im Nebel“:

> Zur Erde kam die Kunde:
> daß in unendlicher Ferne
> schweigendes Chaos bildet funkelnde Sterne,
> daß auch dort herrschen die Gesetze der Schwere.

Das Gedicht schließt mit der Strophe

> Im Norden die Nebel sich ballen,
> zwar heut noch chaotisch sie ziehen,
> den Gesetzen der Schwere gehorchend,
> werden bald dort Sterne erglühen.

Die Entropie des Weltalls wächst offensichtlich. Nach modernen Vorstellungen entstand das uns bekannte Weltall vor etwa 20 Milliarden Jahren aus einem heißen Plasmaklumpen, der jeglicher Struktur entbehrte. Die Strukturierung setzte nach einem „Urknall“ ein. Zuerst entstanden die Ruhmasse besitzenden Elementarteilchen, danach Atome. Die Gravitationskräfte sorgten für die Bildung von Sternen und Galaxien. Ein solcher Zusammenschluß von Materieteilchen geht einher mit Erhöhung der Temperatur, mit Freisetzung von Wärme, d. h. mit der Zunahme der Entropie der Umgebung. Die Entropie des Weltalls drückt sich in dem Verhältnis der Photonenzahl zur Zahl schwerer Teilchen — vor allem der Protonen — pro Volumeneinheit aus. Dieses Verhältnis charakterisiert den Grad der Aufheizung. Die Photonen im Kosmos stammen im wesentlichen aus der Reliktstrahlung, die im Moment des „Urknalls" ausgesendet wurde und sich seitdem abgekühlt hat. Ihre heutige Temperatur ist sehr niedrig, etwa 3 K. Die Zahl der Photonen beträgt annähernd 500 auf 1 cm^3. Die mittlere Stoffdichte im Weltall ist indessen etwa gleich 10^{-30} g/cm^3, was im Mittel einem Proton bzw. Neutron pro Kubikmeter entspricht. Somit liegt das Verhältnis von Photonen- zu Baryonenzahl in der Größenordnung von 10^9. Die spezifische Entropie des Weltalls ist sehr groß.

Das Schicksal des Weltalls hängt von einer Reihe von Erscheinungen ab, die noch ungenügend erforscht sind. Wir erwähnten (S. 86) das Neutrino, dieses von PAULI auf dem Papier entdeckte und erst später beobachtete Teilchen. Bis vor kurzem nahm man an, das Neutrino habe, wie die Photonen, keine Ruhmasse. Doch nun fanden sich Daten, die auf die Möglichkeit einer Ruhmasse beim Neutrino hinweisen. Bestätigt sich dies, so werden sich unsere Vorstellungen vom Weltall verändern. Der Kosmos enthält neben den Photonen eine große Anzahl von Neutrinos. Wenn sie eine Ruhmasse haben, dann ist die mittlere Stoffdichte im Weltall größer als gegenwärtig angenommen. Währenddessen kann das Weltall nur unbegrenzt expandieren — offen sein —, wenn die Stoffdichte kleiner als ein bestimmter kritischer Wert ist. Anderenfalls ist von einem geschlossenen Modell des Weltalls auszugehen; nachdem es bei der Expansion bestimmte endliche Ausmaße erreicht hat, beginnt das Weltall erneut zu kontrahieren.

Ein zweites Phänomen im Zusammenhang mit dem Schicksal der Welt ist die Instabilität des Protons. Gemäß bestimmten neuen Daten — sie sind noch bei weitem nicht vollständig — ist das Proton eventuell instabil, und seine Halbwertszeit beträgt mindestens 10^{32} Jahre. Im Universum finden ununterbrochen Strukturbildungsprozesse statt, begleitet von Entropieexport aus kollabierenden Gebieten und von Entropieanstieg. Indes bedeutet Entropieanstieg in einem nichtstationären System, das sich in einem veränderlichen Gravitationsfeld befindet, keineswegs Streben nach einer homogenen Verteilung und zum statistischen Gleichgewicht.

Es ist eben einfach so, daß wir allzuoft bei der Behandlung irgendwelcher Fragestellungen, die etwas mit Entropie zu tun haben, gewohnheitsmäßig mit dem Modell des idealen Gases operieren. Im idealen Gas gibt es aber keine Wechselwirkungen zwischen den

Molekülen. Im Weltall dagegen wirkt die Gravitation, die unbedingt zu berücksichtigen ist.

Die Behauptung der Thermodynamik, wonach ein geschlossenes System früher oder später in den Gleichgewichtszustand gelangt, gilt nur, wenn sich das System unter stationären äußeren Bedingungen befindet. Die Abhängigkeit der metrischen, räumlichen, Eigenschaften des expandierenden Weltalls von der Zeit heißt aber, daß solche Bedingungen nicht vorliegen. Es kommt nicht zum statistischen Gleichgewicht. Unter Berücksichtigung der Allgemeinen Relativitätstheorie folgt kein „Wärmetod“ des Weltalls.

Allerdings wird dieser Schluß nicht von allen anerkannt. In dem Buch „The Big Bang“ von J. Silk (San Franzisko 1980; russisch Moskau 1982) wird auch für ein offenes Weltall der Wärmetod für unausweichlich gehalten. Silk schreibt: „Leider ist die Zukunft des offenen Universums offenkundig nicht verlockend. Den Galaxien in diesem Weltall ist beschieden zu verlöschen, den Sternen, zu Asche zu verglühen und niemals aufs neue zu erstrahlen. Die Gravitation kann die Expansion eines solchen Weltalls nicht verhindern, die Gravitationskräfte werden in größten Maßstäben unwesentlich. Der Raum wird immer schwärzer, die Leere zwischen den Galaxienhaufen immer vollkommener. Mit der Erschöpfung der Vorräte an Kernenergie kann die Substanz der Gravitation und den von der Gravitation zusammengehaltenen Systemen in immer geringerem Maße Widerstand leisten. Die Galaxien und letzten Endes sogar die großen Galaxienhaufen werden unter Bildung gigantischer schwarzer Löcher kollabieren. Im Endergebnis wird die Materie extrem kalt, erreicht den absoluten Nullpunkt der Temperatur. Alle ‚Lebenskräfte‘ in diesem Universum werden allmählich schwächer und sterben ab, bis schließlich der Zustand absoluter Ruhe und Unveränderlichkeit eintritt. Ein unendlicher Raum, Kälte und Finsternis, eine Zukunft ohne Veränderungen — das ist das unausweichliche Schicksal des offenen Universums. Gewiß, es werden noch Milliarden und aber Milliarden von Jahren vergehen, bevor dieses Los das Universum ereilt; nichtsdestoweniger ist es unausweichlich, wenn das Weltall dazu bestimmt ist, ewig zu expandieren.“

Wir haben dieses umfangreiche Zitat gebracht, um zu zeigen, wie ein Kosmologe unserer Zeit mit Thomson einer Meinung ist. Indessen ist dieses düstere Bild nicht aus der Allgemeinen Relativitätstheorie abzuleiten.

Nebenbei gesagt, sind die thermodynamischen Eigenschaften

der schwarzen Löcher sehr interessant und unterscheiden sich deutlich von den von SILK beschriebenen.

Das offene Weltall strebt durchaus nicht dem Wärmetod zu. Um so mehr gilt dies für ein geschlossenes Weltall, das periodisch expandiert und kontrahiert. Für Geschlossenheit sprechen die wahrscheinliche Ruhmasse des Neutrinos und eine Reihe von Besonderheiten der Geschichte des Kosmos.

Die Strukturierung des Universums — die Existenz von Galaxien, Sternen und Planeten, das Vorhandensein von Leben auf der Erde — wird im Endeffekt durch den Export von Entropie in das auf sehr niedriger Temperatur (3 K) befindliche „Strahlungsmeer" bestimmt.

6. Offene Systeme

Entropieproduktion und Entropiefluß

Wir haben die ganze Zeit von abgeschlossenen Systemen gesprochen, von Systemen, die durch eine undurchdringliche Hülle vor der Außenwelt geschützt sind. Alle unsere Gesetze — auch der erste und zweite Hauptsatz der Thermodynamik — bezogen sich bisher auf abgeschlossene Systeme. Ist es innerhalb eines abgeschlossenen Systems aus irgendwelchem Grund zu einer Entfernung vom Gleichgewichtszustand, d. h. zu einem nichtmaximalen Wert der Entropie gekommen, so erreicht das System nach einer gewissen Zeit wieder den Gleichgewichtszustand, und seine Entropie nimmt ihren maximalen Wert an.

Aber wie verhält sich das bei einem offenen System, das also mit der Umgebung sowohl Stoff als auch Energie austauscht? Nach Beispielen müssen wir nicht weit suchen gehen: Jeder von uns, jeder lebende Organismus ist ein offenes System.

Es scheint, daß auf ein offenes System nicht nur der zweite Hauptsatz, sondern auch der Energieerhaltungssatz und das Lomonossowsche Gesetz der Erhaltung der Masse nicht anwendbar sind. Der Mensch hat etwas gegessen — sein Gewicht hat sich erhöht. Man kann dicker werden oder abmagern, und es erfordert Anstrengung (das ist tatsächlich anstrengend), sein Gewicht auf einem angemessenen (nicht zu hohen) Niveau zu halten.

Woraus setzt sich die Entropieänderung eines offenen Systems zusammen?

Erstens können innerhalb des Systems verschiedene Prozesse vonstatten gehen, in deren Ergebnis sich die Entropie des Systems um d_iS ändert. Zweitens gibt es einen Entropiefluß in das System hinein oder aus ihm heraus. Die Entropie ändert sich sowohl infolge von Wärmeaustausch mit der Umgebung als auch infolge von Stoffaustausch. Die Entropie ist eine Funktion des Zustands des Stoffes, mit dem Stoff zusammen wird Entropie in das System einoder aus ihm herausgeführt. Die mit ihrem Zu- oder Abfluß verbundene Änderung der Entropie wollen wir mit d_eS bezeichnen.

Folglich ist die Gesamtänderung der Entropie eines offenen Systems gleich

$$dS = d_iS + d_eS. \tag{6.1}$$

Das Vorzeichen von d_iS — der im System produzierten Entropie — ist stets positiv. In der Tat wird, wenn wir das System adiabatisch isolieren, d_eS gleich null, und d_iS bleibt erhalten. Nach dem zweiten Hauptsatz gilt in diesem Fall

$$dS = d_iS \geqq 0. \tag{6.2}$$

Das Gleichheitszeichen steht für den Fall, daß das System bereits das Gleichgewicht erreicht hat.

Das Vorzeichen von d_eS kann, in Abhängigkeit von den konkreten Bedingungen, sowohl positiv als auch negativ sein. Der Zufluß von Entropie in das System kann größer oder kleiner als ihr Abfluß sein. Insgesamt kann die Entropieänderung eines offenen Systems gemäß (6.1) positiv, negativ oder gleich null sein. Folgende Situationen sind möglich:

$$d_eS > 0, \qquad\qquad dS > 0;$$

$$d_eS < 0, \quad |d_eS| < d_iS, \quad dS > 0;$$

$$d_eS < 0, \quad |d_eS| > d_iS, \quad dS < 0;$$

$$d_eS < 0, \quad |d_eS| = d_iS, \quad dS = 0.$$

Am interessantesten sind die beiden letzten Fälle: Entropieabnahme eines offenen Systems, weil mehr Entropie exportiert als im System produziert wird, und der Fall der Kompensation von Entropieproduktion und -export.

Wenn im System keine Entropie produziert wird und mit der Umgebung nur Wärmeaustausch stattfindet, dann ist

$$dS = d_eS = \frac{d'Q}{T}. \tag{6.3}$$

Diese Formel kennen wir bereits (siehe S. 51). Entropiefluß bedeutet hier ganz einfach Wärmefluß. Wird gleichzeitig im System Entropie produziert, gilt

$$dS = d_iS + d_eS = d_iS + \frac{d'Q}{T}, \tag{6.4}$$

und wir erhalten die für irreversible Prozesse gültige Beziehung

$$\mathrm{d}S \geqq \frac{\mathrm{d}'Q}{T}, \tag{6.5}$$

die uns ebenfalls schon bekannt ist (S. 53). Das Gleichheitszeichen gilt nur für $\mathrm{d_i}S = 0$.

In Systemen, in denen physikalische, chemische oder biologische Prozesse stattfinden, wird stets Entropie produziert. Diese Produktion erfolgt mit einer bestimmten Geschwindigkeit, die lediglich unter Gleichgewichtsbedingungen gleich null, sonst aber stets positiv ist:

$$\frac{\mathrm{d_i}S}{\mathrm{d}t} \geqq 0. \tag{6.6}$$

Bezeichnen wir die Entropieproduktion pro Zeiteinheit und pro Volumeneinheit des offenen Systems mit σ, so können wir schreiben:

$$\frac{\mathrm{d_i}S}{\mathrm{d}t} = \int \sigma \,\mathrm{d}V \geqq 0. \tag{6.7}$$

Die Größe σ heißt Dissipationsfunktion oder Dichte der Entropieproduktion.

Die Beziehungen (6.6) und (6.7) unterscheiden sich prinzipiell von den Beziehungen der Thermodynamik und der statistischen Physik, die wir bisher abgeleitet und benutzt haben: Sie enthalten die Zeit! Bestimmt wird die Geschwindigkeit der Entropieproduktion, also eine Zeitableitung.

Dies bedeutet Übergang von der Thermostatik, die die klassische

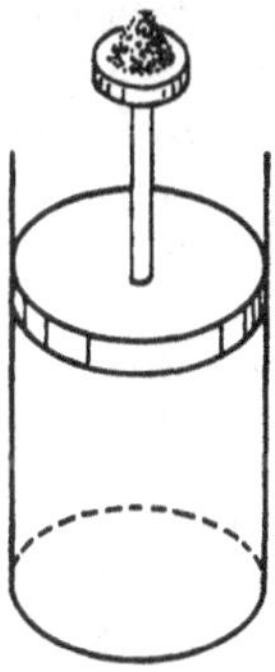

Abb. 6.1 Expansion eines Gases als Quasigleichgewichtsprozeß

Thermodynamik genaugenommen darstellt, zur tatsächlichen Dynamik, zur Kinetik. Die Thermostatik untersucht Gleichgewichtsprozesse, d. h. Prozesse, die sehr langsam ablaufen, so daß sich in jedem Prozeßschritt Gleichgewicht einstellt. Die Gleichgewichtsexpansion eines Gases kann man beispielsweise mit folgendem Modell darstellen: Ein in einem Zylinder beweglicher Kolben trägt als Last ein Häufchen Sand (Abb. 6.1), von dem wir ein Körnchen nach dem anderen wegnehmen.

Die Beziehungen (6.6) und (6.7) beziehen sich auf Nichtgleichgewichtsprozesse. Insofern bringen sie uns der Wirklichkeit näher, denn Gleichgewichtsprozesse kommen in der Natur nicht vor; sie sind eine Idealisierung.

Aufgabe der Physik ist es herauszubekommen, wovon und in welcher Weise die Geschwindigkeit der Entropieproduktion und die zugehörige spezifische Größe, die Dissipationsfunktion, abhängig sind.

Die Dissipationsfunktion

Wie bereits gesagt, findet Entropieproduktion in beliebigen physikalischen, chemischen und biologischen Prozessen statt. Nehmen wir an, ein System — es ist zunächst unwesentlich, ob ein offenes oder ein abgeschlossenes — enthalte zwei Körper verschiedener Temperaturen, die miteinander in Kontakt gebracht werden. Ohne Zweifel wird es in diesem physikalischen System, sobald die Körper einander berühren, zu einem Wärmestrom vom wärmeren zum weniger warmen Körper kommen. Der Strom dauert an, solange ein Temperaturunterschied besteht. Infolge der Wärmeleitung wird Entropie produziert.

Wie wir ein weiteres Mal sehen, ist der Temperaturunterschied Triebkraft der Entropieproduktion. In diesem Zusammenhang sei nachdrücklich auf einen ganz allgemeinen physikalischen Grundsatz hingewiesen:

Nur Unterschiede führen zu Effekten, die ihrerseits wieder Unterschiede repräsentieren.

Aufgrund von Temperaturunterschieden entsteht ein von null verschiedener Energiefluß. In den Prozessen der Entropieproduktion ist stets ein Strom — die Änderung irgendeiner physikalischen Größe — vorhanden und eine Kraft, die diesen Strom hervorruft. Im gegebenen Fall handelt es sich um den Energiestrom $\mathrm{d}E/\mathrm{d}t$; und die ihn verursachende Kraft ist die Temperaturdifferenz. Allerdings ist die Temperaturabhängigkeit der Entropie so beschaffen, daß wir mit der Differenz der Reziprokwerte der Temperatur rechnen müssen. Dadurch ändert sich nichts am Wesen der Sache, denn es gilt

$$\frac{1}{T_2} - \frac{1}{T_1} \equiv \frac{T_1 - T_2}{T_1 T_2}, \qquad T_1 > T_2.$$

Für den Fall der Wärmeleitung können wir die Dissipationsfunktion folgendermaßen darstellen:

$$\sigma = \frac{\mathrm{d}E}{\mathrm{d}t}\left(\frac{1}{T_2} - \frac{1}{T_1}\right). \tag{6.8}$$

Da σ die auf die Volumeneinheit bezogene Entropieproduktion ist, müssen wir für $\mathrm{d}E/\mathrm{d}t$ die Energieänderung pro Volumenelement einsetzen. Es ist leicht zu sehen, daß damit die Dimensionen der beiden Seiten von Gleichung (6.8) übereinstimmen.

Die Bedingung $\sigma > 0$ ist erfüllt. Tatsächlich ist $\mathrm{d}E/\mathrm{d}t$, der Strom thermischer Energie, von T_1 bis T_2 positiv für $T_2 < T_1$, was ja aber $1/T_2 - 1/T_1 > 0$ bedeutet. Ist umgekehrt $T_1 < T_2$, dann gilt $1/T_2 - 1/T_1 < 0$, aber auch $\mathrm{d}E/\mathrm{d}t < 0$.

Die Dissipationsfunktion kann ganz allgemein als das Produkt aus Strömen und den sie erzeugenden Kräften dargestellt werden.

Es soll einmal nicht um Wärme-, sondern um elektrische Leitung gehen. In diesem Falle fließt ein Strom von Ladungen (z. B. Elektronen), ein elektrischer Strom. Als die ihn erzeugende Kraft tritt die Spannung auf, d. h. der Potentialunterschied. Wiederum wird ein Effekt — der elektrische Strom — durch einen Unterschied hervorgerufen. Die Dissipationsfunktion hat die Gestalt

$$\sigma = j\,\frac{\varphi_1 - \varphi_2}{T}. \tag{6.9}$$

Dabei stellt die Stromdichte j die Zeitableitung der Ladungsdichte dar, und $\varphi_1 - \varphi_2$ bezeichnet den Potentialunterschied. Es sei daran erinnert, daß $j(\varphi_1 - \varphi_2)$ die spezifische elektrische Leistung ist, also spezifische Energie, geteilt durch die Zeit. Aus Dimensionsbetrachtungen folgt, daß in dem Ausdruck für die Dissipationsfunktion — für die Entropieproduktionsdichte — die spezifische elektrische Leistung durch die Temperatur zu dividieren ist. Auch in elektrischen Prozessen wird Entropie produziert.

Finden in einem System chemische Reaktionen statt, so wird ebenfalls Entropie produziert. Eine chemische Reaktion verläuft, wie bereits gesagt (S. 63), in Richtung abnehmender freier Energie (bzw. freier Enthalpie). In der Thermodynamik werden sogenannte chemische Potentiale eingeführt. Deren Differenzen, die die chemische Reaktion bestimmen, werden als Affinität A bezeichnet. Die Affinität ist die Triebkraft von Reaktionen. Die Rolle des Stromes übernimmt hier die chemische Reaktionsgeschwindigkeit v, d. h. die Zahl der pro Zeiteinheit an Stoff umgesetzten Mole. Wir erhalten

$$\sigma = \frac{vA}{T}. \tag{6.10}$$

Schauen wir uns noch die Dimensionen an. Die Reaktionsgeschwindigkeit hat die Dimension Stoffmenge durch Zeit. Die Affinität ist der chemischen Potentialunterschied, bezogen auf die Volumeneinheit. Das chemische Potential hat die Dimension Energie durch Stoffmenge. Damit ergibt sich für die Dimension von σ

$$\frac{\text{Stoffmenge}}{\text{Zeit}} \cdot \frac{\text{Energie}}{\text{Stoffmenge} \cdot \text{Volumen}} \cdot \frac{1}{\text{Temperatur}},$$

d. h. Energie, geteilt durch Zeit, Volumen und Temperatur, also die Dimension der Dissipationsfunktion.

In allen genannten Fällen sind die ablaufenden Prozesse irreversibel. In Nichtgleichgewichtssystemen können mehrere solcher Prozesse gleichzeitig stattfinden.

Im Gleichgewicht gehen sowohl die Kräfte als auch die Ströme gegen null. Die Entropie hat ihr Maximum erreicht und nimmt nicht weiter zu. Im Gleichgewicht ist $T_1 = T_2$, und der Energiestrom bricht ab, $\mathrm{d}E/\mathrm{d}t = 0$; bzw. $\varphi_1 = \varphi_2$, und der elektrische Strom hört auf zu fließen, $j = 0$; oder aber die Affinität ist gleich null, $A = 0$, und die Reaktion kommt zum Stillstand, $v = 0$. Bei geringen Abweichungen vom Gleichgewicht bestehen lineare Beziehungen zwischen den Strömen und Kräften, d. h., es liegt eine einfache Proportionalität vor. Im Falle der Wärmeleitung ist der Wärmestrom, d. h. der Energiestrom $\mathrm{d}E/\mathrm{d}t$, proportional zum Temperaturunterschied $T_1 - T_2$. Beim analogen elektrischen Vorgang ist der elektrische Strom proportional zum Potentialunterschied. Genau dies besagt auch das Ohmsche Gesetz

$$j = g(\varphi_1 - \varphi_2), \tag{6.11}$$

wobei g die elektrische Leitfähigkeit, den reziproken spezifischen Widerstand bezeichnet. Beim chemischen Prozeß schließlich ist die Reaktionsgeschwindigkeit proportional zur Affinität.

Laufen mehrere irreversible Prozesse gleichzeitig ab, so erweisen sie sich als miteinander gekoppelt. Das bedeutet, daß der Strom, der einen dieser Prozesse charakterisiert, auch von den Kräften abhängt, die für die übrigen Prozesse ausschlaggebend sind.

Nehmen wir an, es finden zwei irreversible Prozesse (z. B. Wärmeleitung und Diffusion) gleichzeitig statt. Die entsprechenden Ströme bezeichnen wir mit J_1 und J_2, die Kräfte mit X_1 und X_2. Dann gilt

$$\sigma = J_1X_1 + J_2X_2 \geqq 0 \tag{6.12}$$

und außerdem

$$\begin{aligned} J_1 &= L_{11}X_1 + L_{12}X_2, \\ J_2 &= L_{21}X_1 + L_{22}X_2. \end{aligned} \tag{6.13}$$

L_{11}, L_{12}, L_{21} und L_{22} sind Proportionalitätskoeffizienten. Die Gleichungen (6.13) sind linear, sie beschreiben eine einfache Proportionalität zwischen den Strömen J_1, J_2 und den Kräften X_1, X_2. Eine solche Linearität liegt vor, wenn sich das System in der Nähe des Gleichgewichts befindet. Für diesen Fall ergibt sich

$$L_{12} = L_{21}. \tag{6.14}$$

Diese Proportionalitätskoeffizienten, die sogenannten phänomenologischen Koeffizienten, sind symmetrisch in bezug auf die Indizes. Die physikalische Bedeutung der Bedingung (6.14) besteht darin, daß der von der Kraft X_2 erzeugte Strom J_1 derselbe ist wie der durch die Kraft X_1 hervorgerufene Strom J_2. Die Beziehung (6.14) ist die sogenannte Onsager-Relation.

Wir setzen (6.13), unter Berücksichtigung von (6.14), in (6.12) ein und erhalten

$$\sigma = L_{11}X_1^2 + 2L_{12}X_1X_2 + L_{22}X_2^2 \geqq 0. \tag{6.15}$$

Diese quadratische Form muß positiv definit sein. Die Koeffizienten L_{11} und L_{22} sind mit Sicherheit positiv: Für $X_2 = 0$ ist $\sigma = L_{11}X_1^2 > 0$ und demzufolge $L_{11} > 0$; für $X_1 = 0$ gilt $\sigma = L_{22}X_2^2 > 0$, also $L_{22} > 0$.

Was L_{12} betrifft, so kann das Vorzeichen beliebig sein, aber die Größe (6.15) ist nur dann positiv definit, wenn

$$L_{12}^2 < L_{11}L_{22} \tag{6.16}$$

erfüllt ist. Damit haben wir gezeigt, daß der zweite Hauptsatz zu einer Beschränkung der Stärke der Kopplungen führt.

Wir betrachteten nur zwei Ströme und zwei Kräfte — ohne Beschränkung der Allgemeinheit. Die Zahl der Ströme und Kräfte kann jedoch in vielen Fällen recht groß sein.

Von großer Bedeutung ist die Tatsache, daß die positive Definitheit von σ bedeutet, daß die Summe der Produkte von Strömen und Kräften (6.12) positiv ist. Die einzelnen Summanden können auch negativ sein. Es sei $J_1X_1 > 0$, aber $J_2X_2 < 0$. Für $J_1X_1 > |J_2X_2|$ ist die Bedingung $\sigma > 0$ erfüllt. Daraus ergeben sich außerordentlich wichtige Konsequenzen. Ein negativer Wert von J_2X_2 bedeutet, daß dieser irreversible Prozeß für sich genommen unmöglich ist: Er verläuft unter Abnahme statt Zunahme der Entropie. Doch der gleichzeitig ablaufende Prozeß mit $J_1X_1 > 0$, der mehr Entropie freisetzt, also in dem mit 2 indizierten Prozeß verlorengeht, macht letzteren in einem offenen System möglich.

Als Beispiel schauen wir uns die verblüffende Erscheinung der Thermodiffusion an. Wir haben einen Behälter, der mit einem homogenen Gemisch zweier Gase gefüllt ist. Befindet sich der Behälter auf konstanter Temperatur, dann ist dieses Gemisch im Gleichgewicht und seine Entropie maximal. Haben dagegen zwei Wände des Behälters verschiedene Temperaturen, so kommt es zu einer partiellen Entmischung — an der wärmeren Wand ist der Gehalt des einen Gases erhöht, an der kälteren der des anderen. Der Entropieverlust bei der Entmischung der Gase wird von dem Entropiegewinn infolge der Wärmeleitung übertroffen.

Wir haben soweit einige Grundgedanken der sogenannten linearen Thermodynamik offener Systeme, die in der Nähe des Gleichgewichts ihre Gültigkeit hat, dargelegt. Dabei haben wir uns mit den besonderen Eigenschaften solcher Systeme bekannt gemacht, darunter mit der Möglichkeit, in diesen Systemen Prozesse zu realisieren, die mit einer Senkung der Entropie einhergehen, indem man derartige Prozesse mit solchen koppelt, die in bezug auf die Entropiebilanz günstig sind.

Im nächsten Abschnitt geht es um andere, nicht weniger wichtige und interessante Besonderheiten offener Systeme.

Dieses Gebiet der Nichtgleichgewichtsthermodynamik wurde besonders in den Arbeiten der Physiker TH. DE DONDER, L. ONSAGER und I. PRIGOGINE entwickelt. Letztere erhielten für ihre Leistungen auf diesem Gebiet den Nobelpreis. Vorstellungen zu einer linearen Nichtgleichgewichtsthermodynamik finden sich jedoch auch schon in der 1937 veröffentlichten Arbeit „Zur Theorie der Schallabsorption in Flüssigkeiten" von L. I. MANDELSTAM und M. A. LEONTOWITSCH.

Ein Kosmonaut lebt von negativer Entropie

Das ist ja alles interessant, wichtig, nützlich — wie aber bekommen wir nun die Hauptsätze der Thermodynamik und die offenen Systeme unter einen Hut? Die Hauptsätze gelten doch zunächst nur für abgeschlossene Systeme.

Die Antwort auf diese Frage ist hinreichend einfach. Man muß das offene System zusammen mit seiner Umgebung — mit den Stoff- und Energiequellen — betrachten und dies alles gemeinsam durch eine adiabatische, abschließende Umhüllung von der Umwelt trennen. Dann können wir auf ein solches System die Gesetze der Thermodynamik abgeschlossener Systeme anwenden und zu wichtigen Folgerungen gelangen.

Ein Kosmonaut in der Kabine eines Raumschiffs gibt dafür ein gutes Modell ab. Werden doch in der Tat alle Anstrengungen unternommen, um das Innere des Raumschiffs gegen den umgebenden kosmischen Raum zu isolieren. Im Inneren der Kabine befinden sich der Kosmonaut sowie Vorräte an Nahrung, Wasser und Luft. Wir wollen die Entropiebilanz ermitteln.

Der Kosmonaut ist ein offenes System. Die Änderung seiner Entropie ist gleich

$$\mathrm{d}S^{(K)} = \mathrm{d_i}S^{(K)} + \mathrm{d_e}S\,.$$

Der Entropiestrom $\mathrm{d_e}S$ wird durch den Entropieaustausch mit der Umgebung bestimmt — durch den Austausch von thermischer Energie und von Stoffen. Dementsprechend ist die Entropieänderung des den Kosmonauten umgebenden Mediums

$$\mathrm{d}S^{(M)} = -\mathrm{d_e}S$$

und die Gesamtänderung der Entropie

$$\mathrm{d}S = \mathrm{d}S^{(K)} + \mathrm{d}S^{(M)} = \mathrm{d_i}S^{(K)} > 0\,. \tag{6.17}$$

In Übereinstimmung mit dem zweiten Hauptsatz wächst die Entropie des abgeschlossenen Systems um den Betrag der Entropieproduktion im Organismus des Kosmonauten.

Der Kosmonaut ist ein gesunder junger Mensch. Sein Zustand hält sich während des Fluges auf gleichbleibendem Niveau. Das bedeutet, daß die Entropie des Kosmonauten (und ebenso seine Masse und Energie) konstant bleibt, ihre Änderung ist gleich null:

$$dS^{(K)} = d_i S^{(K)} + d_e S = 0. \tag{6.18}$$

Wegen $d_i S^{(K)} > 0$ muß $d_e S$ negativ sein. Im stationären Zustand eines offenen Systems wird die Entropieproduktion im Inneren des Systems durch den Entropieexport nach außen exakt kompensiert. Tatsächlich läßt sich zeigen, daß die Entropie der von einem lebenden Organismus ausgeschiedenen Stoffe höher ist als die Entropie der Stoffe, die er verbraucht.

1944 veröffentlichte einer der Schöpfer der Quantenmechanik, Erwin Schrödinger, ein kleines Buch mit dem Titel „Was ist Leben?" Wir erwähnten es bereits auf S. 78. Das Erscheinen dieses Buches erwies sich als ein Ereignis von großer Tragweite; die Ideen Schrödingers spielten eine bedeutsame Rolle bei der Entwicklung ider modernen Biologie. In dem Buch werden u. a. die Grundzüge der Thermodynamik lebender, d. h. offener, Systeme behandelt.

Wovon lebt ein Organismus? Wir sprechen gewöhnlich darüber, wieviel Kalorien oder Joule wir mit der Nahrung aufnehmen. Heißt das, wir leben von diesen Kalorien oder Joule, wir fügen zu der im Organismus enthaltenen Energie ständig neue hinzu? Natürlich nicht. Wenn sich der Organismus im stationären Zustand befindet, dann ist die Energie in ihm konstant. Zitieren wir dazu Schrödinger:

„Was aber ist dann jenes kostbare Etwas, das in unserer Nahrung steckt und uns vor dem Tod bewahrt? Diese Frage ist leicht zu beantworten. Jeder Prozeß, jede Erscheinung, jedes Ereignis — man nenne es, wie man will —, kurzum, alles, was in der Natur geschieht, bedeutet einen Anstieg der Entropie in dem Teil der Welt, wo das Geschehnis stattfindet. So vergrößert auch ein lebender Organismus ständig seine Entropie oder, anders gesagt, produziert positive Entropie und nähert sich auf diese Weise dem gefährlichen Zustand maximaler Entropie, der seinen Tod bedeutet. Er kann diesem Zustand nur entgehen, d. h. am Leben bleiben, indem er der Umgebung ununterbrochen negative Entropie — die, wie wir gleich sehen werden, etwas durchaus Positives darstellt —

entzieht. Negative Entropie — das ist es, wovon der Organismus lebt. Oder, um es weniger paradox zu formulieren, das wesentliche am Stoffwechsel besteht darin, daß es dem Organismus gelingen muß, sich all der Entropie wieder zu entledigen, die er gezwungen ist zu produzieren, solange er lebt."

Von negativer Entropie zu leben heißt mehr Entropie abzugeben, als dem Organismus zugeführt wird, heißt Aufrechterhaltung des stationären Zustands durch Entropieexport.

In den Betrachtungen EMDENS über die Beheizung von Räumen hatten wir Überlegungen gefunden (S. 78), die im Grunde analog zu den Ausführungen SCHRÖDINGERS sind.

Ein stationärer Zustand ist nur in einem offenen System möglich. Er ist in seinem Wesen ein „Fließgleichgewicht". Im stationären Zustand zeigt ein offenes System eine Reihe von Besonderheiten.

Als Modell für eine chemische Reaktion verwendeten wir weiter oben (S. 61) das Abfließen einer Flüssigkeit aus einem Gefäß in ein anderes. Stellen wir uns nun anhand des gleichen Modells ein offenes chemisches System vor (Abb. 6.2). Das Modell versteht sich damit als Fließvorgang: die Flüssigkeit soll ständig in gleicher Menge von oben zu- und nach unten abfließen. Die Rolle des Katalysators übernimmt im Modell wiederum die Öffnung des Absperrhahns. Ist das System abgeschlossen, so ist das Endergebnis — der Stand des Flüssigkeitsspiegels im unteren Gefäß — unabhängig von der Stellung des Hahnes, der Katalysator beeinflußt lediglich die Geschwindigkeit des Prozesses, nicht aber dessen Resultat. Im offenen System dagegen bestimmt die Öffnung des

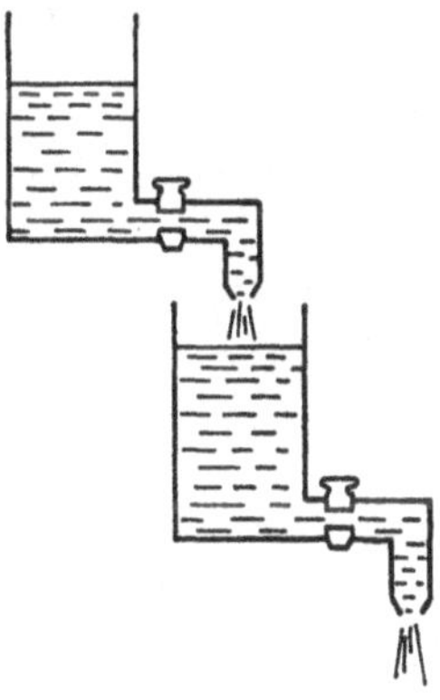

Abb. 6.2 Modell einer chemischen Reaktion im offenen System

Hahnes nicht nur die Geschwindigkeit, sondern auch den Flüssigkeitsstand in den Gefäßen, d. h. das Ergebnis des Prozesses.

Wie PRIGOGINE zeigte, hat die Dissipationsfunktion im stationären Zustand ein Minimum, wenn der betreffende stationäre Zustand eines offenen Systems in der Nähe des Gleichgewichts liegt. Mit anderen Worten, im Vergleich mit anderen Zuständen des Systems ist die Entropieproduktion im stationären Zustand am niedrigsten.

Das bedeutet, daß mit der Annäherung an den stationären Zustand die Dissipationsfunktion abnimmt:

$$\frac{d\sigma}{dt} < 0$$

und schließlich ihren kleinsten Wert mit

$$\frac{d\sigma}{dt} = 0$$

annimmt. Dieses Verhalten ist in Abbildung 6.3 wiedergegeben. Der stationäre Zustand ist stabil, ein lineares System verläßt ihn nicht spontan. Genauso verhält sich das in Abbildung 6.2 dargestellte Durchflußsystem: Für eine vorgegebene Stellung der beiden Hähne stellen sich entsprechende konstante Flüssigkeitspegel in den Gefäßen ein — solange die Flüssigkeit fließt.

Der Zustand der Biosphäre als Ganzes kann als stationär angesehen werden; die umweltzerstörende Tätigkeit der Menschen hat Temperatur und Zusammensetzung der Atmosphäre noch nicht merklich verändert. Wir müssen jedoch anmerken, daß der stationäre Zustand der Biosphäre weitab vom thermodynamischen Gleichgewicht ist. Aus diesem Grunde liegt hier kein Minimum der Entropieproduktion vor.

Für die Realisierung eines stationären Zustands bedarf es zweier Zeitskalen, eines schnellen und eines langsamen Prozesses. Wir

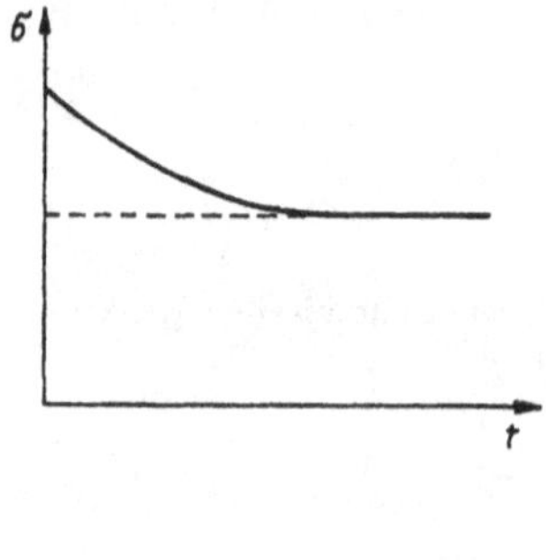

Abb. 6.3 Zeitabhängigkeit der Dissipationsfunktion — Annäherung an den stationären Zustand

wollen dies an einem einfachen Beispiel erläutern. Es seien zwei Körper verschiedener Temperaturen, T_1 und T_2, gegeben. Diese Körper verbinde ein dünner Kupferdraht von hoher Wärmeleitfähigkeit. Die Wärme fließt durch diesen Draht von T_1 nach T_2, und zwar so lange, bis die Temperaturen ausgeglichen sind. Der Wärmeleiter kommt rasch in einen stationären Zustand, in dem der Wärmefluß durch den Drahtquerschnitt konstant ist. Die zweite, langsame Zeitskala charakterisiert den Temperaturausgleich.

Werden die Temperaturen T_1 und T_2 der beiden Körper konstant gehalten (beispielsweise durch zwei entsprechende Wärmebäder), dann findet selbstverständlich kein Temperaturausgleich statt.

Der stationäre Zustand der Biosphäre verdankt seine Entstehung und Aufrechterhaltung dem Strahlungsfluß der Sonne. Dieser stellte sich mit dem Auftreten grüner Pflanzen vergleichsweise schnell ein. Die Photosynthese in diesen Organismen führte auch zur Bildung einer sauerstoffhaltigen Atmosphäre. Die langsame Zeitskala kennzeichnet in diesem Fall den kosmischen Prozeß des Erlöschens der Sonne.

Wir setzen jetzt einmal einen Säugling und einen Greis in Raumschiffe. Der Zustand dieser Organismen ist nicht stationär. Das Kind befindet sich im Wachstum, es wachsen seine Masse und Energie und auch sein Ordnungsgrad. Dementsprechend verringert sich die Entropie, also

$$\mathrm{d}S^{(\mathrm{K})} = \mathrm{d_i}S^{(\mathrm{K})} + \mathrm{d_e}S < 0, \tag{6.19}$$

d. h., aufgrund des intensiveren Stoffwechsels wird die Entropieproduktion durch den Entropieexport überkompensiert — das Kind verbraucht mehr „negative Entropie“.

Im Gegensatz dazu geht das Altern mit einem Anstieg der Entropie einher, der durch den Export nicht mehr kompensiert wird:

$$\mathrm{d}S^{(\mathrm{K})} = \mathrm{d_i}S^{(\mathrm{K})} + \mathrm{d_e}S > 0. \tag{6.20}$$

Wie schrieb doch ein alternder Physiker:

Entropie mich verzehrt
Stück für Stück.
Jedes Jahr ist gezählt,
jedes Gramm, jeder Meter.

Die Entropie erreicht ihr Maximum im Gleichgewicht — im Tode.

Warum teilen sich Zellen?

Elementare Überlegungen zur Thermodynamik offener Systeme lassen uns verstehen, warum eine lebende Zelle sich teilt.

Eine Zelle ist ein offenes System. Die Entropiebilanz wird durch die Beziehung (6.1) wiedergegeben:

$$\Delta S = \Delta_i S + \Delta_e S.$$

Der Einfachheit halber betrachten wir die Zelle als eine Kugel mit dem Radius r. Die Entropieproduktion innerhalb der Zelle, $\Delta_i S$, ist proportional zu ihrem Volumen $(4/3)\,\pi r^3$; der Entropieexport aus der Zelle heraus, $\Delta_e S$, ist proportional zu ihrer Oberfläche $4\pi r^2$. Damit gilt:

$$\Delta S = A\,\frac{4}{3}\,\pi r^3 - B \cdot 4\pi r^2;$$

A und B sind entsprechende Dimensionsfaktoren. Die Zelle wächst, r wird größer. Bei $r = 3B/A$ ist der stationäre Zustand erreicht, $\Delta S = 0$. Bei kleineren Werten von r ist $\Delta S < 0$, der Entropieexport übertrifft die Entropieproduktion, und die Zelle kann wachsen. Bei $r > 3B/A$ dagegen ist $\Delta S > 0$, d. h., in der Zelle sammeln sich Stoffe mit überschüssiger Entropie, und die Zelle überhitzt sich. Sie muß sich deshalb bei $r = 3B/A$ teilen, anderenfalls geht sie zugrunde. Das Volumen ändert sich dabei nicht, aber die Oberfläche wächst. Die im Ergebnis der Teilung entstandenen Tochterzellen haben den Radius

$$r' = r/\sqrt[3]{2},$$

denn es gilt $r^3 = 2r'^3$. Wir erhalten

$$\Delta S = A\,\frac{8}{3}\,\pi r'^3 - 2B \cdot 4\pi r'^2$$

und für $r = 3B/A$ $\left(r' = 3B/\left(A\,\sqrt[3]{2}\right)\right)$

$$\Delta S = 36\pi\,\frac{B^3}{A^2}\left(1 - \sqrt[3]{2}\right) < 0.$$

Nach der Teilung übertrifft der Entropieexport die Entropieproduktion:

$$|\Delta_e S|/\Delta_i S = \sqrt[3]{2},$$

er beträgt das 1,26fache.

Die Thermodynamik erklärt die Notwendigkeit der Zellteilung, aber sie vermittelt natürlich keinerlei Kenntnisse über den Mechanismus dieses außerordentlich komplizierten Prozesses. Die Thermodynamik ist eine phänomenologische Wissenschaft.

Das Wachstum von Organismus, die stets aus Zellen bestehen, unterscheidet sich grundsätzlich vom Wachsen eines Kristalls aus der Schmelze bzw. aus der Lösung. Im ersteren Falle sind Zellteilung und Wachstum des Organismus unmittelbar mit einem Entropieexport in die Umgebung verbunden. Es handelt sich um Nichtgleichgewichtsprozesse. Das Kristallwachstum ist ein Gleichgewichtsprozeß, zu dem es bei gleicher freier Enthalpie von Kristall und Schmelze kommt, ein Gleichgewichts-Phasenübergang. Biologische Entwicklung hat offensichtlich ebenfalls den Charakter von Phasenübergängen, aber von solchen im Nichtgleichgewicht.

Weitab vom Gleichgewicht

Das Wachstum eines Kindes und die vorangegangene Embryonalentwicklung seines Organismus bedeuten wie gesagt ein Anwachsen des Ordnungsgrades. Der Embryo entsteht aus einer befruchteten Eizelle, und bei seiner Entwicklung — der Ontogenese — kommt es zur Morphogenese, zur Herausbildung bestimmter Strukturen, d. h. von Gewebe und Organen. Ein anderes Beispiel für Strukturbildung ist die Entstehung von Galaxien und Sternen im Kosmos.

Derartige Prozesse bedeuten eine Verringerung der Entropie eines offenen Systems, den Export von Entropie in die Umgebung gemäß Ungleichung (6.19), wenn die Bedingungen

$$d_e S < 0, \qquad |d_e S| > d_i S > 0 \tag{6.21}$$

erfüllt sind. Diese Bedingungen können nur weitab vom Gleichgewicht eintreten — in Gleichgewichtsnähe dominiert $d_i S$ —, und im Extremfall kann sich ein stationärer Zustand einstellen. Unser Kosmonaut übrigens, jung und gesund, ist vom Gleichgewicht sehr weit entfernt.

Damit es in einem offenen System zur Strukturbildung kommt,

d. h. zu einer radikalen Erhöhung der Ordnung, muß der Entropieexport einen bestimmten kritischen Wert überschreiten.

Ein Entropieexport, der die innere Entropieproduktion übersteigt, erfordert eine Art „Entropiepumpe“, die aus dem offenem System Entropie heraussaugt. Eine solche Entropiepumpe kann sich sowohl außerhalb als auch innerhalb des Systems befinden. Wir wollen die thermodynamischen Bedingungen für den Betrieb der Pumpe ermitteln.

Die Änderung der freien Energie eines offenen Systems bei konstanter Temperatur und konstantem Volumen ist gleich (vgl. S. 55)

$$\mathrm{d}F = \mathrm{d_i}F + \mathrm{d_e}F = \mathrm{d}E - T\,\mathrm{d}S = \mathrm{d_i}E + \mathrm{d_e}E - T\,\mathrm{d_i}S - T\,\mathrm{d_e}S\,.$$

Dabei ist $\mathrm{d_i}E = 0$, die Energie des Systems kann sich nur durch Austausch mit der Umgebung ändern. Folglich gilt

$$\mathrm{d_e}F = \mathrm{d_e}E - T\,\mathrm{d_e}S = \mathrm{d}E - T\,\mathrm{d_e}S\,,$$

und aus den Bedingungen (6.21) erhalten wir

$$\mathrm{d_e}F > \mathrm{d}E + T\,\mathrm{d_i}S\,. \tag{6.22}$$

Damit es zum Entropieexport, zum Abfluß von Entropie aus dem System kommt, muß freie Energie in einem Betrag eingeführt werden, der die Änderung der inneren Energie und den durch die Entropieproduktion bestimmten Beitrag abdeckt. Nehmen wir den Prozeß nicht als isochor, sondern als isobar an, dann müssen wir mit der freien Enthalpie statt mit der freien Energie rechnen. Die Entropieexportbedingung lautet in diesem Fall

$$\mathrm{d_e}G > \mathrm{d}H + T\,\mathrm{d_i}S\,. \tag{6.23}$$

Unter stationären Bedingungen, wenn sich die innere Energie bzw. die Enthalpie nicht ändert,

$$\mathrm{d}E = \mathrm{d}H = 0\,,$$

erhalten wir

$$\mathrm{d_e}F = \mathrm{d_e}G > T\,\mathrm{d_i}S > 0\,. \tag{6.24}$$

Zur Aufrechterhaltung des stationären Zustands muß freie Energie in das System eingeführt werden.

Ein schönes Beispiel für Strukturbildung unter relativ einfachen Bedingungen sind die sogenannten Bénard-Zellen.

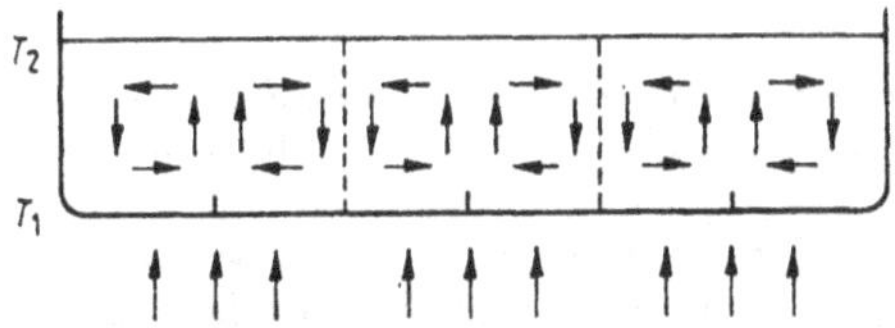

Abb. 6.4 Enstehung des Bénard-Effekts

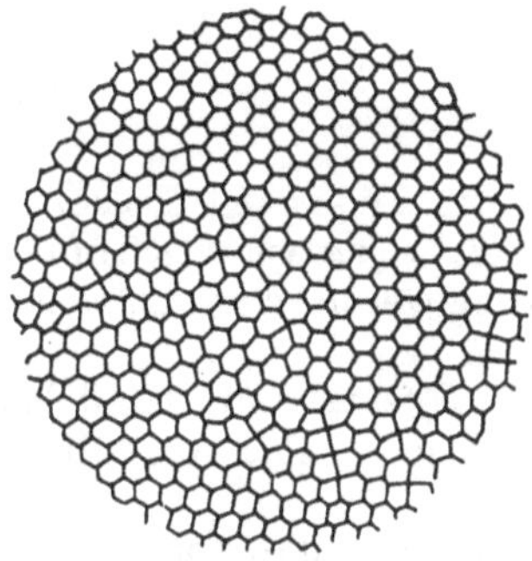

Abb. 6.5 Bénard-Zellen

In einem flachen Gefäß befinde sich eine zähe Flüssigkeit, beispielsweise Siliconöl. Wir erhitzen das Gefäß kräftig von unten. Es entsteht ein Temperaturgefälle $\Delta T = T_1 - T_2$ zwischen der Grundfläche und der Oberfläche der Flüssigkeit. Solange ΔT klein ist, befindet sich die Flüssigkeit in Ruhe, und nur durch Wärmeleitung wird Wärme von unten nach oben transportiert. Bei einem bestimmten kritischen Wert $(\Delta T)_{kr}$ ändert sich das Verhalten der Flüssigkeit jedoch schlagartig. Es tritt Konvektion auf (Abb. 6.4), und die Flüssigkeit strukturiert sich in hexagonalen Zellen (Abb. 6.5). Dieses Bild ist sehr schön und wahrlich überraschend: Beim Erhitzen einer Flüssigkeit entsteht eine dynamische, hochorganisierte geordnete Struktur, die an einen Kristall erinnert. Diese Struktur wird durch die gemeinsame, kooperative Bewegung der Flüssigkeitsmoleküle erzeugt.

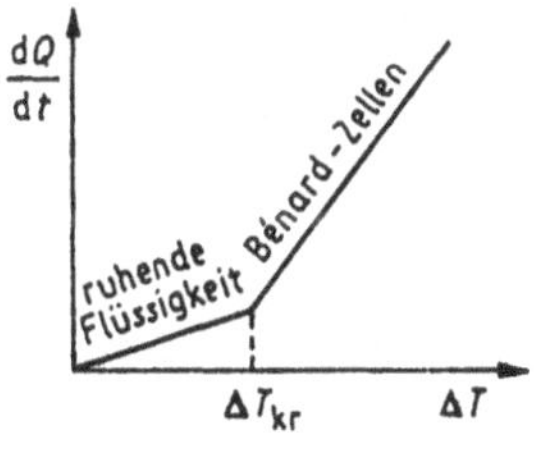

Abb. 6.6 Abhängigkeit der Geschwindigkeit des Wärmetransports von der Temperaturdifferenz

Abbildung 6.6 zeigt die Abhängigkeit der Geschwindigkeit des Wärmetransports $\mathrm{d}Q/\mathrm{d}t$ von der Temperaturdifferenz ΔT. Bei $(\Delta T)_{\mathrm{kr}}$ kommt es zu einem scharfen Abknicken der $\mathrm{d}Q/\mathrm{d}t$-Kurve und zur Strukturbildung.

Da unser System mit der Umgebung nur Wärme austauscht, kann man für den gesamten Entropiestrom durch die Flüssigkeitsoberfläche schreiben:

$$\frac{\mathrm{d}_e S}{\mathrm{d}t} = \frac{\mathrm{d}Q}{\mathrm{d}t}\left(\frac{1}{T_1} - \frac{1}{T_2}\right) = \frac{\mathrm{d}Q}{\mathrm{d}t}\,\frac{T_2 - T_1}{T_1 T_2} < 0. \tag{6.25}$$

Unter diesen Bedingungen exportiert die Flüssigkeit Entropie. Im stationären Fall kompensiert dieser Entropieexport genau die durch innere Reibung und Wärmeleitung verursachte Entropieproduktion innerhalb der Flüssigkeit.

Eine sorgfältigere Analyse des Bénard-Effekts zeigt, daß dabei auch die Oberflächenspannung der Flüssigkeit eine wesentliche Rolle spielt.

Prigogine bezeichnete offene Systeme, die weitab vom Gleichgewicht zu Strukturbildung, Selbstorganisation, fähig sind, als dissipative Systeme. Sie bilden sowohl räumliche als auch zeitliche (siehe weiter unten, S. 154) stabile Strukturen aus, wenn der kritische Wert eines bestimmten Parameters — beim Bénard-Effekt ist dies die Temperaturdifferenz — überschritten wird.

Ein Beispiel aus einem ganz anderen Gebiet ist der Laser. Konkret sei die Rede von einem Festkörper-, z. B. einem Rubinlaser. Er besteht aus einem zylindrischen Rubinstab mit Spiegeln an den Endflächen. Das optische Pumpen des Lasers erfolgt mit Hilfe einer Xenon-Blitzlampe; das Licht der Xenonlampe wird in den

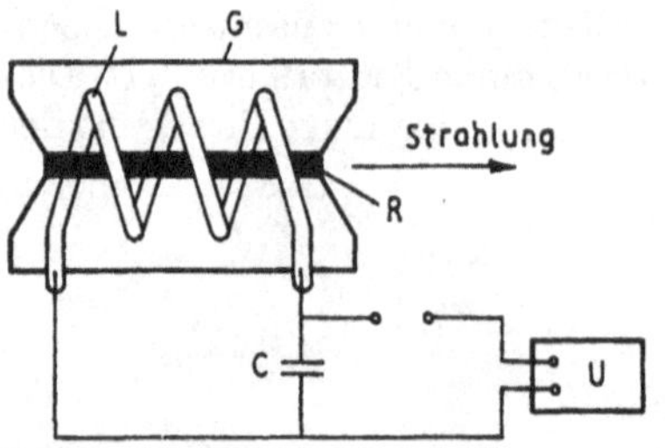

Abb. 6.7 Schematischer Aufbau des Rubinlasers

R — Rubinstab, G — Gehäuse, L — Xenon-Pumplampe, C — Kondensator, U — konstante Spannungsquelle

Absorptionsbändern des Rubins bei Wellenlängen von 410 und 560 nm absorbiert. Infolge des Pumpens kommt es senkrecht zum Rubinquerschnitt zu einer Laserstrahlung mit einer Wellenlänge von 694,3 nm (Abb. 6.7).

Bei optischer Anregung — bei Beleuchtung mit der Xenonlampe — strahlen die Ionen des dreiwertigen Chromiums, Cr^{3+}, entsprechend dem Absorptionsspektrum (d. h. der Farbe des Rubins) Wellenzüge von einigen Metern Länge aus. Die Emission eines solchen Wellenzuges dauert 10^{-8} s. Die (oftmals direkt auf die Endfläche des Laserstabes aufgebrachten) Spiegel strahlen in axialer Richtung. Bei schwachem Pumpen arbeitet der Laser wie eine Lampe — die Emission der einzelnen Ionen ist in keiner Weise koordiniert. Bei einem gewissen kritischen Wert der Entladungsenergie der Xenonlampe, bei dem kritischen (Schwellen-) Wert der Pumpleistung vergrößert sich sprunghaft die Leistung der Laserstrahlung. Die emittierten Ionen wirken koordiniert, kooperativ, sie senden kohärente (miteinander in Phase befindliche) Wellen aus. Die Länge der Wellenzüge wächst auf 10^8 bis 10^9 m. Der Rubin geht vom Lampenregime in das Laserregime über. Selbstverständlich arbeitet ein Laser als Laser weitab vom Gleichgewicht. Den Übergang von der Lampen- zur Laserstrahlung zeigt die schematische Darstellung von Abbildung 6.8. Man erkennt die Ähnlichkeit zur Darstellung des Bénard-Effekts in Abbildung 6.6.

Man kann sagen, alles Entscheidende im Universum entstand als dissipative Struktur weitab vom Gleichgewicht infolge von Entropieexport. Die Bildung von Galaxien und Sternen ging auf diese Weise vor sich: Die Energie der Gravitation verwandelte sich in thermische Energie, und es kam zu lokalem Entropieexport. Die Biosphäre als Ganzes und jeder einzelne Organismus befinden sich ebenfalls in einem Ordnungszustand weitab vom Gleichgewicht — das Leben auf der Erde existiert aufgrund von Entropieexport.

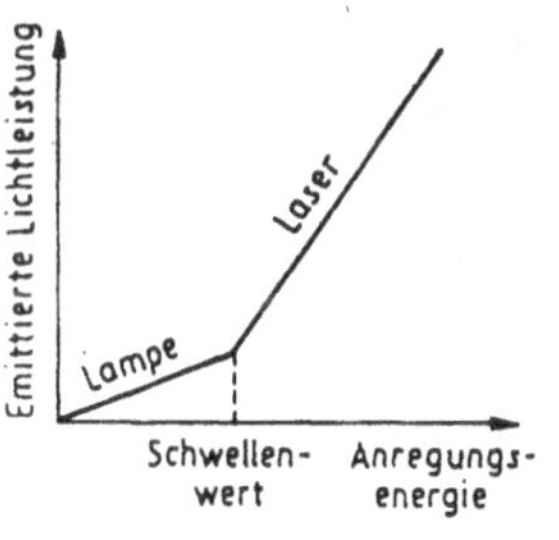

Abb. 6.8 Abhängigkeit der emittierten Lichtleistung des Lasers von der Anregungsenergie

In den strukturbildenden Systemen selbst nimmt im Verlaufe der zeitlichen Evolution die Entropie (bezogen auf gleiche Werte der mittleren Energie) ab, der Entropieexport übersteigt die Entropieproduktion. Der sowjetische Physiker Ju. L. Klimontowitsch nannte diese Behauptung das S-Theorem. Das H-Theorem Boltzmanns bezieht sich auf Gleichgewichtssysteme, das S-Theorem auf dissipative Systeme.

Wir wollen die grundlegenden Besonderheiten dissipativer Strukturen hervorheben: Sie treten in offenen Systemen weitab vom Gleichgwicht auf und entstehen durch das Anwachsen von Fluktuationen — kleinen Abweichungen vom wahrscheinlichsten Zustand — bis zu makroskopischem Ausmaß. Aus Ungeordnetheit, aus Chaos bildet sich Ordnung. Diese Ordnung ist prinzipiell verschieden von der gewöhnlichen kristallinen Ordnung, die unter Gleichgewichtsbedingungen entsteht. Der Unterschied liegt eben gerade darin, daß sich ein dissipatives System im Nichtgleichgewicht befindet und dieses durch verstärkten Entropieexport aufrechterhalten wird. Indessen besteht eine Analogie zwischen der Herausbildung der räumlichen und zeitlichen Ordnung eines dissipativen Systems und einem Phasenübergang. Zu Phasenübergängen im Gleichgewicht, wie der Kristallisation, kommt es erst durch die Wechselwirkung einer großen Zahl von Teilchen, die dadurch in koordinierter Weise, kooperativ, ihren Zustand ändern.

Der Übergang in den geordneten Zustand eines dissipativen Systems erfolgt aufgrund der Instabilität, in die der vorangegangene ungeordnete Zustand beim kritischen Wert eines bestimmten Parameters gerät. Genau in diesem Moment wachsen die kleinen Fluktuationen zu makroskopischer Größe an.

Phasenübergänge sind ein wichtiger und keineswegs einfacher Gegenstand der Physik. Sie stellen kooperative Erscheinungen dar. Das Nichtbegreifen dieser Tatsache hat zu groben Fehlern geführt. So wurde beispielsweise behauptet, das Verhältnis der Molekülzahlen im kristallinen und im flüssigen Zustand sei durch die Boltzmann-Verteilung (siehe S. 84) gegeben. Es sei N_{Krist} die Zahl der kristallisierten und N_{Fl} die Zahl der Flüssigkeitsmoleküle. Aus der Boltzmann-Verteilung folgt

$$\frac{N_{\text{Krist}}}{N} = \frac{\exp(-E_{\text{Krist}}/kT)}{\exp(-E_{\text{Krist}}/kT) + \exp(-E_{\text{Fl}}/kT)},$$

$$\frac{N_{\text{Fl}}}{N} = \frac{N - N_{\text{Krist}}}{N},$$

also

$$\frac{N_{\mathrm{Fl}}}{N_{\mathrm{Krist}}} = \exp\left(-\frac{E_{\mathrm{Fl}} - E_{\mathrm{Krist}}}{kT}\right).$$

Daraus ergibt sich lauter Unsinn: Nur bei $T \to 0$ kommt es zu völliger Kristallisation eines Stoffes, und bei unendlich hoher Temperatur ist im Kristall und in der Flüssigkeit die gleiche Zahl von Molekülen vorhanden:

$$N_{\mathrm{Fl}} = N_{\mathrm{Krist}}.$$

Der Fehler dieser Art der Betrachtung besteht darin, daß sie die Wechselwirkung der Moleküle, ihr kooperatives Verhalten außer acht läßt. Dessen Berücksichtigung muß sich im konkreten Ausdruck für die Zustandssumme zeigen.

Der Übergang zu einer dissipativen Struktur ist ein Nichtgleichgewichts-Phasenübergang. HAKEN bezeichnete das Gebiet der Physik, das die kooperativen Prozesse von Phasenübergängen im und vor allem außerhalb des Gleichgewichts untersucht, als Synergetik.

Die Belousov-Zhabotinsky-Reaktion

Hat sich ein System vom Gleichgewicht entfernt, bleibt aber in dessen Nähe, so kehrt es allmählich, ohne Schwingungen, nach einem Exponentialgesetz zum Gleichgewicht zurück. Es sei Δa ein Maß für die Abweichung eines bestimmten physikalischen Parameters a von seinem Gleichgewichtswert a_{GG}. Dann gilt

$$\Delta a = a(t) - a_{\mathrm{GG}} = a(0) - a_{\mathrm{GG}}\, \mathrm{e}^{-t/\tau}. \tag{6.26}$$

Im Verlaufe der Zeit geht Δa bei $t \to \infty$ gegen null, d. h., der Nichtgleichgewichtswert $a(t)$ wird gleich dem Gleichgewichtswert. Geht es um einen stationären Zustand in Gleichgewichtsnähe, dann kehrt ein System, das sich vom stationären Zustand entfernt hat, nach demselben Gesetz in diesen Zustand zurück. τ bezeichnet die Relaxationszeit, die die Geschwindigkeit der Rückkehr in den Gleich- gewichts- bzw. stationären Zustand charakterisiert. Für $t = \tau$ ist

$$a(\tau) - a_{\mathrm{GG}} = \frac{a(0) - a_{\mathrm{GG}}}{\mathrm{e}},$$

d. h., die ursprüngliche Abweichung vom Gleichgewicht hat sich auf den e-ten, also etwa den 2,718ten Teil verringert.

Weitab vom Gleichgewicht dagegen entstehen, wie wir sahen, dissipative räumliche und zeitliche Strukturen, entsteht eine Nichtgleichgewichts-Ordnung. In einer Reihe von Fällen kann diese Ordnung im Auftreten von Schwingungen und Wellen bestehen. Besonders effektvoll sieht so etwas in chemischen dissipativen Systemen aus.

In einer Vorlesung wird ein chemischer Versuch vorgeführt. In ein Glas war eine blaue Flüssigkeit hineingegossen worden. Der Dozent gibt aus einer Pipette einige Tropfen einer farblosen Flüssigkeit hinzu. Die Lösung im Glas wird blaßrot.

Daran ist nichts Erstaunliches. Es gibt in der Chemie noch lebhaftere Farbwechsel.

Doch was passiert nun? Nach etwa einer Minute wird die Flüssigkeit in dem Glas wieder blau, danach erneut rot, dann wieder blau usw. Die Farbe der Flüssigkeit ändert sich periodisch. Wir haben eine Art chemische Uhr vor uns.

Diese merkwürdige Erscheinung — die Entstehung einer periodischen chemischen Reaktion in einer homogenen Lösung — wurde 1951 von B. P. Belousov entdeckt.

Bereits 1910 hatte Lotka in einer bedeutsamen theoretischen Arbeit gezeigt, daß in einem offenen chemischen System weitab vom Gleichgewicht Oszillationen der Konzentration der Reaktanden möglich sind. 1921 beobachtete Bray erstmals eine periodische chemische Reaktion in einer Lösung von Wasserstoffperoxid H_2O_2, Iodsäure HIO_3 und Schwefelsäure H_2SO_4. Während der Reaktion kommt es zu einem periodischen Freisetzen und Verbrauchen von Iod in einem Reduktions- bzw. einem Oxidationsschritt der Reaktion:

$$5H_2O_2 + 2HIO_3 \rightarrow 5O_2 + I_2 + 6H_2O,$$

$$5H_2O_2 + I_2 \rightarrow 2HIO_3 + 4H_2O.$$

Diese Reaktion war in Wirklichkeit sehr kompliziert, und es war nicht auszuschließen, daß sie heterogen ist — an Gasbläschen stattfindet.

Belousov entdeckte seine später berühmt gewordene Reaktion unabhängig von diesen Arbeiten.

Bei der Belousov-Reaktion, die von A. M. Zhabotinsky eingehend untersucht wurde und deshalb die Bezeichnung Belousov-Zhabotinsky-Reaktion erhielt, beruht der Farbumschlag auf der

Ladungsänderung eines Metallions. In einem vereinfachten Schema setzt sich die Belousov-Zhabotinsky-Reaktion aus zwei Schritten zusammen. Im ersten Schritt wird dreiwertiges Cerium mit Hilfe von Bromsäure oxidiert:

$$Ce^{3+} \xrightarrow{HBrO_3} Ce^{4+},$$

und im zweiten das vierwertige Cerium in Anwesenheit einer organischen Verbindung, der Malonsäure, reduziert:

$$Ce^{4+} \xrightarrow{\text{Malonsäure}} Ce^{3+}.$$

Der periodische Vorgang bricht nach einer großen Zahl von Perioden ab, weil die Bromat-Ionen BrO_3^- irreversibel aufgebraucht wurden. Endprodukte sind CO_2, H_2O und Bromderivate der Malonsäure. Zu einem Perpetuum mobile kommt es nicht.

Abbildung 6.9 zeigt die Oszillationen der Konzentration vierwertiger Cerium-Ionen.

Von A. M. Zhabotinsky und A. N. Zaikin wurden noch andere solche Reaktionen gefunden und untersucht. Doch damit nicht genug. Indem sie periodische Reaktionen in dünnen Röhren (eindimensionale Systeme) und in konvektionsfreien dünnen Lösungsschichten (zweidimensionale Systeme) ablaufen ließen, konnten Zhabotinsky und Zaikin auch chemische Wellenvorgänge beobachten. In Abbildung 6.10 ist die Ausbildung einer solchen Welle dargestellt. Am Anfang entsteht ein sogenanntes Führungszentrum, das man als Ausgangspunkt für die Farbänderung erkennt. Ein solches Führungszentrum entsteht aufgrund einer lokalen Fluktuation der Konzentration. Ausgehend von diesem Zentrum breiten sich Konzentrationswellen aus.

Diese Erscheinungen räumlich-zeitlicher Ordnung stellen selbsterregte Schwingungs- und Wellenprozesse dar. Derartige Prozesse entstehen in offenen nichtlinearen Systemen weitab vom Gleich-

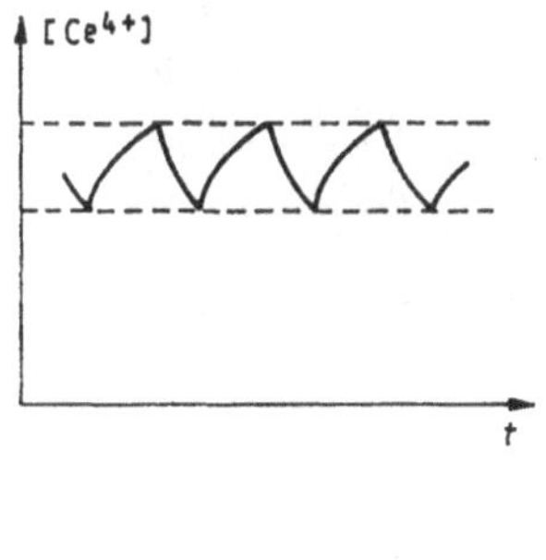

Abb. 6.9 Oszillationen der Ce^{4+}-Konzentration in der Belousov-Zhabotinsky-Reaktion

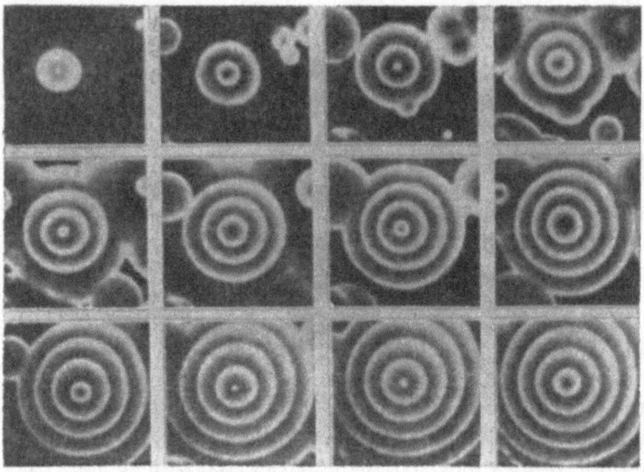

Abb. 6.10 Führungszentren (aufeinanderfolgende Momentaufnahmen)

Abb. 6.11 Chemische Reverberatoren

Abb. 6.12 Die Flechte *Parmelia centrifuga*

gewicht unter dem Einfluß von Kräften, die mit dem Bewegungszustand des Systems selbst im Zusammenhang stehen, wobei die Amplitude der Schwingungen von den Eigenschaften des Systems, nicht aber von den Anfangsbedingungen bestimmt wird. Selbsterregte Schwingungs- und Wellenvorgänge in der Chemie (und ebenso in der Biologie, siehe Kapitel 8) werden durch den Abfluß von Entropie aus dem System aufrechterhalten.

Beim künstlichen Zerreißen der Wellenfront einer chemischen Welle kann es zur Entstehung einer spiralförmigen Welle, eines sogenannten Reverberators kommen. Eine solche Reverberator-Welle bildet sich unter anderem aus, wenn eine Welle in einem zweidimensionalen Medium um eine Öffnung läuft. Abbildung 6.11 zeigt die Fotografie chemischer Reverberatoren, Abbildung 6.12 — die Aufnahme einer Flechte.

Der Organismus als dissipatives System

Die verblüffende Ähnlichkeit dieser Fotografien bedeutet freilich nicht, daß das Wachstum der Flechte in allem der Ausbreitung einer Spiralwelle gleicht. Jedoch bildet die Physik offener Systeme weitab vom Gleichgewicht die Grundlage jeglicher biologischer Erscheinungen. Wir werden im letzten Kapitel des Buches darüber sprechen. Bereits jetzt aber ist es angebracht, auf einige strukturelle und dynamische Besonderheiten lebender Organismen einzugehen.

Weitab vom Gleichgewicht bildet sich, wie wir sahen, infolge von zu makroskopischem Ausmaß verstärkten Fluktuationen eine spezifische Ordnung des Systems heraus. Diese Verstärkung tritt dadurch auf, daß Entropie aus dem System exportiert wird. TURING zeigte 1952, daß die Kopplung einer autokatalytischen chemischen Reaktion mit einer Diffusion zur Entstehung von räumlicher und zeitlicher Ordnung führt.

Autokatalytisch heißen solche Reaktionen, bei denen ein Stoff die Vergrößerung seiner Menge selbst katalytisch steuert. Das wahrscheinlich bekannteste Beispiel ist die Verdopplung der Makromoleküle der Desoxiribonukleinsäure (DNA), ihre Reduplikation, zu der es bei der Teilung von Zellen kommt. Dabei bewirkt eine ursprünglich vorhandene DNA-Doppelspirale (-helix) im Prozeß der sogenannten Matrizensynthese auf autokatalytische Weise die Bildung einer ebensolchen Doppelhelix.

Das Turingsche Modell beruht auf der Betrachtung von Reaktionen des Typs

$$A \rightarrow X, \qquad 2X + Y \rightarrow 3X, \qquad B + X \rightarrow D + Y, \qquad X \rightarrow E.$$

Hier bezeichnen A und B die Ausgangsstoffe, X und Y Zwischen- und D und E die Endprodukte. Der zweite Reaktionsschritt ist autokatalytisch. Unter der Einwirkung des Stoffes X setzt sich der Stoff Y in ebendieses X um, der Stoff katalysiert seine eigene Bildung. Als Gesamtreaktion erkennen wir ohne weiteres:

$$A + B \rightarrow D + E.$$

Ein derartiges chemisches System wurde später „Brüsselator“ genannt, weil PRIGOGINE und seine Mitarbeiter in Brüssel seine theoretische Untersuchung durchführten.

Die kinetischen Erscheinungen, die das Verhalten des Brüsselators zusammen mit der Diffusion der Stoffe X und Y (Brüsselator in einem verteilten System) beschreiben, sind nichtlinear, das System befindet sich weitab vom Gleichgewicht. Die Konzentration der Stoffe X und Y unterliegt periodischen Schwankungen, die sich als Konzentrationswellen ausbilden. Jenseits eines gewissen Schwellenwertes der Konzentration verstärken sich die anfänglich fluktuationsartigen Abweichungen vom stationären Zustand und überführen das System schließlich in einen neuen stationären Zustand mit einer nichthomogenen Verteilung der Stoffe Y und Y. Abbildung 6.13 zeigt eine der Lösungen der kinetischen Gleichungen des Brüsselators, die Verteilung der Konzentration Y über der Ortskoordinate.

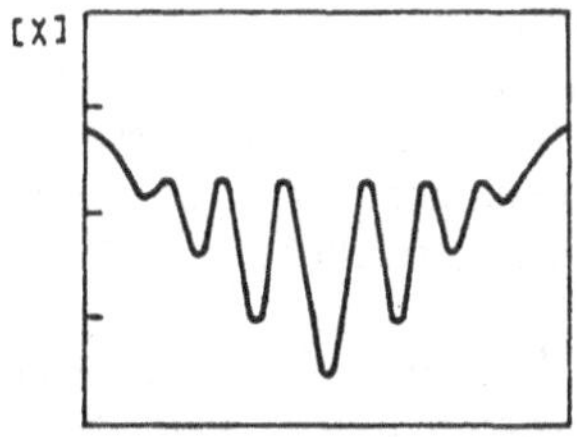

Abb. 6.13 Lokale stationäre dissipative Struktur

Die fundamentale Arbeit von TURING trug den bemerkenswerten Titel „Zur chemischen Grundlage der Morphogenese". Als Morphogenese bezeichnet man die Entstehung und Entwicklung der komplizierten Struktur des Organismus im Verlaufe seiner Embryonalentwicklung, die Herausbildung von Gewebe und Organen. TURING bewies erstmals die prinzipielle Möglichkeit einer Morphogenese auf chemischer Grundlage. Gewiß sind sowohl die Theorie TURINGS als auch die Brüsselator-Theorie lediglich Modelle, aber es sind überzeugende Modelle. Inzwischen ist nachgewiesen, daß die Morphogenese in ihrer Natur tatsächlich durch die Wechselwirkungen von Molekülen bestimmt wird, daß gewisse Stoffe — Morphogene —, die zu bestimmten Zeitpunkten an bestimmten Stellen des Organismus in Aktion treten, für die Strukturbildung verantwortlich sind.

Diese hochinteressanten Erscheinungen haben viel Gemeinsames mit den selbsterregten chemischen Schwingungen und Wellen, die am Beispiel der Belousov-Zhabotinsky-Reaktion besonders ausführlich untersucht wurden.

Man muß sich zuweilen mit Behauptungen auseinandersetzen, daß selbsterregte und stehende chemische Wellen (sogenannte

Liesegangsche Ringe, die bei kolloiden Erscheinungen beobachtet werden) nur auf der Grundlage der Quantenmechanik erklärbar seien und daß man über die Abstände zwischen den Ringen bzw. über die Schwingungsperioden das Plancksche Wirkungsquantum h bestimmen könne. Das sind grobe Irrtümer. Mit demselben Recht könnte man das Wirkungsquantum aus den Streifen im Fell eines Zebras oder eines Tigers bestimmen wollen. Wir haben gesehen: In der dargelegten Theorie steckt keinerlei Quantenmechanik, es geht dabei nicht um mikroskopische atomare Erscheinungen, sondern um makroskopische Physik.

Viele Gewebe des tierischen und des menschlichen Organismus sind erregbar. Das bedeutet, daß in ihnen eine — chemische oder elektrochemische — Erregung von Punkt zu Punkt übertragen wird, sich ausbreitet wie eine Welle. Von solcher Art sind Nerven- und Muskelgewebe. Die Übertragung einer Erregung über eine Nervenfaser, die synchronen Schwingungen des gesamten Herzmuskels — das sind Erscheinungen, die eine chemische Basis haben.

In den Arbeiten des sowjetischen Physikers W. I. KRINSKY wurde eine sehr gefährliche Krankheitserscheinung, das Herzflimmern, untersucht. Beim Flimmern geht das Herz aus dem Regime regulärer Kontraktionen in das Regime ungeordneter Schwingungen über, und ohne schnellste medizinische Hilfe stirbt der Mensch. Es stellte sich heraus, daß dieses Flimmern das Ergebnis einer „Vervielfältigung“ von spiralförmigen Anregungswellen, Reverberatoren ist. In diesen Arbeiten wurden nicht nur ein theoretisches Modell des Flimmerns aufgestellt und eine detaillierte experimentelle Untersuchung an den Herzen von Versuchstieren durchgeführt, sondern auch praktische Empfehlungen gegeben, wie man worauf einwirken muß, um diesen bedrohlichen pathologischen Zustand zu beenden.

Die drei Etappen der Thermodynamik

Wir haben uns mit der Entwicklung der Thermodynamik vertraut gemacht, die vor weniger als 200 Jahren ihren Anfang nahm. Nun noch einige Worte zum Ideengehalt dieser Entwicklung.

Bis zur Geburtsstunde der Thermodynamik dominierte in der Naturwissenschaft die Newtonsche Mechanik, eine Mechanik mit umkehrbarer Zeit, die Mechanik einer Welt ohne Entwicklung: Der Herrgott hat irgendwann den Mechanismus des Universums in

Gang gesetzt, und seitdem arbeitet dieser Mechanismus unverändert wie eine aufgezogene Uhr. In diesem Verständnis erschien die belebte Natur gleichermaßen unwandelbar und unbeweglich — ganz so, wie man sie im primären Schöpfungsakt geschaffen sah. Der Begründer der wissenschaftlichen Biologie, Autor der Systematik der Arten, KARL VON LINNÉ, hielt die biologischen Arten für unveränderlich und für gleichzeitig ins Leben gerufen.

Die Zeit kam in dieser Naturwissenschaft nicht vor. Sie gab es in den Geisteswissenschaften, vor allem in der Geschichte. Hier änderte sich alles in offensichtlicher Weise mit der Zeit.

MICHAIL LOMONOSSOW war ein Gegner der Newtonschen Physik, er war ein Anhänger DESCARTES'. Möglicherweise leitete sich die Ablehnung gegenüber NEWTON aus der Breite von LOMONOSSOWS Schöpfertum ab — daraus, daß er nicht nur Physiker und Chemiker, sondern auch Dichter und Historiker war. In der Poesie und der Geschichte verging die Zeit unumkehrbar. Ende des 18., Anfang des 19. Jahrhunderts fand die erste wissenschaftlich-technische Revolution statt. Genauer technisch-wissenschaftliche Revolution, denn die Dampfmaschinen wurden unabhängig von der Physik gebaut, und mit ihnen fing alles an. Die Überlegungen von SADI CARNOT über diese Maschinen brachten die Thermodynamik hervor. Der erste und zweite Hauptsatz wurden entdeckt, später kam noch ein dritter hinzu, das Nernstsche Wärmetheorem. Und die Entropie tauchte auf. Zuerst nur als grauer Schatten der Herrscherin der Welt, der Energie.

Zum erstenmal trat die Zeit im zweiten Hauptsatz der Thermodynamik auf; das irreversible Anwachsen der Entropie in spontanen Prozessen wurde berücksichtigt. Ansonsten aber war die Thermodynamik eine Thermostatik, die Wissenschaft von Gleichgewichten und Gleichgewichtsprozessen.

Indessen sprach THOMSON vom Wärmetod der Welt: Die Welt entwickelt sich, sie bleibt nicht an ihrem Fleck; sie bewegt sich auf ihr Ende zu, gleich jedem lebenden Organismus, dessen Tod unausweichlich ist.

Von der Technologie war man zur Kosmologie gekommen. Das bedeutete den Übergang vom Seienden zum Werdenden, „from being to becoming", wie PRIGOGINE es ausdrückte. Das Zeitalter DARWINS brach an — aus der Biologie (und auch aus den Geisteswissenschaften) fanden Vorstellungen über die Entwicklung, über das Wachstum der Wahrscheinlichkeit für den Zustand eines physikalischen Systems Eingang in die Physik. Die erste Etappe der Thermodynamik endete mit dem Aufbau der statistischen Physik in den Arbeiten von BOLTZMANN und GIBBS. Die Entropie bekam endlich einen echten Sinn; sie hörte auf, nichts als ein Maß für die Degradation der Energie zu sein, und wurde zum Maß der Ungeordnetheit eines Systems, zu einem objektiven Merkmal prinzipiellen Mangels an Information über ein System: Die Bedeutung der Entropie als eines der wesentlichen physikalischen Charakteristika für beliebige Systeme begann stark anzuwachsen.

In der zweiten Entwicklungsetappe der Thermodynamik wandte sich die Wissenschaft der Erforschung offener Nichtgleichgewichtssysteme, allerdings in der Nähe des Gleichgewichts, zu. Diese lineare Thermodynamik offener Systeme wurde durch die Arbeiten ONSAGERS begründet und von PRIGOGINE und anderen unserer Zeitgenossen weiter ausgebaut.

In dieser Theorie nahm die Zeitabhängigkeit quantitative Züge an. Wie wir sahen, beschränkt sich die Nichtgleichgewichtsthermodynamik nicht auf die Feststellung, daß die Entropie in irreversiblen Prozessen ansteigt, sondern sie berechnet auch die Geschwindigkeit dieses Ansteigens — die Ableitung der Entropieproduktion nach der Zeit, d. h. die Dissipationsfunktion.

Zwei grundlegende Annahmen der linearen Thermodynamik (bereits einer Thermodynamik, nicht mehr einer Thermostatik) sind wesentlich und nichttrivial. Zum ersten die Möglichkeit der Existenz eines offenen Systems im stationären Nichtgleichgewichtszustand, in dem die innere Entropieproduktion durch den Export von Entropie aus dem offenen System kompensiert wird. Zum zweiten die Kopplung dynamischer Prozesse, dank derer im offenen System ein Prozeß, der ohne die Kopplung wegen der mit ihm verbundenen Abnahme der Entropie unmöglich wäre, auf Kosten der freien Energie anderer, entropiegünstiger Prozesse stattfinden kann.

In den letzten 20—30 Jahren begann schließlich die dritte Etappe der Entwicklung der Thermodynamik — es entstand die Physik dissipativer Strukturen, die Physik der Prozesse weitab vom Gleichgewicht. Wir sahen, daß offene Systeme weitab vom Gleichgewicht bemerkenswerte Eigenschaften besitzen. Sie vermögen unter Entropieexport, unter Abfluß von Entropie aus dem offenen System, aus Chaos Ordnung zu erzeugen. Die Entropie wurde endgültig vom Schatten einer großen Herrscherin zu einem mächtigen, die Existenz des Kosmos, die Existenz des Lebens auf der Erde bestimmenden Faktor. Der Organismus lebt von negativer Entropie, nicht von positiver Energie.

Erstmals wurde deutlich, daß ein Ordnungszustand, ähnlich

dem der Kristalle, in Gleichgewichtsferne möglich ist, daß in der Art eines Phasenübergangs Chaos Ordnung hervorbringen kann. Ein neues Gebiet der Physik bildete sich heraus: die Physik dissipativer Strukturen (Prigogine) oder Synergetik (Haken). Erst vor kurzer Zeit geboren, läßt dieses Gebiet sehr viel erwarten.

Die Entstehung dieses Gebietes kennzeichnet den für die Gegenwart charakteristischen Prozeß der Integration der Wissenschaften, der an die Seite ihrer Differenzierung trat. Von einheitlichen Standpunkten aus werden Bénard-Effekt, Laserstrahlung, periodische chemische Prozesse, Morphogenese und Herzflimmern untersucht. Auf den gleichen Grundlagen erforscht die Synergetik die Strukturbildung im Plasma, im Wasser — überall „am Himmel und auf Erden". Ja, in der Tat: Die periodischen Bilder, die wir an Wolken beobachten, ihre besonderen Strukturen, und ebenso das Leuchten der Polarlichter — all dies sind Erscheinungsformen ein und derselben Naturgesetze, der Entstehung von Ordnung aus Chaos, des Stattfindens von Nichtgleichgewichts-Phasenübergängen. Die ganze Kosmologie ist letzten Endes Physik dissipativer Systeme.

Endlich, hundert Jahre nach Darwins „Entstehung der Arten" einigte sich die Physik mit der Biologie im Verständnis des Wesens von Prozessen irreversibler Entwicklung. Wir werden im letzten, achten Kapitel des Buches darauf eingehen.

Man könnte behaupten, daß die Naturwissenschaft in der „Entstehung der Arten" zum erstenmal mit Synergetik zu tun hatte. Darwin zeigte, auf welche Weise in der belebten Natur aus chaotischer, ungeordneter Variabilität geordnete Evolution entsteht, die die gegenwärtige Biosphäre hervorbrachte. In diesem Sinne könnte man Darwin als den Begründer der Synergetik ansehen.

In denselben Jahren wie die nichtlineare Thermodynamik entstand die Informationstheorie, die eng mit der Thermodynamik verknüpft ist. Wir sprachen bereits von der Entropie als Maß für den Mangel an Information. Was aber ist eigentlich Information?

7. Information

Information und Wahrscheinlichkeit

Was also ist Information? Die alltägliche Bedeutung dieses Wortes ist klar: Informationen sind Mitteilungen. Wir nehmen sie mit all unseren Sinnesorganen auf. Wir geben sie weiter. Das Leben eines Individuums, das Leben einer Gesellschaft beruhen auf der Übermittlung und dem Empfang von Informationen. Und das gilt nicht nur für den Menschen, sondern auch für die Tiere.

In den vierziger Jahren unseres Jahrhunderts entstand eine neue Wissenschaft, die Kybernetik. Einer ihrer Begründer, NORBERT WIENER, gab seinem Hauptwerk den Titel „Kybernetik. Regelung und Nachrichtenübertragung im Lebewesen und in der Maschine". WIENER schrieb: „Waren das 17. und der Beginn des 18. Jahrhunderts das Zeitalter des Uhrwerks und das ausgehende 18. mit dem gesamten 19. Jahrhundert das Zeitalter der Dampfmaschinen, so haben wir gegenwärtig das Zeitalter der Nachrichtenübertragung und der Regelung." Nachrichtenübertragung — ohne die keine Regelung möglich ist — bedeutet Übermittlung von Informationen.

Im 19. Jahrhundert war es erforderlich, eine Theorie der Wärmekraftmaschinen, eine Theorie der Wärme zu schaffen. Eine der Aufgaben der Wissenschaft des 20. Jahrhunderts war die Schaffung einer Theorie der Nachrichtenübertragung. Wie nicht anders zu erwarten, sind Thermodynamik und Theorie der Nachrichtenübertragung, d. h. Informationstheorie, nicht unabhängig voneinander.

Aufgabe einer Informationstheorie ist es, die Natur der Nachrichtenübertragung und die Möglichkeiten ihrer Realisierung aufzuklären, die Bedingungen optimaler Übertragung zu ermitteln usw. Dementsprechend bedarf es einer Definition des Informationsbegriffs, die einerseits seinem offensichtlichen Inhalt nicht widerspricht und andererseits von quantitativem Charakter ist.

Wir beginnen mit elementaren Beispielen. Werfen wir zunächst ein Geldstück: Der Fall von Wappen oder Zahl bedeutet Mitteilung einer bestimmten Menge an Information über das Wurfergebnis. Wir nehmen nun einen kubischen Spielwürfel. Der Wurf einer bestimmten Augenzahl, sagen wir einer Drei, stellt ebenfalls die Mitteilung einer Information dar. Es fragt sich nun, in welchem Fall die Information größer ist: Beim Münzwurf oder beim Würfeln?

Dem Augenschein nach beim Würfeln. In der Tat haben wir beim Werfen der Münze die Wahl zwischen zwei gleichwahrscheinlichen Möglichkeiten getroffen, beim Würfeln dagegen eine von sechs gleichwahrscheinlichen Möglichkeiten ausgewählt. Die Wahrscheinlichkeit für „Wappen" ist gleich 1/2, die Wahrscheinlichkeit für die Drei gleich 1/6. Die Realisierung des weniger wahrscheinlichen Ereignisses liefert mehr Information. Je größer die Unbestimmtheit vor dem Empfang einer Nachricht über ein Ereignis ist, desto größer ist die Informationsmenge beim Empfang. Es ist evident, daß die Information in irgendeinem Zusammenhang mit der Zahl gleichwahrscheinlicher Möglichkeiten, P_0, stehen muß — mit $P_0 = 2$ im Fall der Münze bzw. $P_0 = 6$ für den Würfel.

Ebenso offensichtlich ist, daß wir bei Verwendung von zwei Würfeln doppelt so viel Information erhalten wie mit einem Würfel. Information, die in voneinander unabhängigen Mitteilungen erhalten wird, ist additiv. Man kann aber auch einen Würfel zweimal hintereinander werfen. Die Mitteilung, daß beim ersten Wurf eine Drei und beim zweiten eine Fünf erzielt wurde, enthält doppelt soviel Information wie die Mitteilung über das Ergebnis eines Wurfes. Genauso erhalten wir beim Werfen von zwei Würfeln mit einem Mal doppelt soviel Information wie beim Werfen eines Würfels.

Somit addieren sich die Informationen, und die Zahlen der gleichwahrscheinlichen Möglichkeiten multiplizieren sich — für den Wurf mit zwei Würfeln oder zwei Würfe mit einem Würfel erhalten wir $P_0 = 6 \cdot 6 = 36$.

Haben wir also zwei Sätze gleichwahrscheinlicher Ereignisse mit P_{01} bzw. P_{02}, so daß die Gesamtzahl der Ereignisse gleich

$$P_0 = P_{01}P_{02} \tag{7.1}$$

ist, dann müssen wir die Informationen addieren:

$$I(P_0) = I(P_{01}P_{02}) = I(P_{01}) + I(P_{02}). \tag{7.2}$$

Folglich muß zwischen der Informationsmenge und der Zahl gleichwahrscheinlicher Ereignisse, aus denen die Auswahl zu treffen ist, also zwischen I und P_0, eine logarithmische Abhängigkeit bestehen:

$$I = K \log P_0. \tag{7.3}$$

Die Basis des Logarithmus und die Konstante K sind durch die Beziehungen (7.1) und (7.2) nicht bestimmt. Diese Größen sind frei wählbar. In der Informationstheorie sind $K = 1$ und 2 als Basis des Logarithmus üblich.

Damit gilt

$$I = \log_2 P_0 . \tag{7.4}$$

Die Maßeinheit der Information ergibt sich aus dem Münzenwurf, wo $P_0 = 2$ ist:

$$\log_2 2 = 1 \text{ bit}.$$

Die Information wird in Bit (Einheitenzeichen „bit“) angegeben, in binären (oder dualen) Ziffern („binary digits“). Das binäre Zahlensystem findet breite Anwendung in der Regelungstechnik und in Computern, weil das Operieren mit insgesamt nur zwei Möglichkeiten, beispielsweise dem Ein- oder Ausschalten irgendeines Elements, die Rechnungen stark vereinfacht. Jede Zahl wird im Binärsystem als eine Folge von Nullen und Einsen geschrieben. In Tabelle 4 sind für einige Zahlen die entsprechenden Schreibweisen im üblichen (dekadischen) und im Binärsystem gegenübergestellt.

Das Schema der Multiplikation ist für das Binärsystem besonders einfach:

$$0 \cdot 0 = 0, \quad 1 \cdot 0 = 0 \cdot 1 = 0, \quad 1 \cdot 1 = 1.$$

Die vorkommenden Additionen sind

$$0 + 0 = 0, \quad 1 + 0 = 0 + 1 = 1, \quad 1 + 1 = 10.$$

Tabelle 4
Zahlen im Dezimal- und Binärsystem

0 ≙	0						
1 ≙	1	9 ≙	1001	17 ≙	10001	25 ≙	11001
2 ≙	10	10 ≙	1010	18 ≙	10010	26 ≙	11010
3 ≙	11	11 ≙	1011	19 ≙	10011	27 ≙	11011
4 ≙	100	12 ≙	1100	20 ≙	10100	28 ≙	11100
5 ≙	101	13 ≙	1101	21 ≙	10101	29 ≙	11101
6 ≙	110	14 ≙	1110	22 ≙	10110	30 ≙	11110
7 ≙	111	15 ≙	1111	23 ≙	10111	31 ≙	11111
8 ≙	1000	16 ≙	10000	24 ≙	11000	32 ≙	100000

Wieviel Bit enthält eine beliebige dreistellige Zahl? Es gibt insgesamt 900 solche Zahlen: von 100 bis 999. Also ist

$$I = \log_2 900 = 9{,}82 \text{ bit}.$$

Mit anderen Worten, die erste Ziffer hat 9 verschiedene Werte — von 1 bis 9, die zweite und dritte je 10 Werte — von 0 bis 9:

$$I = \log_2 900 = \log_2 9 + 2 \log_2 10 = 9{,}82 \text{ bit}.$$

Der duale Logarithmus von 10 ist

$$\log_2 10 = 3{,}32,$$

d. h., eine dekadische Einheit ergibt 3,32 bit.

Die binäre Schreibweise einer Zahl erfordert im Mittelwert 3,32mal soviel Ziffern wie die dekadische.

Die Angabe einer Information in bit bedeutet das Beantworten von Fragen mit „ja“ oder „nein“. In der „Trilogie über Mathematik“ des ungarischen Mathematikers A. Rényi heißt ein solches Frage-und-Antwort-Spiel „Bar-Kochba“. Die Herkunft dieser Bezeichnung ist die folgende. Im Jahre 135 u. Z. gab es einen Aufstand der Juden gegen die römische Herrschaft, der von Bar-Kochba angeführt wurde. In das römische Lager wurde ein Späher gesandt. Er wurde gefangengenommen, man riß ihm die Zunge aus und schlug ihm die Hände ab. Er kehrte zu den Seinen zurück, konnte aber weder sprechen noch schreiben. Dennoch erhielt Bar-Kochba alle erforderliche Information, indem er Ja/Nein-Fragen stellte, auf die der unglückliche Kundschafter mit Kopfnicken oder -schütteln antworten konnte.

Es bietet sich hier an, den folgenden Satz von Hartley wiederzugeben: „Wird in einer gegebenen Menge, die N Elemente enthält, irgendein Element x identifiziert, von dem im voraus lediglich bekannt ist, daß es der Menge zugehört, so ist, um x zu ermitteln, eine Informationsmenge von $\log_2 N$ bit erforderlich.“

Betrachten wir einige Beispiele des Bar-Kochba-Spiels nach Rényi. Um zu erraten, welche aus 32 möglichen Zahlen sich der Spielpartner ausgedacht hat, muß man nach Hartley 5 Fragen stellen, weil $\log_2 32 = 5$ ist. Tatsächlich lautet die erste Frage: „Ist diese Zahl größer als 16 — ja oder nein?“ Auf diese Weise teilen wir die 32 in zwei Hälften. Im weiteren halbieren wir in derselben Art die 16, die 8, die 4 und die 2.

Wesentlich ist dabei, daß wir auch anders vorgehen können, indem wir alle fünf Fragen eine nach der anderen stellen, ohne die Antworten auf die schon gestellten Fragen zu kennen.

Dafür genügt es, alle 32 Zahlen im Binärsystem aufzuschreiben. Mit Ausnahme der 32 enthält jede dieser Zahlen nicht mehr als 5 Zeichen, es geht von 00001 bis 11111 (vgl. Tabelle 4). Nehmen wir an, die ausgedachte Zahl ist die 14, also 01110. Wir stellen fünf Fragen in folgender Art: „Stimmt es, daß an der ersten, an der zweiten usw., an der fünften Stelle der ausgedachten Zahl eine Eins steht?" Die Antworten heißen: nein, ja, ja, ja, nein. (Die Stellen werden von rechts gezählt. Die 32 errät man „indirekt", da die Null in der Auswahlmenge nicht enthalten ist.)

Auf der Anwendung der Formel (7.4) beruht die Lösung von Suchaufgaben. Nehmen wir an, wir haben 27 Münzen, darunter eine Falschmünze, die sich durch geringeres Gewicht von den übrigen unterscheidet. Wieviel Wägungen müssen wir vornehmen? Jede Wägung liefert die Information $I = \log_2 3$, denn wenn wir auf die beiden Waagschalen die gleiche Zahl von Münzen legen, dann gibt es drei Möglichkeiten: Gleichstand der Schalen, linke Schale leichter oder rechte Schaler leichter. Die gesuchte Zahl der Wägungen ergibt sich aus der Bedingung

$$z \log_2 3 \geqq \log_2 27 = 3 \log_2 3,$$

d. h. $z \geqq 3$. Demnach genügen drei Wägungen. Bei der ersten werden je neun, bei der zweiten je drei und bei der dritten je eine Münze auf jede Waagschale gelegt.

Es versteht sich, daß man die Fragen im „Bar-Kochba"-Spiel geschickt stellen muß.

Wir haben von Zahlen gesprochen. Kommen wir nun zu Buchstaben. Das lateinische Alphabet hat 26 Buchstaben, das russische 33. Welche Information gibt in beiden Fällen ein einzelner Buchstabe aus irgendeinem Text? Die zu erwartende Antwort wäre: Ein Buchstabe in einem lateinisch geschriebenen Text liefert $\log_2 26 \approx 4{,}70$ bit, ein Buchstabe in einem kyrillisch geschriebenen Text $\log_2 33 \approx 5{,}05$ bit. Diese Antwort wäre jedoch nur dann richtig, wenn alle Buchstaben mit der gleichen Wahrscheinlichkeit vorkämen.

Die Informationsentropie

Das Auftreten der Buchstaben ist nicht gleichwahrscheinlich; die einen kommen — in einem russischen Text ebenso wie in einem englischen — öfter, die anderen seltener vor. Die Häufigkeiten,

d. h. im Grenzwert auch die Wahrscheinlichkeiten, des Auftretens der Buchstaben widerspiegeln die Struktur der jeweiligen Sprache. Erinnern wir uns an die Erzählung „Die tanzenden Figürchen“ von ARTHUR CONAN DOYLE, in der SHERLOCK HOLMES, ausgehend von den bekannten Wahrscheinlichkeiten für das Auftreten der Buchstaben und Buchstabenfolgen in einem englischen Text, eine verschlüsselte Botschaft zu lesen vermag. Dieselbe Methode wird im „Goldkäfer“ von EDGAR ALLAN POE angewendet.

Vorläufig haben wir die Formel (7.4) unter der Annahme gleichwahrscheinlicher Ereignisse benutzt. Wie müssen wir nun vorgehen, wenn sich ihre Wahrscheinlichkeiten unterscheiden?

Es sei eine Mitteilung gegeben, die aus N aufeinanderfolgenden Teilen besteht — z. B. ein Text aus N Buchstaben. Jeder der N Teile kann einer der M Buchstaben des Alphabets (für die russische Sprache ist $M = 33$) sein. Die Mitteilung enthält N_1-mal den Buchstaben а, N_2-mal den Buchstaben б usw. und schließlich N_{33}-mal den Buchstaben я. Wir erhalten also

$$N = \sum_{i=1}^{M} N_i; \tag{7.5}$$

Die Wahrscheinlichkeit für das Auftreten eines bestimmten Buchstabens ergibt sich für einen hinreichend langen Text als

$$p_i = \frac{N_i}{N}, \qquad i = 1, 2, \ldots, M \tag{7.6}$$

mit

$$\sum_{i=1}^{M} p_i = 1. \tag{7.7}$$

Die Gesamtzahl verschiedener Folgen aus N Buchstaben einer M-buchstabigen Sprache, d. h. die Zahl möglicher verschiedener Mitteilungen mit einer Länge von N Buchstaben, ist gleich

$$P = \frac{N!}{N_1!\,N_2!\ldots N_M!}. \tag{7.8}$$

Auf eine solche Formel waren wir schon einmal (siehe S. 94) gestoßen.

Die in einer Mitteilung enthaltene Information beträgt

$$I = \log_2 P = \frac{\ln P}{\ln 2} = \frac{1}{\ln 2}\ln\frac{N!}{N_1!\,N_2!\ldots N_M!}, \tag{7.9}$$

und unter Verwendung der Stirlingschen Formel (4.10) finden wir, wenn N und alle N_i groß sind,

$$I \approx \frac{1}{\ln 2}\left(N \ln N - \sum_{i=1}^{M} N_i \ln N_i\right) = -\frac{1}{\ln 2} N \sum_{i=1}^{M} p_i \ln p_i$$

$$= -N \sum_{i=1}^{M} p_i \log_2 p_i \tag{7.10}$$

bzw. für einen Buchstaben

$$I_1 = -\frac{1}{\ln 2} \sum_{i=1}^{M} p_i \ln p_i = -\sum_{i=1}^{M} p_i \log_2 p_i . \tag{7.11}$$

Dies ist die Formel von SHANNON, einem der Begründer der Informationstheorie.

Die Größe $-\sum_i p_i \log_2 p_i$ erhielt die Bezeichnung Shannon-Entropie — nicht ohne Grund, wie wir sehen werden.

Welchen Wert hat diese Größe für die russische Sprache? Die Häufigkeiten bzw. die Wahrscheinlichkeiten für das Auftreten der Buchstaben (und des Wortzwischenraums) in einem russischen Text sind in Tabelle 5 aufgeführt. Das Einsetzen dieser Werte in die Shannonsche Formel (7.11) ergibt

$$I_1 = -0{,}175 \log_2 0{,}175 - 0{,}090 \log_2 0{,}090 - \ldots - 0{,}002 \log_2 0{,}002$$
$$\approx 4{,}35 \text{ bit}.$$

Diese Zahl ist merklich kleiner als $I_0 = \log_2 33 \approx 5$ bit. Die in der Mitteilung enthaltene Informationsmenge pro Buchstabe hat sich

Tabelle 5
Häufigkeiten der Buchstaben in einem russischen Text
(— bedeutet Wortzwischenraum)

—	0,175	р	0,040	я	0,018	х	0,009
о	0,090	в	0,038	ы	0,016	ж	0,007
е, ё	0,072	л	0,035	з	0,016	ю	0,006
а	0,062	к	0,028	ь, ъ	0,014	ш	0,006
и	0,062	м	0,026	б	0,014	ц	0,003
т	0,053	д	0,025	г	0,013	щ	0,003
н	0,053	п	0,023	ч	0,012	э	0,003
с	0,045	у	0,021	й	0,010	ф	0,002

verringert, weil uns bereits die Vorinformation über die Häufigkeiten des Vorkommens der Buchstaben zur Verfügung steht.

Die Sprache weist jedoch Korrelationen auf — bestimmte Häufigkeiten im Auftreten nicht von einzelnen Buchstaben, sondern von Buchstabenpaaren, -dreierkombinationen, -viererkombinationen usw. Ein sprachlicher Text stellt eine komplizierte Markowsche Kette dar: Die Wahrscheinlichkeit des Auftretens eines bestimmten Buchstaben an einer bestimmten Stelle hängt davon ab, welche Buchstaben ihm vorangegangen sind.

Wir müssen hier zu einer der bedeutendsten Leistungen der russischen Wissenschaft, der Theorie Markowscher Ketten, wenigstens ein paar Worte sagen: Der Mathematiker A. A. Markow erarbeitete eine Theorie bedingter Wahrscheinlichkeiten. Gewöhnlich werden bei der Berechnung von Wahrscheinlichkeiten unabhängige Ereignisse betrachtet: Die Wahrscheinlichkeit für „Wappen" beim zufälligen Werfen einer Münze ist gleich 1/2, unabhängig vom Ergebnis des vorangegangenen Wurfes. So einfach ist es aber nicht immer.

Nehmen wir aus einem Spiel Karten aufs Geratewohl eine Karte heraus. Die Wahrscheinlichkeit dafür, daß diese Karte eine bestimmte Farbe zeigt, beträgt 1/4. Legen wir die Karte in das Spiel zurück, dann bleibt die Wahrscheinlichkeit für das Auftreten einer Farbe beim Ziehen der nächsten Karte dieselbe: 1/4. Kommt die Karte jedoch nicht zurück ins Spiel, dann hängt die Wahrscheinlichkeit für abermaliges Auftreten einer bestimmten Farbe vom Ergebnis des vorangegangenen Ziehens ab. Wurde beispielsweise eine Kreuzkarte entnommen, dann blieben im Spiel je 13 Herz-, Karo- und Pik-, aber nur 12 Kreuzkarten. Folglich beträgt die Wahrscheinlichkeit, erneut eine Kreuzkarte zu ziehen, 12/51, also weniger als 1/4. War dagegen eine Karte von einer anderen Karte gezogen worden, ist die Wahrscheinlichkeit, beim zweiten Ziehen eine Kreuzkarte zu bekommen, gleich 13/51, was mehr als 1/4 ist.

Bedingte Wahrscheinlichkeiten bilden eine Art Ketten — die Markow-Ketten. Im einfachen Fall hängt die Wahrscheinlichkeit eines Ereignisses von nur einem vorangegangenen ab, in komplizierteren Fällen von mehreren vorangegangenen Ereignissen.

Es ist offensichtlich, daß ein beliebiger sprachlicher Text eine komplizierte Markow-Kette darstellt. Markow selbst hat seine Kettentheorie auf die Wahrscheinlichkeitsanalyse der Texte „Eugen Onegin" und „Die Kinderjahre von Bagrows Enkel" angewendet.

Heute findet die Theorie der Markow-Ketten, der Markowschen

Prozesse, außerordentlich breite Anwendung in der theoretischen Physik, der Meteorologie, der ökonomischen Statistik usw.

Eine gute Schreibmaschine zeichnet sich dadurch aus, daß bei ihrer Konstruktion sowohl die Häufigkeit der einzelnen Buchstaben als auch die von Buchstabenpaaren und sogar von Dreierkombinationen berücksichtigt wurde. Seltene Buchstaben befinden sich am Rand; Buchstaben, die oft nebeneinander vorkommen, sind auch auf der Tastatur der Maschine benachbart. Dadurch ist eine wesentlich höhere Schreibgeschwindigkeit möglich.

Man kann folgendes Experiment anstellen. Wir schreiben die 33 Buchstaben des russischen Alphabets auf einzelne Zettel, werfen diese in eine Urne; dann nehmen wir sie einzeln wieder heraus, wobei wir jeweils den gezogenen Buchstaben notieren und den Zettel wieder in die Urne zurückwerfen. Als zufälliger Text ohne Berücksichtigung von Korrelationen entsteht auf diese Weise so etwas:

Сухерробьдщ
Яыхвщиюайжтлфвнзагфоенвштцр
Пхгбкучтжюряпчькйхрыс

Unter Berücksichtigung der Häufigkeiten enthielte die Urne 1000 Zettel. Auf 175 von ihnen stünde nichts geschrieben, auf 90 Zetteln der Buchstaben о usw., auf zwei Zetteln schließlich der Buchstabe ф (siehe Tabelle 5). Zufälliges Ziehen von Zetteln führt zu dem „Text“

Еынт Цияьа Оерв Однг
Буемлолйк Збя Енвтша

Berücksichtigen wir Paarkombinationen von Buchstaben, dann ergeben sich „Texte“ solcher Art:

Умароно Кач Всеванный Рося
Ных Ковкров Недаре

Berücksichtigung von Dreierkombinationen liefert

Покак Пот Дурноскака Наконепно Зне
Стволовил Се Твой Обниав

und von Viererkombinationen

Весел Враться Не Сухом И Непо И Корко

Diese Beispiele stammen aus dem Buch „Wahrscheinlichkeit und Information“ von A. M. und I. M. JAGLOM (Moskau 1973; deutsch Berlin 1984). Die Versuche führte der Mathematiker R. L. DOBRUSCHIN durch.

Je weiter wir in der Berücksichtigung von Korrelationen gehen, desto mehr ähneln die erhaltenen „Texte“ der russischen Sprache, bekommen aber dennoch natürlich keinen Sinn. Die Liliput-Akademiker in JONATHAN SWIFTS Roman „Gullivers Reisen“ begnügten sich mit Texten der ersten Art, ohne Berücksichtigung von Korrelationen, wenn sie aus den Ergebnissen ihres Buchstaben-Roulettes einen sinnvollen Text zu erhalten hofften.

Die Wertefolge für die Informationsentropie unter Berücksichtigung von Korrelationen zunehmender Ordnung lautet für die russische Sprache (in bit):

I_0	I_1	I_2	I_3
5,00	4,35	3,52	3,01.

Für die englische Sprache führte SHANNON noch weitere Berechnungen aus:

I_0	I_1	I_2	I_3	…	I_5	…	I_8
4,76	4,03	3,32	3,10	…	2,1	…	1,9.

Die Sprache weist einen bestimmten Überfluß an Information, eine bestimmte Redundanz auf. Das heißt, sie bietet die Möglichkeit, einen sinnvollen Text auch dann lesen zu können, wenn darin Buchstaben fehlen. Wie wir sehen, strebt I_n mit wachsender Korrelationsordnung n gegen einen bestimmten Grenzwert.

Die tatsächliche Redundanz ist

$$R = 1 - \frac{I_\infty}{I_0}. \tag{7.12}$$

Wir können aber auch die Redundanz für den jeweiligen Grad der Berücksichtigung von Korrelationen einführen:

$$R_n = 1 - \frac{I_n}{I_0}. \tag{7.13}$$

Für die russische Sprache erhalten wir als Werte für R_n

R_0	R_1	R_2	R_3
0	0,13	0,30	0,40

und für die englische Sprache

R_0	R_1	R_2	R_3	...	R_5	...	R_8
0	0,15	0,30	0,35	...	0,56	...	0,60.

Für die englische Sprache ist also die Redundanz mit Sicherheit größer als 60%. Das bedeutet, daß man sich für das Verständnis eines Textes auf 40% der Buchstaben — natürlich nicht lauter solche, die unmittelbar hintereinander stehen — beschränken kann.

Zur Erläuterung erinnern wir uns an den Roman „Die Kinder des Kapitäns Grant" von JULES VERNE. Die Helden des Buches finden in einer Flasche vom Meerwasser fast zerstörte Papierfetzen mit Bruchstücken eines englischen, eines deutschen und eines französischen Textes:

62 Bri gow sink stra aland skipp
Gr that monit of long and ssistance lost;

7. Juni Glas zwei atrosen graus bringt ihnen;

troi ats tannia gonie austral abor
contin pr cruel indi jet' ongit et 37° 11' lat.

Aus der Gegenüberstellung der Texte ergibt sich:

7. Juni 1862 Dreimaster Britannia Glasgow
gekentert gonien austral
an Land zwei Matrosen
Kapitän Gr gegangen
Kontin gef grausam indi
Dokument geworfen Längengrad
und 37° 11' Breitengrad Bringt ihnen Hilfe
verloren

Und dank der Redundanz gelingt es den Romanhelden, den Text vollständig wiederherzustellen, mit Ausnahme der Angabe der geographischen Länge:

„Am 7. Juni 1862 ist der Dreimaster ‚Britannia' aus Glasgow auf der südlichen Halbkugel, an der Küste von Petagonien gekentert. Auf dem Weg an Land haben zwei Matrosen und Kapitän Grant versucht, den Kontinent zu erreichen, wo sie Gefangene der grausamen Indianer geworden sind. Sie haben dieses Dokument beim ... Längengrad und einer Breite von 37° 11' ins Meer geworfen.

Bringt ihnen Hilfe, oder sie sind verloren.“ Damit beginnt der Roman.

Ein noch krasseres Beispiel redundanter Information tritt in einem Gespräch zwischen Lewin und Kitty in LEW TOLSTOIS „Anna Karenina“ auf:

„‚Einen Augenblick‘, sagte er und nahm am Tisch Platz. ‚Ich wollte Sie schon lange etwas fragen.‘

Er sah ihr gerade in ihre freundlich, wenn auch erschrocken blickenden Augen.

‚Bitte, fragen Sie!‘

‚Schauen Sie her‘, sagte er und schrieb folgende Buchstaben hin: A, S, m, a: E, i, u, b, d, n, o, n, d? Es waren die Anfangsbuchstaben des Satzes: Als Sie mir antworteten: Es ist unmöglich, bedeutete das niemals oder nur damals?“

Kitty versteht, was Lewin sagen wollte, und sie setzen ihr verschlüsseltes Gespräch fort. In diesem Fall erweist sich fast alles als redundant, weil Lewin und Kitty bereits überströmen von der Information, die sie mit gebannter Konzentration zu ermitteln suchen.

Bekanntlich schrieb TOLSTOI diese Episode des Romans nach eigenem Erleben — seinem Werben um SOFIA ANDREJEWNA BERS.

Andererseits ist Redundanz erforderlich, weil bei der Weitergabe einer Nachricht im Übertragungskanal unvermeidlich Rauscheffekte auftreten, die die Übertragung stören (wovon Kinder ausgehen, wenn sie „Kaputtes Telefon“ spielen). Ein in Seenot geratenes Schiff sendet seinen SOS-Ruf mehrmals aus, um die Wahrscheinlichkeit zu erhöhen, daß der Funkspruch auch richtig verstanden wird.

Information und Entropie

Wir wollen zeigen, daß die Shannon-Gleichung (7.11)

$$I_1 = -\sum_{i=1}^{M} p_i \log_2 p_i$$

tatsächlich der Formel für die Entropie ähnelt. Wie wir gesehen haben — siehe (4.19) —, ist

$$S = k \ln P = k \left(N \ln N - \sum_{i=1}^{M} N_i \ln N_i \right)$$

mit $N_i = p_i N$. Einsetzen in den Ausdruck für S ergibt

$$S = -kN \ln N - \sum_{i=1}^{M} \frac{N_i}{N} \ln N_i = -kN \sum_{i=1}^{M} p_i \ln p_i,$$

und die Entropie, die auf ein Molekül kommt, ist gleich

$$S_1 = -k \sum_{i=1}^{M} p_i \ln p_i. \tag{7.14}$$

Die Ähnlichkeit von I_1 und S_1 ist nicht zufällig.

Wir sprachen bereits mehrfach von der Entropie als Maß der Unordnung, als Maß des Mangels an Information über das betrachtete System.

Über ein isoliertes System kann man keine Information erhalten. Jedes Meßgerät, beispielsweise ein Thermometer, zerstört die Abgeschlossenheit. Die über ein offenes System zu erhaltende Information muß mit einer Erhöhung der Entropie in einem anderen Teil des Systems bezahlt werden.

Wir bringen Wasser in einem Gefäß zum Gefrieren. Dabei sinkt die Entropie des Wassers, und die Information wächst: Waren die Moleküle in der Flüssigkeit ungeordnet verteilt, so sind sie nun im Kristall an den Ecken des Kristallgitters fixiert — wir wissen, wo sie sich befinden. Doch für die Abkühlung einer Flüssigkeit braucht man ein Kältereservoir, dessen Temperatur und Entropie ansteigen. Der Entropieanstieg des Kältereservoirs übertrifft die Entropieabnahme in dem Gefäß mit der Flüssigkeit; der zweite Hauptsatz kann nicht verletzt werden.

Folglich hat jedes Bit Information seinen Preis an Entropie. Die Information mit der Maßeinheit Bit ist „dimensionslos", einfach eine Zahl; die Entropie wird in Joule pro Kelvin angegeben. Um von der Gleichung (7.11) auf (7.14) zu kommen, müssen wir die Information mit $k \ln 2 \approx 10^{-23}$ J/K multiplizieren. Dies ist das Entropieäquivalent von 1 bit Information. In thermodynamischen Einheiten kostet ein Bit sehr wenig.

Versuchen wir einmal einzuschätzen, wieviel Bit in der menschlichen Kultur enthalten sind. Wir nehmen an, in der gesamten Zeit ihrer Existenz habe die Menschheit 10^8 Bücher geschrieben (das ist eine starke Übertreibung) mit einem jeweiligen Umfang von 25 Verlagsbogen. Ein Verlagsbogen enthält 40000 Zeichen; von Redundanz wollen wir absehen und jedem Zeichen eine Information von 5 bit zuschreiben. Dann erhalten wir

$$10^8 \cdot 25 \cdot 4 \cdot 10^4 \cdot 5 \text{ bit} = 5 \cdot 10^{14} \text{ bit},$$

was einem Entropieabfall von $5 \cdot 10^{-9}$ J/K entspricht! Nein, man sollte die menschliche Kultur lieber nicht in thermodynamischen Einheiten messen. Bedeutet das Gesagte aber nicht, daß die Äquivalenz von Entropie und Information eigentlich überhaupt keinen Sinn hat?

Ein Dimensionsunterschied zwischen äquivalenten physikalischen Größen muß uns nicht in Verlegenheit bringen. Die Äquivalenz von Masse und Energie nach EINSTEIN,

$$m = \frac{E}{c^2} \quad (c \text{ — Lichtgeschwindigkeit}),$$

liegt der gesamten atomaren Energetik zugrunde. Der Äquivalenzfaktor $c^{-2} = 10^{-17}$ s²/m² ist hier ebenfalls sehr klein — einer großen Energie ist eine kleine Masse äquivalent.

Der geringe Wert eines Bits in thermodynamischen Einheiten bedeutet, daß die Information den kleinen Unterschied zwischen zwei großen Größen darstellt: zwischen der Entropie vor dem Empfang der Information und der Entropie nach ihrem Empfang. Es ist offensichtlich, daß diese Differenz positiv oder gleich null ist.

Vergrößerung der Information ist äquivalent der Verringerung der Entropie (wobei natürlich beide Größen in denselben Einheiten gemessen werden). Dabei bezieht sich die Information auf die Mikrozustände eines statistischen Systems, und die Entropie ist das Maß für den Mangel an ebendieser Information. Jede Änderung der Bestimmtheit von Mikrozuständen eines physikalischen Systems, das sich in einem vorgegebenen Makrozustand befindet, der beispielsweise durch Volumen und Temperatur charakterisiert wird, führt zur Abnahme der Entropie, d. h. zum Anwachsen der Mikroinformation. Wir wollen das beweisen. Dazu gehen wir von einer Wahrscheinlichkeitsverteilung $p_1, p_2, \ldots, p_M$ zu einer Verteilung $q_1, q_2, \ldots, q_M$ über. Wie ändert sich dabei die Information?

Bei Änderung der Wahrscheinlichkeit eines Ereignisses von p auf 1 ist die Änderung der Information gleich

$$\Delta I = k \ln \frac{1}{p} \equiv k \ln p$$

und bei der Änderung $p \to q$ gleich

$$I = k \ln \frac{q}{p}.$$

Bei Änderung der gesamten Wahrscheinlichkeitsverteilung ist ΔI gleich der Summe der Teiländerungen ΔI_j, multipliziert mit den neuen Wahrscheinlichkeiten:

$$\Delta I = \sum_j q_j \, \Delta I_j = k \sum_j q_j \ln \frac{q_j}{p_j}.$$

Diese Größe aber ist stets positiv; lediglich wenn alle $q_j = p_j$ sind, erhalten wir $\Delta I = 0$. In der Tat gilt für beliebige a mit Ausnahme von $a = 1$

$$\ln a > 1 - \frac{1}{a}$$

und folglich

$$\sum_j q_j \ln \frac{q_j}{p_j} > \sum_j q_j \left(1 - \frac{p_j}{q_j}\right) = \sum_j q_j - \sum_j p_j = 0,$$

was zu beweisen war.

Die Komplementarität von Information und Entropie bedeutet, daß zum Beispiel beim Verdampfen einer Flüssigkeit Information über den Aufenthalt der Moleküle in einem definierten Teil des Raumes — nämlich in dem Gefäß — verlorengeht. Es kommt zu einem äquivalenten Anstieg der Entropie. Die Information über den Aufenthalt der Moleküle im Flüssigkeitsgefäß verwandelt sich in Information über die Korrelationen zwischen den Orten und den Geschwindigkeiten der Moleküle im Gas, die sich bei deren Zusammenstößen herausbilden. Das aber ist keine Information mehr. Dies ist Entropie.

Die Shannonsche Formel für die Informationsentropie (7.11) und die äquivalente Formel für die thermodynamische Entropie (7.14) verfügen über wichtige Besonderheiten. Die Entropie ist bestimmt für eine Gesamtheit von Zufallsgrößen, von Energiewerten $E^{(i)}$. Wir wollen die Extremfälle ermitteln.

Ein Zustand hat die Unbestimmtheit null, wenn p_i für einen der möglichen Werte i gleich eins und für alle übrigen Werte gleich null ist. Diese Situation liegt im absoluten Nullpunkt der Temperatur vor; nach dem Nernstschen Wärmesatz ist (S. 48)

$$S(T = 0\,\text{K}) = 0.$$

Ein Zustand hat die größte Unbestimmtheit, d. h. $S = S_{\max}$,

$I = 0$, wenn alle Werte p_i identisch — alle Zustände gleichwahrscheinlich — sind. In diesem Fall ist $p_i = 1/M$ wegen

$$\sum_{i=1}^{M} p_i = 1 .$$

Man kann zeigen, daß

$$-\sum_{i=1}^{M} \frac{1}{M} \ln \frac{1}{M} = \ln M > -\sum_{j=1}^{M} p_j \ln p_j$$

gilt für beliebige p_j bei inhomogener Verteilung. Wir hatten gerade nachgewiesen, daß bei beliebiger Änderung der Wahrscheinlichkeitsverteilung $\Delta I > 0$ ist. Wir setzen $1/M$ für p_j und erhalten

$$\Delta I = \sum_j p_j \, \Delta I_j = k \sum_j p_j \ln \frac{p_j}{M^{-1}} = k \ln M + k \sum_j p_j \ln p_j .$$

Wegen $\Delta I > 0$ ergibt sich

$$\ln M > -\sum_j p_j \ln p_j .$$

Im Unterschied zur mikroskopischen Information wird Information über Makrozustände durch ein nichtäquivalentes Maß an Entropie „bezahlt" — der Anstieg der Entropie übertrifft um ein Vielfaches die Menge der gewonnenen Information. So ergibt das Werfen einer Münze 1 bit makroskopische Information. die beim Werfen aufgewendete Muskelarbeit und die beim Aufprall der Münze auf dem Boden entstehende Wärme erzeugten dagegen selbst bei einer kleinen Münze eine Entropie von weit mehr als 10^{-23} J/K. Außerdem kann die Münze ja auch sehr groß sein. Genau deshalb ist die weiter oben angegebene Einschätzung des Inalts von Büchern in Joule pro Kelvin sinnlos.

Der Maxwellsche Dämon

Es gab von alters her das Bestreben, den zweiten Hauptsatz der Thermodynamik zu überwinden, das Anwachsen der Entropie zu unterbinden. Zu diesem Zweck riefen Physiker sogar Dämonen herbei. Den Laplaceschen Dämon hatten wir bereits kennengelernt. 1871 führte Maxwell seinen Dämon in die Physik ein als „ein Wesen, dessen Fähigkeiten so verfeinert sind, daß es jedes Molekül auf seinem Wege zu verfolgen vermag und das zu tun in der

Lage ist, was für uns gegenwärtig unmöglich ist. Nehmen wir an, wir haben einen Behälter, durch eine Trennwand mit einer kleinen Öffnung in zwei Teile, A und B geteilt, und das Wesen, das die einzelnen Moleküle sehen kann, öffnet und schließt die Öffnung auf solche Weise, daß nur die schnelleren Moleküle von A nach B und nur die langsameren von B nach A hinübergelangen können. Dieses Wesen erhöht somit ohne einen Aufwand an Arbeit die Temperatur in B und erniedrigt sie in A, entgegen dem zweiten Hauptsatz der Thermodynamik." (J. C. MAXWELL, Theorie der Wärme)

Die von L. BRILLOUIN durchgeführte Analyse der Arbeit des Maxwellschen Dämons zeigt besonders deutlich den Zusammenhang von Information und Entropie. Auf diesen Zusammenhang hatte erstmals L. SZILLARD 1929 hingewiesen — derselbe SZILLARD, auf dessen Vorschlag ALBERT EINSTEIN den berühmten Brief bezüglich der Atombombe an Präsident ROOSEVELT schrieb.

Die Ausgangsfrage ist die folgende: Was ist dazu erforderlich, daß der Dämon die einzelnen Moleküle sieht:

Ist das Gesamtsystem abgeschlossen und befindet es sich im Gleichgewicht bei der konstanten Temperatur T_0, dann hat auch der Dämon diese Temperatur. Die Strahlung entspricht unter diesen Bedingungen der Strahlung eines schwarzen Körpers, der Dämon kann sie aufnehmen, aber er kann nicht ein einzelnes Molekül erkennen und dessen Geschwindigkeit bestimmen. Dafür muß das Molekül erst einmal beleuchtet werden. Der Dämon ist daher mit einer geladenen Batterie und einer elektrischen Glühlampe auszurüsten. Der Glühfaden der Lampe erhitzt sich auf eine Temperatur T_1, die über T_0 liegt, also $T_1 > T_0$. Diese Bedingung ist notwendig, um sichtbares Licht mit einer Quantenenergie $h\nu$ zu erhalten, die größer ist als die thermische Energie kT_0. Der Glühfaden strahlt die Energie E ab und verliert die Entropie

$$S_G = -\frac{E}{T_1}. \tag{7.15}$$

Ohne die Einmischung des Dämons wird diese Energie E vom Gas bei der Temperatur $T_0 < T_1$ absorbiert, und die Entropie des Gases wächst auf

$$S = \frac{E}{T_0} + S_G = \frac{E}{T_0} - \frac{E}{T_1} > 0. \tag{7.16}$$

Der Dämon kann ein Molekül beobachten, wenn mindestens ein Lichtquant $h\nu$ von dem Molekül gestreut und im Auge des Dämons absorbiert wird. Absorption eines Quants bedeutet Vergrößerung der Entropie um

$$\Delta S_{\mathrm{D}} = \frac{h\nu}{T_0}. \tag{7.17}$$

Der Dämon erhielt eine Information und benutzte sie zur Verringerung der Entropie des Systems. Die ursprüngliche Entropie des Systems war

$$S_0 = k \ln P_0 . \tag{7.18}$$

Nach Empfang der Information nahm die Unbestimmtheit ab, das statistische Gewicht des Systems verkleinerte sich von P_0 auf $P_1 = P_0 - p$. Das bedeutet eine Änderung der Entropie um

$$\Delta S_{\mathrm{I}} = S - S_0 = k[\ln (P_0 - p) - \ln P_0]$$

und, da für $p \ll P_0$

$$\ln (P_0 - p) = \ln P_0 + \ln \left(1 - \frac{p}{P_0}\right) \approx \ln P_0 - \frac{p}{P_0}$$

gilt, erhalten wir

$$\Delta S_{\mathrm{I}} = -\frac{kp}{P_0}. \tag{7.19}$$

Die gesamte Entropiebilanz lautet:

$$\Delta S = \Delta S_{\mathrm{D}} + \Delta S_{\mathrm{I}} \approx k \left(\frac{h\nu}{kT_0} - \frac{p}{P_0}\right) > 0 \tag{7.20}$$

unter Berücksichtigung von $h\nu > kT_0$ und $p \ll P_0$. Die Entropie des Systems steigt in Übereinstimmung mit dem zweiten Hauptsatz. Der Dämon ist nicht in der Lage, ihn zu durchbrechen.

Im ersten Teilprozeß kommt es zu einem Anwachsen der Entropie um ΔS_{D}, im zweiten verwandelt sich ein Teil der Entropie in Information, die zur teilweisen Erniedrigung der Entropie verwendet wird.

Die Effektivität der Arbeit des Dämons bestimmt sich aus dem Verhältnis der erzielten Entropiesenkung zu ihrem Gesamtanstieg:

$$\eta = \frac{|\Delta S_{\mathrm{I}}|}{\Delta S} = \frac{p/P_0}{\dfrac{h\nu}{kT_0} - \dfrac{p}{P_0}} \ll 1 . \tag{7.21}$$

Die von Brillouin und ergänzend von Poplawski durchgeführten Berechnungen zeigen, daß der Wirkungsgrad η von der relativen Temperaturerniedrigung abhängt, die der Dämon hervorruft:

$$\frac{T_B - T_A}{T_0} \equiv \frac{\Delta T}{T_0} = \theta .$$

Dabei ist $T_B - T_A = \Delta T$ das vom Dämon erzeugte Temperaturgefälle der beiden Behälterhälften. Bei $\theta \ll 1$ beträgt der Wirkungsgrad des Carnotschen Kreisprozesses

$$\eta_C = \frac{T_2 - T_1}{T_2} = \frac{(T_0 + \Delta T/2)(T_0 - \Delta T/2)}{T_0 + \Delta T/2} = \frac{\Delta T}{T_0 + \Delta T/2}$$

$$= \frac{\theta}{1 + \theta/2} \approx \theta . \qquad (7.22)$$

Es ergibt sich, daß die beiden Wirkungsgrade η und η_C für $\theta \ll 1$ identisch sind. Der Wirkungsgrad η charakterisiert den Irreversibilitätsgrad eines Ordnungsprozesses, der Carnotsche hingegen den Grad reversibler Umwandlung von Wärme in Arbeit. Für die Gewinnung von Arbeit sind aber, wie Poplawski hervorhebt, beide Teilprozesse erforderlich — ein Informations-, d. h. Regelungsprozeß und ein thermodynamischer Prozeß.

Wie der Laplacesche, so ging auch der Maxwellsche Dämon in die Poesie ein. In seinem besten dichterischen Werk, dem Poem „Das erste Rendezvous", schrieb Andrej Bely:

So viel strenge Physik sprengt mein Gehirn:
Lauthals krähte der Professor Kluge,
daß Maxwells Dämon zerstört Entropie,
im Staube beim kosmischen Fluge.

Die Poesie ist der Wissenschaft nicht so fern, wie Leute meinen, die Physiker und Lyriker gegeneinanderstellen (siehe Kapitel 8, letzter Abschnitt). In den folgenden Zeilen bringt Andrej Bely ein bemerkenswertes poetisches Vorstellungsvermögen zum Ausdruck:

In Curies Versuchen zerbrach die Welt,
atomare berstende Bombe
in Elektronenstrahlen zerfällt
zur gestaltloser Hekatombe.

Das Poem wurde 1921 veröffentlicht.

Empfang und Erzeugung von Information

Wir haben uns davon überzeugt, daß der Erhalt einer Information mit einem Anstieg der Entropie bezahlt werden muß. Bei makroskopischen Prozessen kann diese Bezahlung erhebliche Ausmaße annehmen. Das von uns ermittelte Entropieäquivalent $k \ln 2$ für 1 bit Information stellt nur die untere Grenze dieses Gegenwertes dar.

Wir wollen das Äquivalent der Information in Energieeinheiten berechnen.

Wir gehen von einem idealen Gas mit N Molekülen beim Druck p und der Temperatur T aus. Im Ergebnis von Fluktuationen verringert sich das Volumen des Gases von V auf $V - \Delta V$. Für diese Kompression wird die Arbeit $W = p\,\Delta V$ aufgewendet. Wir berechnen die erhaltene Information. Jedes Molekül befand sich mit der Wahrscheinlichkeit 1, d. h. mit Sicherheit, im Volumen V; die Wahrscheinlichkeit seines Aufenthaltes in dem Teil $V - \Delta V$ dieses Volumens betrug vor der Kompression $1 - \Delta V/V$. Für N Moleküle war diese Wahrscheinlichkeit gleich $(1 - \Delta V/V)^N$. Bei der Kompression des Gases nehmen dieselben N Moleküle das kleinere Volumen ein, und wir erhalten damit eine Information, die sich aus den angeführten Wahrscheinlichkeitswerten bestimmt:

$$I = \frac{1}{\ln 2} \ln \frac{1}{(1 - \Delta V/V)^N} = -\frac{1}{\ln 2} \ln \left(1 - \frac{\Delta V}{V}\right)^N \approx \frac{1}{\ln 2} N \frac{\Delta V}{V}. \tag{7.23}$$

Folglich ist

$$\frac{W}{\Delta I} \approx \frac{p\,\Delta V}{\frac{1}{\ln 2} N \frac{\Delta V}{V}} = \frac{pV}{N} \ln 2 = kT \ln 2. \tag{7.24}$$

Die Information wurde in bit angegeben. Die Größe $kT \ln 2$ entspricht den minimalen energetischen Kosten für 1 bit Information: Für $T = 300$ K ist $kT \ln 2 = 2 \cdot 10^{-21}$ J.

Jede physikalische Messung bedeutet Empfang von Information. Sie kostet somit Aufwand an Entropie und Energie. Meßprozesse — Vorgänge zur Gewinnung von Information über den Makrozustand eines Systems und zur Erhöhung des Ordnungsgrades eines Systems — sind grundsätzlich irreversibel. Das Studium der Thermodynamik dieser Informationsprozesse wurde zu einem essentiellen Bestandteil der Physik, denn Entropie- und Energieäquivalent wachsen mit der Genauigkeit physikalischer Messungen. Je exakter die Messung, desto höher der Aufwand.

Indes beschränkt sich die Physik nicht auf Messungen. Die empfangene Information wird übertragen und verwendet — verarbeitet (insbesondere in elektronischen Rechenanlagen). Auch das muß bezahlt werden.

Wir sehen, Information hat eine wohldefinierte thermodynamische Bedeutung. Man darf daher den gelegentlich in der Literatur anzutreffenden Behauptungen, der Informationsbegriff sei verschwommen, unphysikalisch, keinen Wert beimessen.

Ohne auf diese wichtige Tatsache ausdrücklich hinzuweisen, haben wir in den letzten Abschnitten über den Erhalt oder den Empfang (oder die Rezeption) von Information gesprochen. Wir haben diesen Prozeß zunächst ignoriert. Währenddessen ist der Informationsbegriff durch zwei Festlegungen gekennzeichnet:

1. Information bedeutet Auswahl bestimmter Situationen aus einer großen Zahl gleichwahrscheinlicher oder nicht gleichwahrscheinlicher Möglichkeiten.
2. Als Information gilt nur eine solche Auswahl, die empfangen und gespeichert werden kann.

Beim Aufbau einer Informationstheorie für die Lösung von Aufgaben der Nachrichtenübertragung in den Arbeiten von Wiener, Shannon und anderen galt das Hauptaugenmerk selbstverständlich den Prozessen der Informationsübertragung, nicht denen ihrer Rezeption. Der Empfänger verfügt in dieser „kanonischen" Theorie über äußerst bescheidene Fähigkeiten: Alles, was er kann, ist, einen Buchstaben vom anderen, ein Codierungszeichen vom anderen zu unterscheiden.

Im Gegensatz dazu erlangt bei den Problemen der Informationsphysik und der Informationsbiologie, mit denen wir uns im nächsten Kapitel beschäftigen werden, die Rezeption einer Information besondere Bedeutung.

Wir wollen zunächst die Rezeption von Information aus unserer Alltagserfahrung heraus erörtern. Was ist das für ein Prozeß?

Offenkundig ist der Empfang einer Information (der mit Entropie bezahlt wird!) ein irreversibler Prozeß. Die Information kann vom Empfänger vergessen werden oder ihm auf andere Weise verlorengehen, aber sie kehrt nicht zur Quelle zurück.

Die Rezeption ist ein Nichtgleichgewichtsprozeß. Im Gleichgewicht zwischen Informationsquelle und -empfänger kommt es zum

Informationsaustausch hin und zurück, die Informationsflüsse gleichen sich aus.

Da die Aufnahme von Information die Entstehung einer bestimmten Geordnetheit im Empfängersystem bedeutet (ich habe ein Gedicht gelesen und es im Gedächtnis behalten!), ist dies nicht schlechthin ein Nichtgleichgewichtsprozeß, sondern ein Prozeß weitab vom Gleichgewicht. Das Rezeptorsystem ist ein dissipatives System.

Für die Rezeption von Information ist ein bestimmtes Empfangsniveau erforderlich, eine bestimmte Kapazität, eine bestimmte Fähigkeit, die Nachricht aufzunehmen. Das Vorhandensein solcher Fähigkeit ist eine notwendige, aber keine hinreichende Bedingung für die Rezeption: Vor mir liegt ein Gedichtband in einer mir unbekannten Sprache. Ich verfüge nicht über das notwendige Rezeptionsniveau (d. h. über einen Schatz von Vorkenntnissen, wie ich ihn beim Erlernen der Sprache erworben haben könnte) und bin somit nicht in der Lage, die in dem Buch enthaltene Information aufzunehmen. Nehmen wir aber an, es handelt sich um eine Sammlung in russischer Sprache. Das ist meine Muttersprache, über das notige Rezeptionsniveau verfüge ich (einschließlich der Schulung, die für eine kunstgerechte Rezeption unentbehrlich ist); doch ich mag im Moment einfach keine Gedichte lesen. Ich habe anderes im Sinne.

Das bedeutet, für die Rezeption von Information muß ein Ziel realisiert werden. Das Vorliegen eines Zieles bedeutet Instabilität — das Erreichen des Zieles ist der Übergang vom instabileren in den stabileren Zustand.

Also ist die Aufnahme von Information ein irreversibler Nichtgleichgewichtsprozeß des Übergangs eines dissipativen Systems aus einem weniger stabilen in einen stabileren Zustand. Dieser Prozeß ist nur durch den Export von Entropie aus dem Empfängersystem möglich.

Natürlich bedeutet die Rezeption von Information deren Speicherung für eine mehr oder weniger lange andauernde Zeit. Informationsaufnahme und -speicherung sind nicht voneinander zu trennen.

Man kann von Information Vorräte anlegen und aufbewahren. Bücher einerseits und die Gesamtheit der Gene (die Genome) von Lebewesen andererseits sind solche Informationsvorräte.

Nur makroskopische Information wird aufgenommen und gespeichert. Dementsprechend ist für die Information nicht nur die äquivalente, sondern eine wesentlich größere Menge an Entropie aufzubringen. Deshalb hat die eindrucksvolle Berechnung der in allen bislang geschriebenen Büchern enthaltenen Entropieeinheiten (S. 176) tatsächlich keinen Sinn.

Wie wird nun aber Information erzeugt? Eine Antwort auf diese Frage gab der amerikanische Theoretiker G. KASTLER. Neue Information wird durch Speichern einer zufälligen Auswahl erzeugt. KASTLER führte das folgende Beispiel an: Nehmen wir an, ich stelle einen Koffer in einen Gepäckautomaten auf dem Bahnhof und wähle irgendeine vierstellige Nummer, mit deren Kenntnis ich das Schließfach wieder öffnen können werde. Indem ich mir diese zufällig ausgewählte Folge von vier Ziffern gemerkt (oder notiert) habe, habe ich eine Information erzeugt. Es sind $\log_2 9000 = 13{,}13$ bit Information entstanden.

Die Erzeugung neuer Information geht stets sprungartig, nicht kontinuierlich, vor sich. Dieser Prozeß ähnelt einem Phasenübergang, natürlich einem mit Nichtgleichgewichtscharakter. Bei Gleichgewichts-Phasenübergängen, z. B. bei der Kristallisation einer Flüssigkeit, wird keine neue Information erzeugt. Hier findet keine Auswahl statt, alles ist von vornherein vorgeschrieben durch bekannte Gesetze der Physik. Andererseits kann man die Entstehung eines Realkristalls mit seinen Gitterdefekten, Brüchen und Einschlüssen als Zufallsprozeß und damit als Erzeugung neuer Information auffassen.

Wir haben uns mit zwei Dämonen — dem Laplaceschen und dem Maxwellschen — und mit einem Billardspiel — dem Sinaischen — befaßt. Fügen wir noch ein Billard hinzu: das chinesische. Man hat dabei ein Brett, auf dem eine Reihe von Drahtstiften und kleinen Gruben angeordnet ist. Neben jeder Grube steht eine Zahl, die die zu gewinnenden Punkte angibt. Eine Metallkugel wird angestoßen. Sie erleidet eine Anzahl von Stößen an den Stiften und kommt schließlich in einer der Gruben zur Ruhe, nachdem die instabile Bahnkurve vollständig durchlaufen wurde. Die Bewegung der Kugel bis zum Fall in die Grube modelliert die Entropie. Der Fall in die Grube, d. h. die Einnahme eines relativ stabilen Zustands im Ergebnis einer zufälligen Auswahl aus vielen Möglichkeiten, modelliert die Erzeugung von Information. Der Entropie-Preis dafür ist hoch. Wenn sich auf dem Brett 32 Gruben befinden, dann ist die erzeugte (und aufgenommene) Information gleich 5 bit. Die Wärmemenge, die beim Anstoßen der Kugel und ihrem Sturz in die Grube frei wird, geteilt durch die Temperatur, übertrifft aber den Wert $5k \ln 2 = 5 \cdot 10^{-23}$ J/K um viele Größenordnungen.

Es muß betont werden, daß die Schaffung einer echten physikalischen Theorie der Rezeption, Speicherung und Erzeugung von Information, d. h. einer Theorie ganz spezifischer irreversibler Prozesse in dissipativen Systemen, einstweilen auf entscheidende Schwierigkeiten stößt.

Der Wert einer Information

Eine Informationsübermittlung hat einen bestimmten Inhalt, einen gewissen Sinn, ist von diesem oder jenem Wert für den Empfänger. Die kanonische Informationstheorie, mit der wir uns bisher beschäftigt haben, ignoriert den Inhalt der Information vollkommen. Dies ist ein Vorzug, nicht etwa ein Mangel der Theorie. Denn es leuchtet doch ein: Um die Durchlaßfähigkeit eines Nachrichtenübermittlungsweges zu berechnen, braucht man in keiner Weise den Inhalt der übermittelten Telegramme zu berücksichtigen.

Es gibt jedoch eine Menge wissenschaftliche Probleme, die unmittelbar mit dem Wert von Information zusammenhängen. Das betrifft biologische Fragestellungen und eine Reihe von Problemen, die in den Gesellschaftswissenschaften auftreten. Einige davon werden im letzten Kapitel des Buches behandelt.

Die Frage nach dem Wert einer Information wurde von einer Reihe sowjetischer Wissenschaftler untersucht: M. M. Bongard, R. L. Stratonowitsch und A. A. Charkewitsch. In Bongards sehr interessantem Buch „Das Problem des Erkennens" (Moskau 1967) ist das siebente Kapitel mit „Nützliche Information" überschrieben. Den Nützlichkeitsgrad einer Mitteilung, d. h. den Wert einer Information, setzt Bongard in Zusammenhang mit der Wahrscheinlichkeit, nach Empfang der Information ein bestimmtes Ziel zu erreichen. Man kann den Wert einer Information darstellen als

$$V = \log_2 \left(\frac{p'}{p}\right), \tag{7.25}$$

wobei p und p' die Wahrscheinlichkeiten für das Erreichen des Zieles vor und nach Empfang der Information bezeichnen. In den Arbeiten von Stratonowitsch und Charkewitsch werden ähnliche Ausdrücke eingeführt.

Offensichtlich kann der Wert einer Information nicht losgelöst von ihrer Rezeption definiert werden; wie können den Wert einer Mitteilung nur anhand der Folgen ihrer Aufnahme durch den

Empfänger beurteilen. Es ist somit im Unterschied zur Informationsmenge, die mit Hilfe der Hartley- (7.4) oder der Shannon-Gleichung (7.11) ausgedrückt werden kann, nicht möglich, eine universelle Definition für den Wert von Information anzugeben. Der Wert erscheint als Ergebnis der Rezeption, er ist unmittelbar verbunden mit dem Rezeptionsniveau. Sehen wir uns ein einfaches Beispiel an: Band 2 des „Lehrgangs der höheren Mathematik" von W. I. Smirnow — dieses Buch ist reich an Information. Welchen Wert hat sie?

Man muß zurückfragen, für wen? Für ein Vorschulkind ist der Wert dieser Information gleich null, weil es nicht über ausreichende Vorkenntnisse, über ein ausreichendes Rezeptionsniveau verfügt und nicht in der Lage ist, die Information aufzunehmen. Für einen Mathematikprofessor ist der Wert ebenfalls gleich null, weil er das alles gut weiß. Maximalen Wert hat diese Information für Studenten desjenigen Semesters, für das das Buch gedacht ist. Immerhin handelt es sich ja um ein sehr gutes Lehrbuch. Die Abhängigkeit des Wertes vom Niveau der Vorbereitung, vom vorher geschaffenen Informationsvorrat — dem Thesaurus (griechisch ϑησαυρός bedeutet „Schatz") — geht durch ein Maximum (Abb. 7.1).

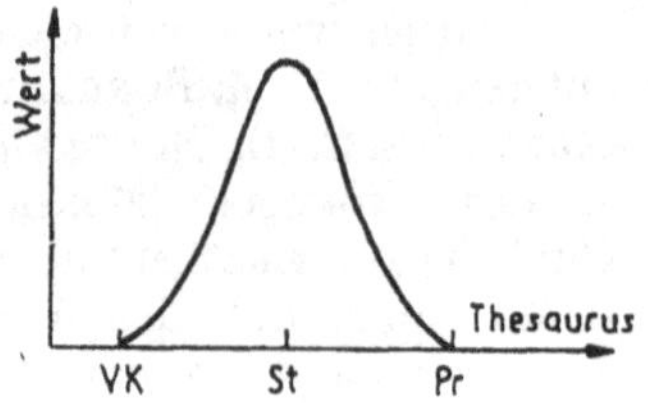

Abb. 7.1. Abhängigkeit des Wertes der Information vom Thesaurus

Bezogen auf Gleichung (7.25), charakterisiert der Begriff des Zieles offenbar die Rezeption der Information. Inwieweit sich die Wahrscheinlichkeit, das Ziel zu erreichen, vergrößert, wird vom Empfänger bewertet, der das Ziel anstrebt. Selbstverständlich kann der Begriff des Zieles, so subjektiven Charakters er ist, solange es um den Menschen als Rezeptor geht, in ganz und gar objektiver Weise auf Erscheinungen der Physik, Chemie oder Biologie angewendet werden. Wie bereits erwähnt, bedeutet das Vorhandensein eines Zieles eine gewisse Instabilität. Das „Ziel" von Strukturgenen besteht in der Synthese von Eiweißen (siehe weiter unten, S. 198). In diesem Falle ist im Zielbegriff nichts enthalten, was über die Grenzen von Physik und Chemie hinausginge.

Gemäß Gleichung (7.25) hat wiederholte Information — Redundanz — den Wert null, da sie die Wahrscheinlichkeit für das Erreichen des Zieles weder vergrößert noch verkleinert. Der Wert V kann auch negativ sein — wenn die erhaltene Information eine Desinformation ist, falsche Angaben enthält, die das Ziel in die Ferne rücken.

Die praktische Anwendung von Gleichung (7.25) stößt auf Schwierigkeiten. Versuchen wir, das Problem etwas zu vereinfachen. Davon ausgehend, daß Redundanz keinen Wert hat (Wiederholung ein und derselben Feststellungen bringt keine neue Information), werden wir den Informationswert als Grad der Irredundanz, als Grad der Unersetzbarkeit einer Nachricht als Ganzes bzw. eines ihrer Elemente, eines Codierungszeichens, definieren.

Nehmen wir an, eine Nachricht enthält N_0 solche Zeichen („Buchstaben"), und die Informationsmenge beträgt $N_0 I_0$. Am folgenden Rezeptionsniveau, das die Häufigkeit des Vorkommens der Buchstaben (siehe S. 169) berücksichtigt, verringert sich die Informationsmenge auf $N_0 I_1$ mit $I_1 < I_0$. So gilt für die russische Sprache $I_0 = 5{,}05$ bit und $I_1 = 4{,}35$ bit. Wir ersetzen die auf einen Buchstaben kommende Verringerung der Informationsmenge durch die proportionale Verkleinerung der Buchstabenzahl der Nachricht auf N_1, wobei (vgl. S. 173) gilt:

$$\frac{N_1}{N_0} = \frac{I_0}{I_1} = 1 - R_1 .$$

Mit anderen Worten, wir haben die überschüssigen Buchstaben fortgelassen. Entsprechend steigt der Wert der verbleibenden Buchstaben, die nun geringere Redundanz aufweisen. Die zugehörigen Werte für die russische Sprache sind

$$1; \frac{I_0}{I_1}; \frac{I_0}{I_2}; \frac{I_0}{I_3}; \ldots; \frac{I_0}{I_n},$$

d. h. 1; 1,15; 1,42; 1,66; ... Worin besteht hier das Ziel? Darin, eine exakte und eindeutige, von Redundanz befreite Information zu erhalten.

Ein solches Herangehen an den Wert von Information erweist sich als nützlich für eine Reihe von Informationsprozessen, vor allem biologische Prozesse, von denen im folgenden Kapitel die Rede sein wird. Wir werden dort auch auf informationstheoretische Aspekte von künstlerischem Schaffen und Kunstrezeption zu sprechen kommen. Die Begriffe der Informationstherie, die in exakter Ausarbeitung nur als Nachrichtentheorie vorliegt, ohne Berücksichtigung der Rezeption, erweisen sich als universell. Allein der Gebrauch der Sprache dieser Theorie läßt vieles erkennen.

Es gibt Situationen, in denen der Wert einer Information, d. h. die Konsequenz aus deren Aufnahme, unermeßlich groß im Vergleich zu ihrer Menge ist. Der Gewinn beim Roulette, das Ergebnis eines Lostreffers beispielsweise können erheblich sein. Oder: Der gesamte Verkehrsstrom ändert seine Richtung, wenn die Fahrzeugführer ein einziges Bit Information — das Umschalten der Ampel von Rot auf Grün — wahrnehmen. Es handelt sich hierbei um sogenannte Trigger-Situationen, die auf dem Abarbeiten eines großen Vorrats an Vorinformationen beruhen. Von ähnlichem Charakter ist das für Außenstehende absolut rätselhafte Gespräch zwischen Kitty und Lewin, das wir auf S. 175 wiedergaben. Solche Trigger-Situationen werden in biologischen Systemen ständig realisiert.

8. Entropie — Information — Leben

Thermodynamik lebender Organismen

Es wird üblicherweise vom „Antientropie-Charakter" des Lebens gesprochen. Man meint damit das Anwachsen der Ordnung sowohl in der Entwicklung eines Individuums als auch im Verlaufe der Evolution — in dieser Hinsicht ist ein lebender Organismus einem System, das getreu dem zweiten Hauptsatz dem Zustand maximaler Entropie, maximaler Unordnung zustrebt, völlig unähnlich. Dieser augenfällige Unterschied rief eine Reihe von Veröffentlichungen hervor, in denen die Anwendbarkeit des zweiten Hauptsatzes auf lebende Systeme geleugnet wird. Diese Publikationen sind wissenschaftlich nicht haltbar.

Wir hatten bereits gesehen, worum es hier geht. Ein lebendes System ist offen und weitab vom Gleichgewicht. Als wir die Entropiebilanz eines Kosmonauten in seinem Raumschiff analysierten, konnten wir uns davon überzeugen, daß dabei mit der Thermodynamik alles zum besten bestellt ist. Sowohl die Entwicklung als auch der stationäre Zustand des Organismus werden durch den Export von Entropie in die Umgebung aufrechterhalten. Unter den Bedingungen der Gleichgewichtsferne entsteht im Ergebnis des Anwachsens von Fluktuationen auf makroskopisches Ausmaß (siehe S. 149) eine spezifische Ordnung des dissipativen Systems.

Einer der Begründer der Molekularbiologie, der französische Gelehrte J. Monod, schrieb, ein lebender Organismus unterscheide sich von einem unbelebten Körper derselben Masse durch seine höhere Ordnung. Damit hatte Monod aber nicht recht. Die Ordnung eines Organismus im Sinne regulärer Anordnung von Atomen und Molekülen ist wesentlich geringer als die Ordnung eines Kristalls. Schon deshalb, weil ein Organismus viel Flüssigkeit enthält. Der Unterschied zwischen Organismus und Kristall ist der Unterschied zwischen prinzipiell unähnlichen Arten von Ordnung — der Kristall hat eine Gleichgewichtsordnung, der Organismus ist als dissipative Struktur, weitab vom Gleichgewicht, geordnet. In dem auf S. 142 zitierten Buch Schrödingers ist der Organismus als aperiodischer Kristall bezeichnet. Diese Worte haben einen tiefen Sinn, wir kommen später darauf zurück. Zunächst betrachten wir einen anderen wichtigen Gedanken aus demselben Buch.

Schrödinger fragt den Leser: „Warum sind Atome klein?" Und er weist sogleich darauf hin, daß die Frage so nicht richtig gestellt ist. In der Physik spricht man nicht von groß und klein, in der Physik werden Vergleiche angestellt. Atome sind klein — im Vergleich womit? Im Vergleich mit unseren gewöhnlichen Längenmaßen wie Meter oder Fuß. Diese Maße leiten sich von den Ausdehnungen des menschlichen Körpers ab. Das heißt, Atome sind viel kleiner als Organismen. Man muß die Frage umformulieren; sie läuft auf folgendes hinaus: „Wieso besteht ein Organismus aus einer großen Zahl von Atomen?" Und dem ist ja wirklich so: Selbst so ein kleines Bakterium wie *Mycoplasma laidlawii* besteht aus annähernd 10^9 Atomen.

Der Kern der Antwort ist folgender: Die Tätigkeit eines Organismus bedarf exakter physikalischer Gesetze. Sämtliche physikalischen und chemischen Gesetze, die die Existenz und Funktionstüchtigkeit von Organismen bestimmen, beruhen auf der Statistik und haben daher Näherungscharakter. Das trifft natürlich nicht auf die Quantengesetze zu, die die Struktur der Moleküle festlegen, aus denen der Organismus aufgebaut ist. Die Exaktheit statistischer Gesetze basiert auf der großen Zahl der beteiligten Atome — bei einer kleinen Teilchenzahl würde die Thermodynamik, der zweite Hauptsatz, nicht funktionieren; die entsprechenden Fluktuationen wären allzu groß. Bei einer kleinen Zahl von Elementen eines statistischen Systems könnte sich keine stabile Ordnung ausbilden, weder eine Gleichgewichtsordnung noch eine dissipative. Der Organismus als dissipatives System mit der Fähigkeit zu makroskopischer Verstärkung von Fluktuationen ist notwendigerweise makroskopisch.

Der erste Wissenschaftler, der den prinzipiellen Nichtgleichgewichtscharakter eines lebenden Organismus postulierte, war der Biologe E. S. Bauer. Er schrieb 1935: „Lebende Systeme sind niemals im Gleichgewicht und leisten auf Kosten ihrer freien Energie ständig Arbeit gegen das von den Gesetzen der Physik und Chemie bei den gegebenen äußeren Bedingungen geforderte Gleichgewicht."

Ein lebender Organismus ist ein makroskopisches offenes System, weitab vom Gleichgewicht, d. h. ein dissipatives System. Die Feststellung dieser Tatsache ist notwendig, aber noch nicht hinreichend für die Erklärung der grundlegenden Besonderheiten des

Lebens aus der Sicht von Thermodynamik und statistischer Physik.

Der lebende Organismus stellt eine äußerst komplizierte chemische Maschine dar. Eine chemische deshalb, weil er unter den Bedingungen konstanter Temperatur und konstanten Druckes arbeitet. Dementsprechend sind auch die Energiequellen, die für die Realisierung der vielfältigen Arten von im Organismus geleisteter Arbeit benötigt werden, keine thermischen, sondern chemische. Die Energie wird vorzugsweise in Adenosintriphosphorsäure (ATP) gespeichert. Beim Aufspalten einer der drei in dieser Verbindung vorliegenden Phosphorbindungen wird eine freie Energie in der Größenordnung von 40 kJ/mol freigesetzt. Diese Energie wird für ebenfalls chemische Prozesse verwendet, darunter zur Eiweißsynthese, zum Transport verschiedener Stoffe in die Zelle und aus der Zelle heraus, für die Weiterleitung von (ihrer Natur nach elektrischen) Nervenimpulsen und für mechanische Arbeit. Leben kann nicht ohne Bewegung existieren. Bewegungen innerhalb der Zellen, wie z. B. die Umordnung von Chromosomen bei der Zellteilung, die Bewegung von Organen und des Organismus als Ganzes erfordern Aufwendung von chemischer Energie, die im ATP gespeichert ist. Die Energiespeicherung selbst erfolgt bei Tieren und Pflanzen über Atmungsprozesse und bei Pflanzen zudem über die Photosynthese.

Der lebende Organismus unterscheidet sich von einer von Menschenhand geschaffenen Maschine, von einem Roboter nicht nur in der Natur der energetischen Prozesse, sondern auch in der des Signalübertragungsmechanismus. Direkte oder rückgekoppelte Nachrichtenübertragungen zur Steuerung von künstlichen Maschinen werden durch die Übertragung elektrischer, magnetischer und mechanischer Signale realisiert. Im lebenden Organismus sind Übertragung, Codierung und Rezeption von Informationssignalen letzten Endes immer chemischer Natur — als Signale, als Boten dienen Moleküle und Ionen, als Quellen, Wandler und Empfänger der Signale fungieren molekulare Systeme. So ist ein Ferment, das als Katalysator einer bestimmten biochemischen Reaktion wirkt, ein Signalwandler. Es katalysiert die Umwandlung der einen Signalmoleküle in andere.

Wie schon besprochen wurde, leistet ein thermodynamisches System beliebige Arten von Arbeit, wenn Gradienten vorhanden sind, die die treibende Kraft darstellen. Im Carnotschen Kreisprozeß, in einer Wärmekraftmaschine ist die Temperaturdifferenz zwischen dem warmen und dem kalten Reservoir entscheidend.

Im lebenden Organismus wird alles durch die Unterschiede in den Konzentrationen chemischer Stoffe, durch Unterschiede der chemischen Potentiale bestimmt. Der Organismus lebt auf der Grundlage subtiler, exakter chemischer Bilanzen.

Der Organismus ist ein offenes System. Dementsprechend kommt es in ihm zu einer Verknüpfung zahlreicher Prozesse, und die Dissipationsfunktion (S. 139) stellt sich als Summe der zugehörigen verallgemeinerten Kräfte und Ströme dar:

$$\sigma = \sum_i X_i J_i .$$

Aus diesem Grunde laufen in einem Organismus Reaktionen ab, die in vitro — im Reagenzglas — unmöglich sind. Eiweiß entsteht in der Synthese aus Aminosäuren, aus Molekülen von der Bauart

$$\begin{array}{c@{}c@{}l} & \mathrm{H} & \\ & | & \\ \mathrm{H_2N-} & \mathrm{C} & \mathrm{-COOH,} \\ & | & \\ & \mathrm{R} & \end{array}$$

wobei R verschiedene Radikale sind. Alle Eiweiße in der belebten Natur sind aus 20 Aminosäuren aufgebaut, die sich in diesen Radikalen R unterscheiden. Die Eiweißkette ist eine Art Text, geschrieben in einem 20buchstabigen Alphabet. Über Peptidbindungen setzen sich die Aminosäuren zu einer Kette zusammen. Die Verbindung eines jeden Aminosäurepaares geht mit der Freisetzung eines Wassermoleküls einher:

$$\begin{array}{c@{}c@{}c@{}c@{}l} & \mathrm{H} & & \mathrm{H} & \\ & | & & | & \\ \mathrm{H_2N-} & \mathrm{C} & \mathrm{-COOH + H_2N-} & \mathrm{C} & \mathrm{-COOH} \\ & | & & | & \\ & \mathrm{R_1} & & \mathrm{R_2} & \end{array}$$

$$\begin{array}{c@{}c@{}c@{}c@{}l} & \mathrm{H} & & \mathrm{H} & \\ & | & & | & \\ \mathrm{-\ H_2N-} & \mathrm{C} & \mathrm{-CO-HN-} & \mathrm{C} & \mathrm{-COOH + H_2O.} \\ & | & & | & \\ & \mathrm{R_1} & & \mathrm{R_2} & \end{array}$$

Dieser Prozeß findet in wäßrigem Medium — im Zellplasma — statt. Wasser ist im Überfluß vorhanden. Von allein kann der

Prozeß deshalb nicht vonstatten gehen; die Peptidbindungen müßten aufbrechen, statt sich zu bilden. Doch der Prozeß ist mit der Aufspaltung von ATP verknüpft, die auch die Eiweißsynthese mit der notwendigen freien Energie versorgt.

Die Synthese von Eiweißketten funktioniert übrigens auch in vitro, aber auf völlig andere Art und Weise.

Eine besondere Rolle für die Lebensfunktionen spielt die Verknüpfung von chemischen Reaktionen und Prozessen des Stofftransports, der Diffusion. Die Energie des ATP wird auch zum Aufbau eines Konzentrationsgefälles der Ionen innerhalb und außerhalb der Zelle genutzt. In der Zelle, sagen wir in einem roten Blutkörperchen (Erythrozyt), ist die Konzentration an Kaliumionen viel höher als im umgebenden Blutplasma, die Natriumionenkonzentration dagegen viel niedriger. Zu diesem aktiven Stofftransport durch die Zellmembran — zum Export von Natrium und zum Import von Kalium — kommt es infolge der Kopplung mit der hydrolytischen Aufspaltung des ATP.

Bei einer Wärmekraftmaschine sind die mechanischen Teile klar getrennt von dem der Statistik unterworfenen Teil, sie hat exakt unterschiedene mechanische und statistische Freiheitsgrade. Metallzylinder und Kolben sind die mechanische Funktionsgruppe, das „statistische Teil" bildet das in Expansion bzw. Kompression Arbeit leistende Gas. Die Entropie der mechanischen Teile der Maschine bleibt konstant, die Entropie des Arbeitsstoffes, sagen wir des Wasserdampfes, ändert sich, weil er ein statistisches System darstellt, das den Gesetzen der Wahrscheinlichkeit gehorcht.

Im lebenden Organismus ist die Situation weitaus komplizierter. „Mechanische" und „statistische" Freiheitsgrade (wobei die beiden Adjektive nicht von ungefähr in Anführungszeichen gesetzt sind) fallen hier zusammen, sie können bei der wissenschaftlichen Betrachtung nicht getrennt werden. So bilden beispielsweise im Muskel die Arbeitssubstanzen — die für die Kontraktion maßgeblichen Proteine Aktin und Myosin — gleichzeitig die Struktur des Systems. Die Situation ist also vollkommen anders als bei der Wärmekraftmaschine, wo die Arbeitssubstanz, Dampf oder Gas, in eine mechanische Struktur eingebracht ist.

Wir kennen heute die physikalischen Grundlagen des Lebens, verstehen, auf welchen physikalischen Gesetzen die Funktionsweise von Zellen und Organismen beruht, wenngleich sich die Untersuchungen zu einer Reihe von prinzipiellen Fragen der theoretischen Biologie und Biophysik noch im Anfangsstadium befinden. Wir begreifen, daß Leben nicht „antientropisch" ist. Eine solche Wortschöpfung ist überhaupt ohne jeden Sinn. Leben existiert dank dem Vorhandensein von Entropie, deren Export die biologischen Prozesse auf allen Ebenen — von der Zelle bis zur Biosphäre als Ganzem — aufrechterhält.

Zwischen der Thermodynamik und der Wissenschaft vom Leben bestand schon immer eine Verbindung. Wir hatten gesehen, daß MAYER und HELMHOLTZ von biologischen Fakten her zur Entdeckung des ersten Hauptsatzes kamen. Die zweite Entwicklungsetappe der Thermodynamik — die Schaffung einer linearen Thermodynamik offener Systeme — führte zur Erklärung gekoppelter Prozesse, zum Verständnis eines offenen Systems. In der dritten Etappe schließlich — in der Synergetik, in der Physik dissipativer Systeme — vereinigte sich die Physik mit der Biologie, indem sie die Bedeutung biologischer Ordnungsprozesse, biologischer Entwicklung aufklärte.

Man kann heute mit Sicherheit behaupten, daß keine der bekannten biologischen Erscheinungen den Prinzipien der Physik widerspricht. Natürlich sind neue Begriffe einzuführen, aber keine Grundprinzipien. Diese Situation unterscheidet sich von denen, die es in der Physik selbst gab: Sowohl die Quantenmechanik als auch die Relativitätstheorie entstanden daher, daß die bisherige Physik an Grenzen ihrer Anwendbarkeit gestoßen war. In der Biologie sind derartige Grenzen nicht zu erkennen.

Die moderne Physik und insbesondere alle Aussagen über die Entropie funktionieren in der Biologie ausgezeichnet, und es besteht keinerlei Notwendigkeit, mit solchen Begriffen wie „Biofeld" und „Bioplasma" zu operieren. In der Natur gibt es weder das eine noch das andere.

Biologische Evolution, Entropie und Information

Die Biosphäre ist ein historisches System, das eine präbiotische Evolution, die in der Entstehung des Lebens auf der Erde ihre Vollendung fand, und seine eigentliche Entwicklung, Biogenese, durchlaufen hat. Die Biogenese brachte es einstweilen bis zu der gegenwärtig vorhandenen Artenvielfalt. Das Leben ist auf einen winzig kleinen Teil des Kosmos lokalisiert — auf die Erde. Wir besitzen keinerlei Hinweise auf die Existenz von Leben außerhalb der Erde. Die Utopien über Wesen von anderen Planeten haben keine wissenschaftliche Grundlage. I. S. SCHKLOWSKI führte eine

Reihe von Argumenten an, eid für die Unmöglichkeit einer Begegnung mit außerirdischem Leben sprechen; doch auf diesem Gebiet gibt es nichts, was streng bewiesen wäre.

Die zeitliche Dauer der biologischen Evolution ist vergleichbar mit dem Alter des Weltalls, das größenordnungsmäßig auf $2 \cdot 10^{10}$ Jahre geschätzt wird. Das Leben auf der Erde entstand vor etwa $3{,}9 \cdot 10^9$ Jahren, wie die ältesten fossilen Abdrücke von Bakterien und niederen Algen, den Mikrobionten, bezeugen. Das Alter der Erde nimmt man mit $4{,}5 \cdot 10^9$ Jahren an.

Was ist das Gemeinsame in der Evolution des Weltalls, unseres Sonnensystems und der Erde und der biologischen Evolution? In allen Fällen haben wir es mit der Schaffung neuer Information zu tun — seien es Galaxien und Sterne, Planeten, Faltengebirge oder biologische Arten. Die neue Information entsteht im Ergebnis zufälliger Auswahl, zu der es kommt, wenn der Ausgangszustand instabil ist und einige stabilere Zustände zur Auswahl stehen. Die Erzeugung neuer — kosmologischer, geologischer oder biologischer — Information hat den Charakter eines Phasenübergangs. Sie stellt einen Ordnungsprozeß dar, der nicht kontinuierlich, sondern sprungartig verläuft.

So konnte gezeigt werden, daß die Gleichungen der Populationsgenetik, die die Entstehung neuer biologischer Arten beschreiben, mit den Gleichungen zur Beschreibung von Phasenübergängen übereinstimmen.

Die Analogie von kosmischer und biologischer Evolution ist damit nicht erschöpft. Das Entstehen von Inhomogenitäten — Sternen und Galaxien — infolge gravitationsbedingter Instabilitäten bedeutet Konkurrenz und natürliche Selektion. Die Gravitations-Inhomogenitäten konkurrieren miteinander um kondensierbare Materie.

Zu kosmischen, geologischen und biologischen Evolutionsprozessen, die eine Strukturbildung, eine Entstehung von Ordnung aus einem Anfangs-Chaos darstellen, kommt es aufgrund von Entropieexport in das umgebende Medium.

Was wir über die Biosphäre gesagt haben, gilt auch für den einzelnen Organismus. Er ist historisch in dem Sinne, daß er sich aus einer befruchteten Eizelle entwickelt und in seiner Struktur und seinen Funktionen ein Gedächtnis für die vorangegangene biologische Evolution besitzt.

Auch das 20. Jahrhundert könnte man als das Zeitalter DARWINS bezeichnen, denn es ist das Zeitalter der Erforschung von Zeitprozessen, von Prozssen der Entwicklung, der Evolution.

Probleme der Stabilität nahmen einen zentralen Platz in der Wissenschaft ein.

Bei der Geburt eines jeden neuen Organismus entsteht Information. Geschlechtliche Vermehrung bedeutet in der Tat Speicherung einer zufälligen Auswahl. Denn ob gerade ein betrachtetes Paar Nachwuchs hervorbringt, ist durch keinerlei Gesetze vorgeschrieben.

Wieviel Information enthält ein Organismus? L. A. BLUMENFELD stellte eine derartige Berechnung an. Die Hauptmenge der Information im menschlichen Organismus ist durch die geordnete Verteilung der Aminosäuren (genauer der Aminosäurereste) auf 7 kg Eiweiß — dem entsprechen etwa $3 \cdot 10^{25}$ Säurereste — bestimmt. Da es 20 Sorten solcher Reste gibt, liefert jeder eine Informationsmenge von $\log_2 20 = 4{,}32$ bit. Nach Multiplikation mit $3 \cdot 10^{25}$ erhalten wir $13 \cdot 10^{26}$ bit. Die anderen Beiträge sind wesentlich kleiner. Die Desoxiribonukleinsäure (DNA) stellt einen in einem vierbuchstabigen Alphabet geschriebenen Text dar — es gibt vier Sorten von Kettengliedern, von Nukleotiden. Folglich kommen auf ein Nukleotid $\log_2 4 = 2$ bit Information. Der Organismus enthält 150 g DNA, d. h. etwa $1{,}5 \cdot 10^{23}$ Nukleotide; das ergibt $3 \cdot 10^{23}$ bit. Der geordneten Verteilung von 10^{13} Zellen entsprechen $4 \cdot 10^{14}$ bit, der der 10^{8} Makromoleküle Biopolymerer in einer Zelle nur $1{,}6 \cdot 10^{9}$ bit.

Für die Biologie bringt diese Berechnung jedoch nicht viel. Redundante und nichtredundante Information hält sie nicht auseinander. Dabei ist der Organismus, wie wir schon einmal festgestellt haben, eine Art aperiodischer Kristall. Das bedeutet unter anderem, er beinhaltet viel irredundante, d. h. wertvolle Informationen. Darin besteht der wesentliche Unterschied zwischen dem Organismus als aperiodischem Nichtgleichgewichts-Kristall und einem gewöhnlichen Gleichgewichts-Kristall.

Außerdem gelten solche Berechnungen natürlich nur unter vereinfachenden Bedingungen. In Wirklichkeit ist die in einem Eiweißmolekül enthaltene Information nicht auf dessen primäre Struktur, d. h. die Aneinanderreihung von Aminosäureresten, beschränkt. Wie bereits gesagt wurde (S. 70), hat das Eiweißmolekül einen räumlichen, globulären Aufbau, der letztlich durch die entropiebedingten Eigenschaften des Wassers — die hydrophoben Kräfte — bestimmt wird. Die Anordnung der Glieder der Eiweißkette innerhalb dieser globulären Struktur stellt ebenfalls Information dar.

Die biologische Evolution ist irreversibel und verläuft gerichtet.

Es fiele schwer, ihre Entropiebilanz exakt aufzustellen. Soviel aber ist klar: Sowohl die Irreversibilität als auch die Gerichtetheit entstehen durch den Export von Entropie in der Biosphäre. Noch aus der Schulzeit kennen wir die Grundlagen der Darwinschen Zuchtwahltheorie. Die späteren Erfolge von Genetik und Molekularbiologie gaben ihr einen neuen Inhalt. Ausgangsmaterial der Evolution sind zufällige Mutationen von Genen und Chromosomen, die natürlich keinerlei Gerichtetheit besitzen. Doch auf sie wirkt ein mächtiger Mechanismus, den DARWIN entdeckte: die natürliche Auslese. Sie gibt der Entwicklung eine Richtung, indem sie jeweils die den Milieubedingungen besser angepaßten Mutanten überleben und sich vermehren läßt. Die natürliche Auswahl besteht in der Bewertung von Organismen, die über eine breite genetische Variabilität verfügen. Bewertung bedeutet Selektion wertvoller Information. Davon wird im letzten Abschnitt noch die Rede sein.

Neben der dynamischen wirkt auch eine stabilisierende Selektion, in deren Ergebnis Mutanten, die sich stark in der einen oder anderen Richtung von der mittleren Norm unterscheiden, verworfen werden und aussterben, ohne sich fortgepflanzt zu haben. Auch die stabilisierende Selektion erfordert Aufwand an Energie und Entropie. Das ist der sogenannte „Red-Queen-Effekt", benannt nach einer Szene aus „Alice im Spiegelland" von LEWIS CARROLL:

„‚Aber in unserem Land', sagt Alice, noch immer nach Atem ringend, ‚gelangt man im allgemeinen woandershin, wenn man lange Zeit so schnell läuft, wie wir es eben taten.'

‚Eine langsame Sorte von Land!' bemerkte die Königin. ‚Hier dagegen mußt du aus Leibeskräften rennen, wenn du am selben Ort bleiben willst. Und wenn du woandershin willst, mußt du doppelt so schnell rennen.'"

Die natürliche Auslese bringt also gerichtete Evolution hervor. Sie ist jedoch nicht der einzige und nicht der wichtigste richtungserzeugende Faktor — auch wenn selbst in den besten Lehrbüchern von keinem anderen gesprochen wird. Man vergißt allzu oft die höchst wesentlichen Worte DARWINS:

„Wir sehen deutlich, daß die Natur der Bedingungen bei der Bestimmung jeder speziellen Form der Veränderung eine untergeordnete Bedeutung im Vergleich zur Natur des Organismus hat — möglicherweise keine größere Bedeutung, als sie ein Funke, der einen Haufen Brennmaterial entzündet, für die Bestimmung der Natur des Feuers hat."

Der Hauptfaktor für die Gerichtetheit ist durch Struktur und

Eigenschaften der evolutionierenden Populationen von Lebewesen — dissipativer Strukturen — gegeben. Der Aufbau eines Organismus und die möglichen Mechanismen zu seiner Veränderung wiederum sind durch die vorangegangene Evolution gegeben, die in engem Zusammenhang mit der Ontogenese, der Individualentwicklung steht. So haben alle irdischen Wirbeltiere vier Extremitäten, weil sie aus Quastenflossern mit vier homologen Flossen hervorgegangen sind.

In dieser Hinsicht ist die Evolution dem Schachspiel ähnlich: Hat die Partie mit einer bestimmten Eröffnung begonnen, dann läßt sie sich nicht mehr auf eine andere Strategie umstellen. Das Spiel ist, wie die Evolution, irreversibel, kanalisiert, zielgerichtet. Es gibt keinen Zug rückwärts.

Sowohl das Schachspiel als auch die Evolution unterliegen zweierlei Restriktionen. Zum einen bedient sich die Evolution beständig der Nukleinsäuren und Proteine, benutzt den genetischen Code. Dem entsprechen beim Schach die festen Spielregeln. Zum anderen ist das Möglichkeitsfeld der Evolution durch die vorgegebene Entwicklungsrichtung, das der Schachpartie durch die gewählte Eröffnung, das gewählte System der Spielführung eingeschränkt.

Das Schachspiel beruht auf der Erzeugung, Aufnahme und Bewertung von Information. In ähnlicher Art und Weise „bewertet" — im Rahmen der ihr gesteckten Grenzen — die natürliche Auslese die in Individuen und Populationen enthaltene biologische Information.

Mehr als eine Analogie liegt hier freilich nicht vor. Schließlich gibt es bei der Evolution keine Partner, die gegeneinander spielen. Analogien sind aber durchaus nützlich. Sie helfen bei der Verdeutlichung von Begriffen und können daher als Quelle neuer Information dienen.

Der bedeutende Biologe I. I. Schmalhausen schlug eine kybernetische, informationstheoretische Behandlung der Wechselbeziehungen von Organismen mit ihrer Umwelt im Verlaufe der Evolution vor. Diese „Übersetzung" der Evolutionstheorie in die Sprache der Informationstheorie erwies sich als sehr lehrreich.

Organismen leben in Biogeozönosen, in ökologischen Systemen, die von allen koexistierenden, miteinander in Wechselbeziehung stehenden pflanzlichen und tierischen Organismen sowie den geologischen und klimatischen Faktoren ihres Milieus gebildet werden. Mit Hilfe bestimmter Rückkopplungen erhält die Biogeozönose Information über den Zustand einer Population (der Gesamtheit

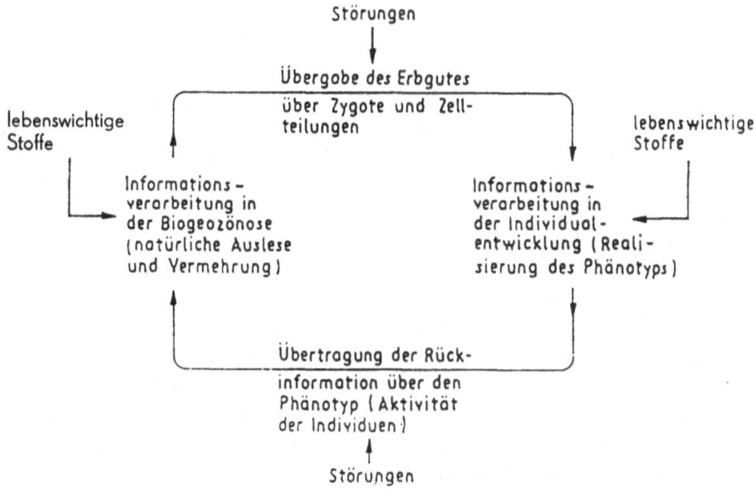

Abb. 8.1 Schema der Hin- und Rückkopplungen in einer Biogeozönose nach SCHMALHAUSEN

von Individuen einer Art) und verfügt damit über einen spezifischen Mechanismus zur Umsetzung dieser Information in Steuersignale und über die erforderlichen Übertragungsmittel, um diese Signale an die Population weiterzuleiten. Ein entsprechendes Schema zeigt Abbildung 8.1.

Die in den Genen, in den DNA-Molekülen gespeicherte Erbinformation wird erst nach ihrer Verarbeitung in der Biogeozönose von der vorangegangenen Generation auf die nächste übertragen. Es vermehren sich nicht Gene, sondern Individuen, die Bestandteile der Biogeozönose sind. Der Mechanismus erblicher Informationsübertragung steckt in den einzelnen Individuen, Veränderungen der Biogeozönose betreffen die Population als Ganzes. Die Information über diese Veränderungen wird über die Fortpflanzung ausgewählter Individuen weitergegeben, deren Nachkommen in dieselbe Population eingehen. Die Population verändert sich, macht eine Evolution durch; aber die Information über diese Veränderung wird über die Vermehrung von Individuen weitergegeben.

Der Terminus „Information" wird hier nicht im quantitativen Sinne verwendet. Dennoch ist dieser Sprachgebrauch instruktiv. Wir wollen das an einem überzeugenden Beispiel zeigen.

LAMARCK war der Auffassung, es gäbe eine Vererbung erworbener Merkmale.

Die Vorfahren der Giraffe hatten bekanntlich kurze Hälse. LAMARCK nahm nun an, daß die Evolution bis hin zur rezenten Giraffe über eine allmähliche Veränderung des Halses verlief. Zugespitzt formuliert, machen also die Giraffeneltern lange Hälse, um an die Blätter hoher Bäume heranzulangen, und diese Verlängerung vererbt sich auf die Kinder.

Das hieße aber, daß die Information über die Verlängerung des Halses von den Zellen des Halses an die Keimzellen übertragen worden sein muß, und dies obendrein auf adäquate Weise — in den Genen der Keimzellen müssen entsprechende Veränderungen vor sich gegangen sein, damit die langhalsige Nachkommenschaft zustande kommen konnte. Indes hat keiner der Anhänger LAMARCKS jemals die Mechanismen einer derartigen Informationsübertragung herausgefunden. Diese Mechanismen, eine solche Übertragung gibt es nicht. Erworbene Merkmale werden nicht vererbt. Wir sehen, es ist nützlich, über Informationsübertragung zu reden.

Die Arbeit „Kybernetische Fragen der Biologie" von SCHMALHAUSEN schließt mit bedeutsamen Feststellungen. So unterstreicht SCHMALHAUSEN, daß für die Evolution nicht die in einem Chromosom, in einer Zelle eines Individuums enthaltene Informationsmenge ausschlaggebend ist, sondern die Qualität, der Wert der Information: „In allen Fällen, wo ein Vergleich und eine Auswahl von Information erfolgen, geschieht das auf der Basis ihrer Bewertung hinsichtlich der Qualität ... In der Biologie ist die qualitative Bewertung von Information von grundlegender Bedeutung."

Der Wert biologischer Information

Wir haben uns also mit dem Problem des Wertes von Information in bezug auf die Biologie zu beschäftigen.

Weiter oben definierten wir den Wert als Grad der Irredundanz, der Unersetzbarkeit einer Information (siehe S. 189). Betrachten wir die Rezeption einer genetischen Information, die codiert als Nukleotidsequenz in der DNA-Kette vorliegt. Sie stellt einen „vierbuchstabigen Text" dar, der ein Programm für die Eiweißsynthese beinhaltet. Die Molekularbiologie, die Molekulargenetik, basiert auf der Grundthese „Ein Gen entspricht einer Eiweißkette". Die Programmierung erfolgt nach einem genetischen Code, der die Zuordnung von Codons (Nukleotid-Tripletts) und Aminosäureresten festschreibt. Die Zahl der Tripletts ist gleich der Zahl möglicher Dreierkombinationen aus den 4 Buchstaben, also $4^3 = 64$; die Zahl der Aminosäurereste beträgt 20. Demzufolge ist der genetische Code stark entartet, d. h., es gibt Aminosäuren, die von einem Codon bzw. von zwei, drei, vier oder sechs Codons codiert werden. Die Rezeption der genetischen Information erfolgt im System der Zelle, die die Eiweißsynthese bestimmt. Die ursprüngliche Informationsmenge in einer aus n Nukleotiden bestehenden DNA-Kette ist gleich

$$I_0 = \log_2 4^n = 2n \text{ bit};$$

Diese Information hat einen Wert für die Eiweißsynthese. Die Informationsmenge der synthetisierten Eiweißkette beträgt

$$I_1 = \log_2 20^{n/3} = 1{,}44n \text{ bit}.$$

Für jede Aminosäure ist ein Codon verantwortlich, also 3 Nukleotide. Deshalb hat ein 20buchstabiger Eiweiß-„Text" eine Länge von $n/3$ Aminosäure-„Buchstaben". Die Informationsmenge hat sich infolge der Entartung des Codes verringert. Die Redundanz ist in diesem Stadium gleich $R_1 = 1 - I_1/I_0 = 0{,}28$.

Im nächsten Stadium berücksichtigen wir die Möglichkeiten der Substitution von Aminosäuren durch andere, chemisch verwandte, ohne daß sich dabei die Eiweißeigenschaften ändern. Mit anderen Worten, viele Punktmutationen, die sich im Austausch einer Aminosäure ausdrücken, sind unter dem Gesichtspunkt der Evolution neutral. Wenn man von den 20 Aminosäuren eine bestimmte Anzahl, sagen wir vier, untereinander ersetzt, dann ist

$$I_2 = \log_2 16^{n/3} = 1{,}33n \text{ bit}.$$

Die zugehörige Redundanz beträgt

$$R_2 = 1 - \frac{I_2}{I_0} = 0{,}33.$$

Im vierten Stadium beziehen wir die Möglichkeit ein, daß ganze Eiweiße substituiert werden. In der Tat werden einige Fermente, die im Verdauungssystem wirken, in einer Reihe von Fällen gegeneinander ersetzt. Treten im Synthesesystem einer Zelle DNA-Ketten zweier Sorten auf, die n_1 bzw. n_2 Nukleotid-Glieder enthalten, dann können Eiweiße mit $n_1/3$ bzw. $n_2/3$ Aminosäure-Gliedern entstehen. Nehmen wir als Beispiel $n_1 = 0{,}75 n_2$ an. Dann gilt

$$I_0 = 2n_1 + 2n_2 = 4{,}67 n_1 \text{ bit},$$

$$I_1 = 1{,}44 n_1 + 1{,}44 n_2 = 3{,}36 n_1 \text{ bit},$$

$$I_2 = 1{,}33 n_1 + 1{,}33 n_2 = 3{,}10 n_1 \text{ bit}$$

und, wenn die Eiweiße miteinander vertauschbar sind,

$$I_3 = 1{,}33 n_1 \text{ bit}.$$

Für die Redundanzen ergibt sich

R_0	R_1	R_2	R_3
0	0,28	0,33	0,72

und für die anwachsenden relativen Werte

$\frac{I_0}{I_0}$	$\frac{I_0}{I_1}$	$\frac{I_0}{I_2}$	$\frac{I_0}{I_2}$
1	1,40	1,50	3,51.

Man kann die Werte der Codons über den Grad der Unersetzbarkeit der Aminosäurereste, die von ihnen codiert werden, bestimmen. Inzwischen sind die „Texte" der meisten Eiweiße bekannt, darunter auch von gleichen Eiweißen verschiedener Arten. So kennt man beispielsweise die Hämoglobine vieler Wirbeltiere. Damit läßt sich die Evolution der Eiweiße verfolgen. Je weiter biologische Arten voneinander entfernt sind, in desto mehr „Buchstaben", d. h. Aminosäureresten, unterscheiden sich ihre ansonsten gleichen Eiweiße. Stellt man die mutativen Ersetzungen von Aminosäuren in Eiweißen zum Vergleich gegenüber, dann kann man feststellen, welche Aminosäuren mehr und welche weniger ersetzbar sind. Die weniger ersetzbaren Aminosäuren besitzen den größeren Wert.

Wie verändert sich der Wert, d. h. die Unersetzbarkeit, die Irredundanz der Information im Laufe der biologischen Entwicklung — der evolutionären und der individuellen?

Die Grundidee der Evolutionstheorie besteht in der Abstammung verschiedener Arten von einem gemeinsamen Vorfahren. Letztlich stammen alle Mehrzeller von den Einzellern ab. Die einzige Ab-

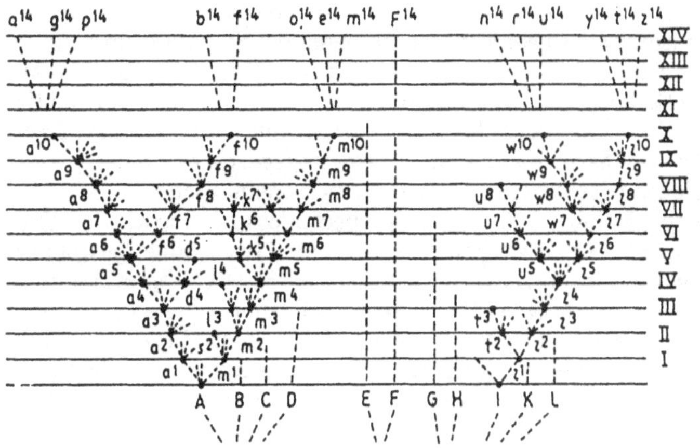

Abb. 8.2 Schema der Artenverzweigung nach Darwin
A, B, ..., L: Arten einer umfangreichen Gattung; von A und I ausgehende Strichlinien: variierende Nachkommen dieser Arten. Die Abstände zwischen den horizontalen Linien entsprechen 1000 oder mehr Generationen. a^1, m^1 usw.: deutlich hervorgetretene Abarten; a^{10}, f^{10}, m^{10}: neue Arten; F^{14}: ohne Veränderung erhaltene Art

bildung in Darwins „Entstehung der Arten" zeigt das Schema der Divergenz – der Verzweigung – von Arten, die verschiedene ökologische Nischen einnehmen (Abb. 8.2). Der sowjetische Biologe N. N. Woronzow zeigte beispielsweise, daß in der Neuen Welt die ökologischen Nischen, in denen in der Alten Welt *verschiedene* Nagetiere leben, allein von den Nachkommen der Hamster besetzt sind. Die einen von ihnen klettern auf die Bäume, andere gruben sich in die Erde, und die dritten okkupierten Flüsse und Seen.

Offensichtlich bedeutet eine solche Divergenz ein Anwachsen der Unersetzbarkeit, ein Anwachsen des Informationswertes. Unterschiedliche Arten können sich zwar gelegentlich kreuzen, aber dabei entstehen unfruchtbare Nachkommen. In diesem Sinne sind die biologischen Arten unersetzbar.

Auch in der Individualentwicklung kommt es zu einem Anwachsen der Unersetzbarkeit. Anfang des Jahrhunderts führte der deutsche Biologe Hans Spemann seine berühmten Versuche durch. Ihre Opfer waren, wie üblich, Amphibien: Wassermolche. Bereits in einem sehr frühen Stadium der Embryonalentwicklung läßt sich der Teil des Keimes angeben, aus dem sich später ein bestimmtes

Organ entwickeln wird. So fand man beispielsweise heraus, daß ein bestimmter Abschnitt der Blastula im Spätstadium bzw. der Gastrula im Frühstadium in der weiteren Entwicklung zum Auge wird. Dieser Abschnitt ist also das präsumtive, d. h. mutmaßliche Auge. Blastula, Gastrula und Neurula sind aufeinanderfolgende Stadien der Entwicklung eines Tierembryos. SPEMANN verpflanzte ein solches präsumtives Auge an verschiedene Stellen eines älteren Embryos. Dabei ergab sich nichts besonders Interessantes: War es an die Stelle des Auges gebracht worden, dann wurde aus dem präsumtiven Auge ein Auge, im Bereich des Ohres entstand daraus ein Teil des Ohres, im Nierenbereich ein Teil einer Niere usw. Entnahm er die Probe aber einem weiter entwickelten Embryo im Stadium der Neurula, so erwies sich das präsumtive Auge als bereits determiniert: Wohin es auch immer gesetzt wurde, es ergab nichts anderes als ein Auge. Diese beeindruckende Experimente sind in Abbildung 8.3 schematisch dargestellt. Wie die Biologen sagen — sie haben ja eine Vorliebe für Spezialausdrücke —, ist die Totipotenz des Zellabschnitts durch die Unipotenz ersetzt worden, d. h., aus der Befähigung, sich in ein beliebiges Gewebe umzuwandeln, wurde die exakt determinierte Fähigkeit zu eindeutiger Entwick-

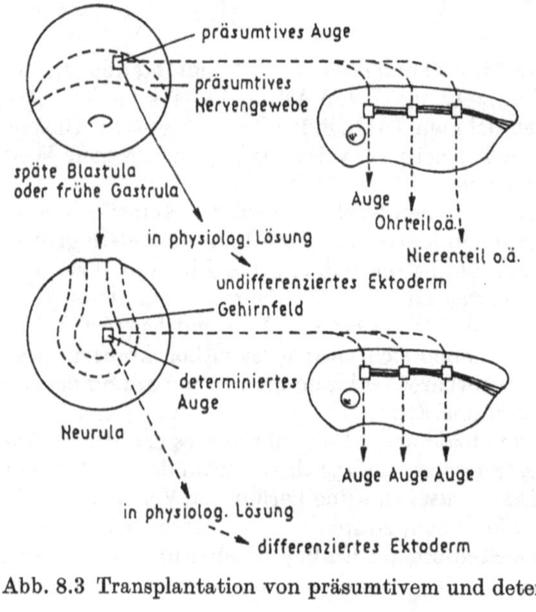

Abb. 8.3 Transplantation von präsumtivem und determiniertem Auge

lung. Das bedeutet aber auch ein Anwachsen der Unersetzbarkeit, eine Vergrößerung des Wertes der Information, die in den Molekülen (in Zeit und Ort, wo diese bestimmte chemische Funktionen ausüben) enthalten ist.

In allen Organismen — vom Bakterium bis zum Menschen — tritt ein sehr wichtiges Eiweiß auf, das Cytochrom-c. Es ist ein unverzichtbarer Bestandteil der sogenannten Atmungskette. Die Arbeitsweise dieser Kette chemischer Umwandlungen, die das „Aufladen des Akkumulators" — die Synthese der DNA, in der chemische Energie gespeichert wird — bewirkt, besteht im oxidativen Abbau organischer Verbindungen mit Hilfe des Luftsauerstoffs, d. h. ihrer Umwandlung in Kohlendioxid und Wasser. Natürlich wird das Funktionieren der Atmungskette, wie alle Vorgänge in biologischen Systemen, durch den Export von Entropie bestimmt.

Die Texte des Cytochrom-c vieler Arten sind bekannt. Die Gegenüberstellung der Werte ihrer Aminosäurereste zeigt, daß unter den Säugetieren der Mensch das Cytochrom-c mit dem höchsten Wert besitzt. Unter den Vögeln nimmt der Pinguin den ersten Platz ein (ganz im Sinne der „Insel der Pinguine" von Anatole France). In Tabelle 6 sind einige Zahlen zusammengstellt. Sie geben die Wertdifferenzen an, wobei für die linke Spalte der Cytochrom-c-Wert des Menschen, für die rechte der des Pinguins gleich null gesetzt wurde.

Was bedeutet diese Werte? Natürlich hat das Cytochrom-c nichts damit zu tun, daß der Mensch klüger als alle anderen Tiere

Tabelle 6
Relative Cytochrom-c-Werte in willkürlichen Einheiten

Säugetiere		**Vögel**	
Mensch	0,00	Pinguin	0,00
Rhesusaffe	–0,10	Huhn	–0,05
Esel	–0,34	Ente	–0,30
Pferd	–0,43	Emu	–0,30
Schwein	–0,58	Taube	–0,58
Kaninchen	–0,66		
Wal	–0,88	**Reptilien**	
Känguruh	–0,88	Schildkröte	–0,80
Hund	–1,06		
Elefant	–1,22		
Fledermaus	–1,25		

ist. Es weist vielmehr darauf hin, daß der Mensch einen längeren Evolutionsweg durchlaufen hat, auf dem die weniger wertvollen, d. h. die leichter ersetzbaren, Aminosäuren durch wertvollere ersetzt wurden. Im übrigen sind die wertvolleren Aminosäuren im allgemeinen auch die selteneren.

Stellen wir uns einen Philatelisten vor, dessen Ziel nicht darin besteht, die Zahl der Marken seiner Sammlung zu vergrößern, sondern darin, die weniger wertvollen Marken durch wertvollere zu ersetzen — beim Cytochrom-c ist die Problemsituation völlig analog.

Also steigt der Wert der Information im Laufe der Evolution. Voraussetzung dafür ist trivialerweise das Vorliegen minderwertiger Information, also von Information mit einer bestimmten Redundanz. In einem System, das diese Bedingung erfüllt, laufen Substitutionsvorgänge ab, die den Wert anwachsen lassen.

In biologischen Systemen werden oft sogenannte Triggersituationen realisiert: Einzelne Signale mit einer sehr geringen Informationsmenge rufen große Wirkungen hervor. Die Zelle einer Bakterie wird beispielsweise durch das Auftreffen eines einzigen Kolchizin-Moleküls abgetötet; ein unbefruchtetes Froschei kann man mit einem Nadelstich zur Teilung, zu ontogenetischer Entwicklung bringen (Loebsche Versuche).

Derartige Triggersysteme sorgen in der Ontogenese für Zelldifferenzierung und Morphogenese — für Strukturbildung. Wie bereits gesagt, wird die Triggerwirkung, bei der die Information einen besonders hohen Wert besitzt, durch das Vorhandensein eines großen Vorrats an vorbereitender Information, durch das Vorliegen hoher Instabilität bestimmt.

Gleichzeitig mit dem Informationswert erhöht sich im Laufe der Entwicklung die Selektivität der Rezeption wertvoller Information. Das biologische System vervollkommnet seine Fähigkeit zur Auswahl solcher Information. Der Frosch reagiert nur auf ein Insekt, das sich bewegt; die Fledermaus empfängt mit Hilfe der Ultraschallortung nur reflektierte, keine direkten Signale. Auf der Auswahl wertvoller Information basiert auch die gesamte schöpferische Tätigkeit des Menschen.

Wie wir sahen (S. 183), muß für die Aufnahme von 1 bit Information eine Energie von mindestens $kT \ln 2$ aufgewendet werden. Diese Energie ist der Minimalpreis für 1 bit beliebiger Information, sowohl für wertvolle Information als auch für solche ohne Wert, auf die man verzichten könnte. Wertvolle Information aus dem Angebot auszuwählen, erfordert keinen zusätzlichen Energieaufwand. Dafür genügt beispielsweise eine speziell konstruierte Membran von Rezeptorzellen. Der mit dieser Konstruktion verbundene Energieaufwand wurde schon früher, in den vorangegangenen Stadien der biologischen Evolution erbracht.

Damit ist ein lebendes System in der Lage, wertvolle Information zu selektieren, ohne dafür einen besonderen Preis zu bezahlen. Mit anderen Worten, das lebende System entwickelt sich, indem es sich einem Zustand nähert, in dem es für 1 bit wertvoller Information $kT \ln 2$ und für unverständliche, wertlose Information gar nichts bezahlt.

Komplexität und Unersetzbarkeit

In seinem letzten, erst nach seinem Tode in der Zeitschrift „Znanie — sila“ veröffentlichten Artikel schrieb der hervorragende sowjetische Biologe Timofeev-Ressowsky, für den Aufbau einer theoretischen Biologie sei es erforderlich, zu den beiden bereits bestehenden Prinzipien noch ein drittes aufzustellen. Diese beiden Prinzipien sind die natürliche Auslese und die konvariante Reduplikation. Letztere bezieht sich auf die DNA. Die Gensubstanz erfährt bei jeder Zellteilung eine Verdopplung, eine Reduplikation. Konvarianz bedeutet, daß Mutationen, Änderungen der Nukleotidsequenz in der DNA, ebenfalls verdoppelt werden.

Als ein drittes derartiges Prinzip kann man das Anwachsen der Komplexität einführen. Gewiß sind Säugetiere von höherer Komplexität als Blau- oder Grünalgen. Es erscheint als hinreichend evident, daß die Komplexität im Verlaufe der Evolution zunimmt. Aber was heißt eigentlich Komplexität?

Eine strenge Definition der Komplexität, die es gestattet, diesen Begriff quantitativ zu fassen, findet sich in den Arbeiten von Kolmogorov, Chaitin und Martin-Löf. Ein kompliziertes Objekt kann in einer Nachricht codiert sein, als eine Sequenz von Nullen und Einsen. Die Komplexität bestimmt sich als die minimale Zahl solcher binärer Zeichen, in der die gesamte, für die Reproduktion (Decodierung) ausreichende Information über das Objekt enthalten ist. Mit anderen Worten, die Komplexität ist die in bit angegebene Länge des ökonomischsten Programms für die Erzeugung einer Binärsequenz zur Beschreibung eines Objekts.

Nehmen wir an, es liegen zwei Nachrichten vor:

0101010101010101 und 0110001011100101.

Welche ist die komplexere? Natürlich die zweite, weniger geordnete. Das generative Programm für die erste Nachricht lautet: $(01)^8$ oder „Schreibe achtmal 01“. Für die zweite Nachricht gibt es kein solches verkürztes Programm, das Programm hat die gleiche Länge wie die Nachricht.

Ein anderes Beispiel. Übermittelt wird die Zahl 3, 141 ... Als Minimalprogamm fungiert einfach der Buchstabe π, der das Verhältnis von Kreisumfang und -durchmesser angibt.

Bemerkenswerterweise ist die solcherart definierte Komplexität äquivalent zur Zufälligkeit – eine Zufallsfolge von Elementen, sagen wir von binären Einheiten, ist durch eine Komplexität charakterisiert, die näherungsweise mit der in bit gemessenen Länge dieser Folge übereinstimmt. Jedes Minimalprogramm ist notwendigerweise zufällig, ungeordnet. Betrachten wir ein Programm P, das das Minimalprogramm für die Erzeugung einer Binärfolge, einer Nachricht N sei. Nehmen wir P als nicht zufällig an, so muß per definitionem ein kürzeres Programm P′ existieren, das P generiert. Dann kann N mit Hilfe des folgenden Algorithmus erzeugt werden: „Berechne P aus P′, berechne danach N aus P“. In diesem Fall ist P kein Minimalprogramm.

Wenden wir uns nun der Komplexität eines biologischen Systems zu. Dieser Begriff ist natürlich relativ. Für einen Biologen ist das Gehirn eines Bullen ein hochkomplexes System, für dessen ausführliche Beschreibung viele Tausende von Bit erforderlich sind. Ein Fleischer dagegen braucht zur Beschreibung desselben Gehirns nicht mehr als 5 bit, denn das Gehirn ist für ihn lediglich einer der etwa 30 verwertbaren Teile von einem Rind, und $\log_2 32 = 5$.

Komplexere Objekte in der Natur sind lebende Organismen, unter ihnen der Mensch. Jedes menschliche Individuum ist unikal und kann nicht durch ein verkürztes Programm codiert werden. In diesem Sinne „ist keiner ersetzbar“. Das gilt auch für die schöpferische Tätigkeit des Menschen, beispielsweise in Literatur und Kunst. Es gibt kein Minimalprogramm für „Anna Karenina“. Es läßt sich kein Algorithmus finden, der ein echtes Kunstwerk vereinfacht, ohne daß es dabei an Sinngehalt verliert.

In Amerika und England gibt es kurze, zusammenfassende Darstellungen der Stücke Shakespeares und der Romane von Dickens. Die Lektüre solcher Konspekte genügt dem Spießbürger, um anschließend mit seiner Bildung zu prahlen. Dabei hat er nur einen verschwindend kleinen Teil der Information bekommen, die das jeweilige literarische Werk enthält. (Siehe dazu den letzten Abschnitt des Buches.)

Grundlage der wissenschaftlichen Biologie ist eine objektiv existierende Systematik, die KARL VON LINNÉ als erster zusammenstellte. Vom Standpunkt der Systematik ist jeder Organismus mehr als nur ein Individuum. So gesehen, ist LEW TOLSTOI nicht nur ein großer Schriftsteller: er ist ein *Homo sapiens*, genauer ein Vertreter des Tierreiches, des Stammes der Chordatiere, des Unterstammes der Wirbeltiere, der Klasse der Säugetiere, der Ordnung der Primaten, der Überfamilie der Hominoidea, der Familie der Hominiden, der Gattung *Homo*, der Art *Homo sapiens* und schließlich der Unterart *Homo sapiens sapiens* (im Unterschied zum Neanderthaler, dem *Homo sapiens neanderthalensis*). Im Rahmen jeder taxonomischen Einheit sind alle ihre Vertreter äquivalent, werden durch dasselbe Minimalprogramm beschrieben. Hier ist also „keiner *un*ersetzbar". Als Vertreter der Art *Homo sapiens* ist jeder Mensch, unabhängig z. B. auch von seiner Hautfarbe, jedem anderen Menschen gleichartig.

Die biologische Klassifizierung besteht im Auffinden des Minimalprogramms für jede Einheit der Systematik, für jedes Taxon. Dieses Programm wird im hierarchischen System der belebten Natur immer länger, seine Komplexität nimmt zu.

Die Wissenschaft geht unter ständiger Minimierung des Programms bis zur Art bzw. Unterart und darüber hinaus. So klassifizieren Anthropologie und Ethnographie die Menschen nach Rassen bzw. Nationalitäten, Physiologie und Psychologie unterscheiden verschiedene Ausprägungen des Genotyps — nach Körperbau bzw. Charakteren (z. B. Choleriker, Sanguiniker, Melancholiker, Phlegmatiker).

Der Begriff der Komplexität ist, wie wir gesehen haben, relativ: er hängt von der Betrachtungsebene, vom Rezeptionsniveau ab. Auf der Ebene des Reiches ist der Mensch der Fruchtfliege äquivalent, auf der Stammesebene dem Lanzettfischchen, im Rahmen der Klasse dem Stachelschwein, nach der Ordnung dem Lemuren, auf der Ebene der Überfamilie ist er dem Schimpansen gleichwertig, auf Familienebene dem Australopithekus, auf der Ebene der Art schließlich dem aufrecht gehenden Menschen, dem *Homo erectus*. Die Komplexität — die Länge des Programms — nimmt auf dieser Stufenleiter zu.

Das Anwachsen der Komplexität trifft als allgemeine Tendenz offensichtlich auch auf die Evolution zu. Im besonderen gibt es jedoch auch entgegengesetzte Fälle. Beispielsweise kommt es beim Übergang zu parasitärer Lebensweise nicht zur Erhöhung der Komplexität, sondern zu einer Vereinfachung. Ein anderes

Beispiel sind bestimmte Amphibien, die in Höhlen leben und im Laufe der Zeit ihr Sehorgan einbüßen, wie die Höhlenmolche.

Wir finden auch Beispiele für eine wesentliche Vereinfachung der Männchen einiger Tiere gegenüber den Weibchen: Das Weibchen des Meerwurmes *Bonellia viridis* hat makroskopische Dimensionen und ist ein komplizierter Organismus mit vielfältigen Funktionen. Das Männchen dagegen ist mikroskopisch klein, lebt in den Geschlechtsorganen des Weibchens, und seine einzige Fähigkeit ist die Befruchtung.

Eine solche Vereinfachung trifft man auch bei Wirbeltieren an. Bei vier Familien des Anglers, eines Tiefseefisches, bestehen besondere Beziehungen zwischen den Geschlechtern. Das Männchen, das wesentlich kleiner als das Weibchen ist (bei *Ceratis holboelli* ist die Länge des Weibchens etwa 1 m und die des Männchens ca. 15 mm), setzt sich in der Haut des Weibchens fest, woraufhin sich Kiefer, Augen und Därme des Männchens so weitgehend zurückbilden, daß es sich schließlich und endlich in einen spermaproduzierenden Ansatz verwandelt.

Es verhält sich also durchaus nicht einfach mit dem Anwachsen der Komplexität.

Offenkundig ähnelt die für die Komplexität angegebene Definition der Bestimmung des Wertes einer Information als deren Unersetzbarkeit. Gleichzeitig aber ist der Begriff des Wertes reicher. Die Komplexität bezieht sich auf die Information als Ganzes. Die Unersetzbarkeit charakterisiert auch ihre einzelnen Elemente. Die Komplexität charakterisiert die Struktur, die Unersetzbarkeit bezieht sich auch auf die Funktion. Dementsprechend nimmt bei einer Vereinfachung im Zuge der Evolution die Unersetzbarkeit, d. h. der Wert, der Information nicht ab, sondern wächst an.

Wir können das Anwachsen des Wertes der Information in der individuellen und der evolutionären Entwicklung als eines der wichtigsten Prinzipien der theoretischen Biologie formulieren. Selbstverständlich wirkt dieses Prinzip nicht unabhängig von der natürlichen Auslese.

Komplexität und Gödel-Theorem

Das Problem der Komplexität wirft äußerst interessante und tieflotende mathematische Fragen auf, deren Behandlung zu wichtigen Konsequenzen von allgemeiner wissenschaftlicher Bedeutung führt.

1931 bewies der österreichische Mathematiker Kurt Gödel seinen berühmten Satz von der Unvollständigkeit der Arithmetik. Unter Verwendung der Sprache der formalen Arithmetik stellte er eine nicht beweisbare Behauptung über die positiven ganzen Zahlen auf. Folglich ist die Arithmetik nicht vollständig.

Der Beweis des Unvollständigkeitstheorems hängt mit dem alten „Paradoxon vom lügenden Kreter" zusammen. Epimenides, der ein Kreter ist, sagt: „Alle Kreter sind Lügner." Die Frage ist nun — spricht er damit die Wahrheit, oder lügt er? Ist es die Wahrheit, dann ist die Behauptung von Epimenides gelogen, weil er selbst ein Kreter ist. Das Paradoxon läßt sich auf eine einfachere Aussage bringen: „Diese Behauptung ist gelogen." Diese Worte sind nur dann wahr, wenn sie gelogen sind — also sind sie weder wahr noch gelogen. Gödel ersetzte „Wahrheit" durch „Beweisbarkeit" und formulierte die Aussage: „Diese Behauptung ist nicht beweisbar." Diese Aussage ist in einem gegebenen formalen System nur dann beweisbar, wenn sie unwahr ist. Somit ist entweder eine unwahre Aussage beweisbar, was verboten ist, oder eine wahre Aussage nicht beweisbar, und folglich ist das formale System nicht vollständig — für den Beweis der Behauptung muß man über seine Grenzen hinausgehen.

Das Gödel-Theorem ist von außerordentlicher Bedeutung für die Wissenschaft. Der Mathematiker Ju. I. Manin schreibt 1975 in der Zeitschrift „Priroda": „Die Erfolge der Mathematik und mathematisierter Wissensgebiete verführten viele große Denker zu der Hoffnung auf die Existenz von ein paar universellen Gesetzen, aus denen sich alle übrigen Wahrheiten rein theoretisch ableiten lassen ... Nach der Arbeit von Gödel können wir jedoch von der Grundlosigkeit solcher Hoffnungen überzeugt sein. Selbst wenn wir die Frage, wie kompliziert die Welt sei, beiseite lassen, wissen wir doch, daß die Methode des deduktiven Schließens nicht leistungsfähig genug ist. Sie genügt nicht einmal, um aus einer endlichen Zahl von Prinzipien alle wahren Aussagen über ganze Zahlen in der Sprache der Schulalgebra abzuleiten: das ist der Inhalt des Gödel-Theorems."

Das ist alles sehr interessant, wird der Leser sagen, aber worin besteht der Zusammenhang zwischen dem Satz von Gödel und dem soeben behandelten Problem der Komplexität und Unersetzbarkeit?

Er besteht darin, daß man nach dem Gödel-Theorem den Minimalcharakter eines gegebenen Programms, das eine komplexe Nachricht erzeugt oder codiert, nicht beweisen kann. Eine Behauptung von beispielsweise folgender Art: „Die Komplexität der Sequenz 01101100110111100010 ist maximal" verlangt den Beweis dafür, daß es für diese Sequenz keinen kürzeren Algorithmus gibt. Der geforderte Beweis ist nur in einem formalen System zu führen, das komplexer ist als die Sequenz selbst. Eine Aussage über die Zufälligkeit dieser Folge setzt die Bestimmung ihrer Komplexität voraus und ist folglich nicht beweisbar.

Das bedeutet nicht, daß sich kein Minimalprogramm finden läßt. Es bedeutet, daß dessen Minimalcharakter nicht beweisbar ist, d. h., daß man auf logischem Wege nicht den Grad der Ersetzbarkeit, also den in der Nachricht enthaltenen Informationswert bestimmen kann.

Diese Tatsache ist von allgemeinwissenschaftlicher Bedeutung. Es ist ständig die Aufgabe der Wissenschaft, ein Minimalprogramm zu finden, das eine zu untersuchende komplexe Vielfalt von Fakten codiert und erklärt. Bereits der mittelalterliche Denker WILHELM VON OCKHAM sagte, man dürfe die Zahl der Entitäten nicht über das notwendige Minimum hinaus vermehren. Dieser richtige Gedanke wird „Ockhamsches Rasiermesser" genannt. So erklärt das Newtonsche Gravitationsgesetz sowohl den Fall eines Apfels als auch die Bewegung der Planeten. Aber das Gödel-Theorem gestattet es nicht, den Minimalcharakter des Programms logisch zu beweisen. Neben der Logik bedarf es in der Wissenschaft der Intuition, und das Gesagte kann als Beweis dieser Aussage dienen. L. I. MANDELSTAM sprach davon, die Grundbeziehung der Quantenmechanik – die Schrödinger-Gleichung – sei nicht abgeleitet, sondern gut erraten worden.

Intuition ist ein unmittelbares Ermessen der Wahrheit, ohne die Stütze logischer Beweise. Wissenschaftliches (und erst recht künstlerisches, siehe den folgenden Abschnitt) Schöpfertum bedeutet Erzeugen neuer Information, d. h. Speichern zufälliger Auswahl. Zufälliger – d. h. intuitiver, nicht beweisbarer Auswahl, für die es keine logischen Argumente gibt.

Information und künstlerisches Schaffen

Wir sprachen bereits von der Universalität und Anwendungsbreite der informationstheoretischen Begriffe. Zum Abschluß dieses Buches wollen wir uns mit einigen Möglichkeiten eines informations-theoretischen Zugangs zu Problemen des künstlerischen Schaffens beschäftigen. Der sogenannte „Physiker"-„Lyriker"-

Streit[1]) z. B. ist nämlich vollkommen unsinnig — Wissenschaft und Kunst haben weitaus mehr Gemeinsames, als es scheinen mag; auf jeden Fall aber ist, was sie einander näher bringt, viel interessanter als das, was sie trennt.

Schaffung eines wahren Kunstwerks bedeutet Erzeugung neuer Information, d. h. Fixierung, Speicherung einer zufälligen Auswahl. Wie auch die des Wissenschaftlers, ist die Tätigkeit des Künstlers determiniert durch Merkmale seiner Persönlichkeit und der Gesellschaft, in der er lebt. Doch diese Determinierung ist verdeckt; dafür sorgt der Künstler selbst ebenso wie die Kunsthistoriker. Die Logik des Schaffensprozesses überrascht sogar den Künstler. So wunderte sich PUSCHKIN über die Heirat seiner Tatjana.

Ein Kunstwerk stellt ein in sich abgeschlossenes Informationssystem dar. Die Information, die durch ein Gedicht vermittelt wird, steckt beispielsweise in allem möglichen: im Inhalt, im Wortschatz, in den Gestalten, in der Rhythmik, im klanglichen Bau, im Versmaß, in den Reimen. Es ist unmöglich, diese Informationsfaktoren voneinander zu trennen. In diesem Sinne gleicht das Kunstwerk dem lebenden Organismus. Es wurde von einem Menschen geschaffen, der sich mit seiner Umgebung austauscht; es ist eine Erscheinung des Lebens, eine Funktion des schöpferischen Gehirns. Mit seiner Veröffentlichung erhält das Gedicht eine selbständige Existenz als nichtisoliertes System, das die Bindung an seinen Schöpfer bewahrt und in Wechselwirkung mit dem Leser bzw. Zuhörer tritt. Das Gedicht erzeugt eine reale, im Prinzip beliebig lange andauernde Verbindung mit dem Dichter, der in seinem Werk lebt. Der Gefühls- und Gedankenreichtum eines CATULL oder des anonymen Verfassers des „Igor-Liedes" wird den Leser noch nach Hunderten und aber Hunderten von Jahren bewegen.

Der Wert einer künstlerischen Information liegt in ihrem ästhetischen Gehalt, der durch das Maß ihrer Wirkung auf einen entsprechend vorbereiteten Rezeptor, der also diese Information aufnehmen, erleben und beurteilen kann, bestimmt ist.

Künstlerische Information — ein Gedicht, ein Bild, eine Sonate — steht jedem unmittelbar zur Verfügung, und jeder hat das Recht zu sagen, ob sie ihm gefällt oder nicht. Über Geschmack läßt sich nicht streiten. Sehr wohl streiten kann man dagegen über Bewertungen. Und man sollte sich keineswegs von dem falschen Schluß leiten lassen: „Das gefällt mir nicht, also ist es schlecht."

---

[1]) Anm. d. Hrsg.: Vgl. dazu z. B. J. ERPENBECK (Hrsg.), Windvogelviereck, S. 327.

Die kompetente, ernsthafte Beurteilung eines Kunstwerkes erfordert Vorbereitung; vielleicht keine geringere als die Einschätzung einer wissenschaftlichen Arbeit. Ein Thesaurus ist notwendig.

Die Aufnahme künstlerischer Information führt nicht einfach nur zu deren Registrierung und Speicherung. Bei der Rezeption kommt es sowohl zum Verlust eines Teils der Information als auch zu ihrem Anwachsen. Ersteres ist trivial und evident: Die Übertragung jeder beliebigen Information ist zwangsläufig von Rauscheffekten begleitet. Bei der Aufnahme künstlerischer Information hängt der Verlust eines Teils der Information mit der prinzipiellen Inadäquatheit des Denkens von Autor und Rezeptor, mit der unbedingten Verschiedenheit ihrer Persönlichkeiten zusammen. Die Unmöglichkeit, der Welt eine vollständige Information über ihre Gedanken und Gefühle zu vermitteln, wurde von Künstlern stets heftig empfunden. Bereits das Schreiben eines Gedichtes verfälscht diese Gedanken und Gefühle:

> Ein Gedanke, ausgesprochen, ist schon nicht mehr wahr.
>
> F. I. Tjutschew

Das Anwachsen der Information bei der Rezeption eines Kunstwerkes ist nicht trivial. Es programmiert einen Strom von Assoziationen, Gedanken und Emotionen im Bewußtsein des Rezeptors und mobilisiert ihn zur Erzeugung neuer Information. Diese Information kann in seinem Bewußtsein verbleiben oder an die Mitwelt weitergegeben werden, wenn der Rezeptor seine Erlebnisse mit ihr teilen will und kann. In diesem Sinne besteht eine Kooperation zwischen Künstler und Rezeptor. Unter dem Thesaurus ist hier nicht eine einfache Summe von Kenntnissen, irgendeine „Kartei" von Gelesenem, Gesehenem und Gehörtem zu verstehen, sondern der ganze intellektuelle und emotionale Reichtum des Rezeptors, einschließlich seiner Fähigkeit zur Kooperation. Ein Belesener, dem es an Phantasie und Empfindungsfähigkeit mangelt, kann in diesem Sinne ein schlechterer Rezeptor sein als ein Mensch, der zwar nicht derart sachkundig, aber zu tiefem Erleben fähig ist.

Eine notwendige, wenn auch nicht hinreichende Bedingung für den Wert künstlerischer Information ist ihre Unersetzbarkeit. Wo ist der Wert eines Wortes höher: in einem künstlerischen oder einem wissenschaftlichen Text? Natürlich in ersterem — wenn es sich um gute Verse oder gute Prosa handelt, dann kann darin kein Wort ausgetauscht werden, ohne daß das Informationssystem seinen Ganzheitscharakter verliert. Einstein schrieb dazu einmal: „In der

Musik MOZARTS gibt es keine überflüssige Note." Dagegen kann ein und dieselbe wissenschaftliche These in vielen verschiedenen Formulierungen dargestellt werden.

Es muß unterstrichen werden, daß der Begriff der Redundanz von Information bei der Anwendung auf ein Kunstwerk seinen Inhalt verändert. Im Unterschied zu einem nicht künstlerischen Text, sagen wir einer Zeitungsnotiz, sind in der Kunst Wiederholungen durchaus nicht immer überflüssig, d. h. bar neuer Information. Ein Ornament, ein immer wiederkehrendes Bild an Kacheln oder Tapeten kann gerade durch die Wiederholung seine emotionale Wirkung haben. Das gilt nicht nur für die angewandte Kunst. Der Kehrreim in einem Gedicht, die Wiederholung einer Melodie in der Musik haben ihre künstlerische Bedeutung. Das bestätigt auch den Ganzheitscharakter eines Kunstwerkes, die Unmöglichkeit, einen rationalen Inhalt, innerhalb dessen Wiederholungen tatsächlich redundant wären, aus ihm herauszulösen.

Was zählt nun aber als redundante, d. h. wertlose, Information in der Kunst? Vor allem Schablonen, Banalitäten, Wiederholungen von wirklich Verflossenem. Im Unterschied zu einem gewöhnlichen Text, der durch Redundanz nicht zerstört wird, führt Redundanz solcher Art beim Kunstwerk zur Zerstörung, vernichtet sein geschlossenes System. Eine schablonenhafte Zeile genügt, um ein ganzes Gedicht zunichte zu machen.

Natürlich können informationstheoretische Betrachtungen keine grundlegenden Probleme der Ästhetik lösen. Aber sie gestatten es, diese Probleme besser zu verstehen.

Der Wert eines Kunstwerkes wird durch die neu geschaffene Information bestimmt. Alles in allem ist der Wert um so höher, je neuer, je unerwarteter diese Information ist. Der Neuigkeitscharakter ist eine notwendige, aber natürlich keine hinreichende Bedingung für künstlerischen Wert. Etwas Unerwartetes, Neues kann auf verschiedene Art und Weise zum Ausdruck gebracht werden. In KRYLOWS Fabel „Der Kamm" wird in einfacher Volkssprache erzählt, wie ein Junge einen Kamm in den Fluß wirft. Und da heißt es:

Nun kämmen sich damit Najaden.

Nicht die Nixen, sondern die Najaden. So entsteht ein Komplex gegensätzlicher Assoziationen, die das russische Dorf mit antiker Sagenwelt verbinden. Die Fabel wurde in einer Epoche geschrieben, in der eine Vorliebe für den Klassizismus herrschte.

Frühling. Ich komme von der Straße,
wo verwundert die Pappel steht,
die Ferne sich in Angst verliert,
trunken das Haus zu fallen fürchtet,
die Luft das Blau der Wäsche hat,
mit der man das Spital verläßt.

B. PASTERNAK

Unerwartete, kontrastierende Vergleiche und Bilder machen die Beschreibung des Frühlings besonders informativ. Der Leser verspürt gleichsam diesen Frühling, seine scharfe Luft, fühlt die „Verwunderung der Pappel" und die „Trunkenheit der Häuser".

Ästhetischen Wert besitzt eine neue, unersetzbare Information, die von einem Künstler erzeugt wird. In diesem Sinne ist die naturalistische Malerei lehrreich. Zitieren wir dazu S. W. OBRASZOW (Stafette der Künste, Moskau 1978): „Die absolute, dokumentarische Ähnlichkeit eines Menschen auf einem Porträt oder eines Kürbisses in einem Stilleben kann überraschen, doch das ist noch keine Kunst und ein Beweis nicht für Talent, sondern nur für lange Übung und Geduld. Letzten Endes ist das auch gar nicht so schwer, und erlernen kann es jeder, wenn er eine Eins plus in Fleiß hat."

Das ist es, warum ein naturalistisches Bild, dessen Autor das Ziel hatte, ein trügerisches Abbild der Wirklichkeit zu schaffen, nur eine minimale Menge an neuer Information enthält. Die Erzeugung von Information läuft hier lediglich auf eine Auswahl des Modells hinaus — beispielsweise die Festlegung eines gewissen „Rahmens" für die zu kopierende Landschaft. Es ist offensichtlich, daß die Wachsfiguren den Kabinetten der Madame TUSSAUD etwa denselben künstlerischen Wert haben. Allerdings fehlt im letzteren Fall die ästhetische Prätention. Die ästhetische Bewertung eines naturalistischen Gemäldes bezieht sich nur auf das Objekt der Darstellung, nicht aber auf das Werk des Künstlers.

Mit besonderer Deutlichkeit tritt die „Informations-Ästhetik" zutage, wenn man eine Originaldichtung mit ihrer Übersetzung in eine Fremdsprache vergleicht. Adäquate Übersetzung eines Verses ist unmöglich, weil die Sprachen sich unterscheiden und Information in jedem Wort, in jedem Laut enthalten ist. Unterschiedlich sind auch die Informationsprogramme im Original- und im fremdsprachigen Text — sie sind für Leser mit unterschiedlichem Rezeptionsniveau, mit unterschiedlichem Thesaurus berechnet. Das übersetzte Gedicht muß zu einem Besitzgut der Poesie in der

Sprache der Übersetzung werden. Vor dem Nachdichter steht die Aufgabe, die Ausgangsinformation auf optimale Weise in eine andere Sprache umzucodieren. Je nach Genre, Stil und Inhalt der Verse können verschiedene Strategien zur Umsetzung der Information unterschiedlich gut geeignet sein. Der Übersetzer ermittelt den relativen Wert der einzelnen Bestandteile des Sinngehalts eines Gedichtes und übernimmt, unter Verzicht auf weniger Wichtiges, das besonders Wertvolle in die Nachdichtung. Diese Aufgabe ist nicht leichter, als es die Schaffung des Originalgedichtes war, und nur ein wirklicher Künstler kann sie erfolgreich lösen. So ist es ganz natürlich, daß sich die größten russischen Dichter — PUSCHKIN, LERMONTOW, TJUTSCHEW und BLOCK — mit Nachdichtung beschäftigt haben.

Künstlerische Information ist in der Absicht geschaffen, daß sie vollständig aufgenommen wird, und sie ist von ihrer Rezeption nicht zu trennen. Die Rezeption selbst ändert sich in Raum und Zeit. So gab es eine Phase, da schienen die Verse NEKRASSOWS einem großen Kreis kulturell gebildeter russischer Leser (PISSAREW, PLECHANOW) künstlerisch wertvoller zu sein als die Verse PUSCHKINS. Dann sank der Wert NEKRASSOWS und wuchs später erneut, insbesondere unter dem Einfluß der poetischen Entdeckungen von BLOCK, die zeigten, wie viel NEKRASSOW der russischen Poesie gegeben hat. Dieses Auf und Ab ist Ausdruck der Veränderungen im individuellen und gesellschaftlichen Bewußtsein.

Der Mensch wächst, erwirbt neue Erfahrung, neue Kenntnisse. Es verändert sich sein Thesaurus, sein Rezeptionsniveau. Deshalb muß man auf große Kunstwerke viele Male im Laufe des Lebens zurückkommen — sie wirken auf uns jedesmal auf neue Weise. Genial zu sein heißt unbegrenzt Information geben zu können.

Folglich bedeutet die Schaffung eines Kunstwerkes das Erzeugen von neuer Information, d. h. die Speicherung zufälliger Auswahl. In welchem Maße wird das von den Künstlern selbst eingestanden? Schließlich haben gerade sie dazu das entscheidende Wort zu sagen.

In der humoristischen Erzählung „Der Poet“ von KAREL ČAPEK wird ein trauriges Ereignis beschrieben: Ein Auto fährt eine betrunkene Bettlerin um und jagt davon, ohne anzuhalten. Die wenigen Zeugen des Vorfalls erinnern sich nicht an die Nummer, ja nicht einmal an die Farbe des Wagens. Unter ihnen befand sich der Dichter Jaroslav Nerad. „Als der Unfall geschah, fing er wie ein Kind an zu weinen und rannte nach Hause ...“ Er konnte sich ebenfalls an nichts erinnern, schrieb aber ein eigenartiges Gedicht.

Es endete mit den Zeilen

> Schrecken verstummte. Unentschlossenheit ... Vergessen.
> O Schwanenhals!
> O göttlicher Busen!
> Trommel und Schlegel — der Tragödie Zeichen!

Der Dichter erklärt dem Untersuchungsrichter, „die Poesie ist eine innere Realität. Dichtung — das sind freie surrealistische Bilder, geboren im Unterbewußtsein des Dichters ... Das sind die visuellen und akustischen Assoziationen, die der Leser nachempfinden muß. Dann wird er den Sinn erfassen."

Man kommt schließlich darauf, daß der „Schwanenhals" die Ziffer 2, der „Busen" eine 3 und „Trommel und Schlegel" eine 5 bedeuten. Man ermittelt das Auto mit der Nummer 235, und es stellt sich heraus, daß es genau das Fahrzeug ist, mit dem die Frau umgefahren wurde.

Also hat der Dichter die Information „235" unterbewußt, intuitiv in surrealistische Gedichtzeilen umgesetzt. Dies ist jedoch keine Übertragung, sondern eine Erzeugung neuer, mit den Eindrücken des Autors verbundener Information. Genaugenommen entwarf Čapek — freilich nur im Scherz — ein Modell des künstlerischen Schaffensprozesses.

Der Intuition bedarf es in allen Dingen — in einem Gerichtsverfahren, in der Wissenschaft, im Alltagsleben. Doch in der Kunst spielt sie die Hauptrolle. Indem die Kunst eine Kooperation mit dem Leser, Zuschauer oder Zuhörer herbeiführt, „lehrt sie Eingebung, lehrt sie Intuition. Das bedeutet nicht, daß es in der Kunst keine Logik gibt, daß sie nicht „die Harmonie an der Algebra prüft". In jedem Kunstwerk stecken sowohl logische als auch intuitive, emotionale Elemente. Beider Anteil ist unterschiedlich; unterschiedlich sind Umfang und Qualität der erzeugten und übermittelten Information.

Dem Verhältnis von Logik und Intuition in der Kunst ist das inhaltsreiche Buch „Kybernetik, Logik, Kunst" von E. L. Feinberg (Moskau 1981) gewidmet.

Sehr interessante Beispiele der Wechselwirkung von Logischem und Intuitivem sind die Werke Lew Tolstois. Er tritt dem Leser mit zwei Gesichtern gegenüber: als genialer Künstler — intuitiv, emotional und unmittelbar, und gleichzeitig als beharrlicher Verfechter seines Verständnisses von Geschichte, Religion, Wissenschaft und Kunst — mit logischen Argumenten.

In der vielschichtigen Struktur des Romans „Anna Karenina“ ist all dies enthalten. Man findet die künstlerische Entwicklung der Idee, die in dem Epigraph „Die Rache ist mein; ich will vergelten“ zum Ausdruck kommt. Und es gibt eine andere Idee, die für TOLSTOI als Apologeten wichtig ist. Lewin vertritt die Ideologie des Autors, er fungiert als Widerpart zu Anna und Wronski, Karenin und Oblonski. Doch der Roman bietet zu jedem Helden auch dessen Antithese, ebenso zu Lewin — die Antithese der intuitiven Kunst zur logischen Verkündung von Ideen.

Fünfzehn Seiten über den Künstler Michailow, von der Mehrzahl der Leser wohl vergessen, gehören zum Besten dieses Romans.

TOLSTOI beschreibt den Künstler, enthüllt seine Psychologie, das Wesen seiner schöpferischen Arbeit. Er verzichtet dabei auf jegliche Belehrung, auf Didaktik. Michailow ist ein wahrer Künstler, ein höchst emotionaler Mensch, der auf jedes Wort anspricht, der intuitiv das Wesen der Kunst erfaßt. Dargestellt wird die Speicherung zufälliger Auswahl:

„Das Blatt mit der für untauglich befundenen Skizze fand sich noch vor, war jedoch durch Stearinflecke verunreinigt. Er nahm die Skizze dennoch mit, legte sie in seinem Arbeitszimmer auf den Tisch und betrachtete sie aus einiger Entfernung mit zusammengekniffenen Augen. Plötzlich lächelte er und fuchtelte erfreut mit den Händen.

‚Ja, so ist es gut!‘ murmelte er, griff sofort nach dem Bleistift und begann mit schnellen Strichen zu zeichnen. Der Stearinfleck hatte der Gestalt des Mannes eine neue Haltung verliehen.“

Und weiter:

„Aber indem er diese Korrekturen vornahm, änderte er nicht das Charakteristische der Gestalt, sondern befreite sie nur von allem, was ihren Charakter verdeckte. Er entkleidete sie gewissermaßen der Hüllen, die sie nicht voll in Erscheinung treten ließen ...“

Drei (in der deutschen Fassung fünf — d. Ü.) Seiten später:

„Er wußte, daß es viel Mühe und Sorgfalt erforderte, ein Kunstwerk, ohne es zu verunstalten, seiner Hüllen zu entkleiden und diese restlos zu entfernen ...“

Denselben Gedanken formulierte schon früher BARATYNSKI in seinem Gedicht „Der Bildhauer“, in dem es um die Galatea-Sage geht:

Bedächtig, allmählich nimmt
der Meißel Schicht für Schicht
von der verborgenen Göttin.

BARATYNSKI und TOLSTOI stellen die Schaffung neuer künstlerischer Information als Enthüllung bereits existierender, verborgener Information dar, wobei aber eine freie Auswahl erfolgt.

TOLSTOI zeigte die Größe der Kunst, die Erhabenheit des Künstlers, der weit über den Hauptheldèn seines Romans steht. In der kleinen Episode mit Michailow wird der Apologet TOLSTOI vom Künstler TOLSTOI vollkommen überwunden.

In dem bekannten Aufsatz „Wie macht man Gedichte?“ von MAJAKOWSKI wird behauptet, das Gedichteschreiben sei schwere Produktionsarbeit mit bewußter Zielrichtung — „die Poesie beginnt da, wo eine Tendenz besteht“. MAJAKOWSKI tritt der romantischen Tradition entgegen, er lehnt Eingebung, Intuition ab. Verse werden nach einer Auffassung auf logische Weise „hergestellt“. Diese Grundsätze werden am Beispiel seines Gedichtes „Für Sergej Jessenin“ bewiesen, in dem Tragik und scharfsinniger Humor, düstere Logik, Groteske und politische Deklaration eng miteinander verbunden sind. Gewiß erinnert sich jeder an den Schluß dieses Gedichtes:

Sterben
ist hienieden
keine Kunst.
Schwerer ists:
das Leben baun auf Erden.

MAJAKOWSKI beschreibt die bewußte (nicht zufällige!) Motivation zur Wahl von anscheinend jedem Wort in einem Gedicht. Gleichzeitig sagt er jedoch: „Neusein, Neuigkeitswert von Material und Manier ist unerläßlich für jedes Werk der Poesie.“

Mit anderen Worten, es gilt neue Information „herzustellen“.

Andererseits geht es in demselben Aufsatz um „Klanggewirr und Rhythmus“, von denen unbekannt ist, woher sie kommen: „Der Rhythmus ist die grundlegende Kraft, die Grundenergie eines Verses. Sie kann man nicht erklären ...“

Anders gesagt, wird eine zufällige Auswahl des Rhythmus, der Wörter und Bilder getroffen. Der Titel des Poems „Wolke in Hosen“ entstand, wie in dem Aufsatz erzählt wird, in einem zufälligen Gespräch. MAJAKOWSKI redet auch von einem Traumbild.

Selbstverständlich widerspricht die These, daß Poesie Schwerstarbeit ist, nicht ihrer intuitiven Natur. MEYERHOLD sagte einmal, die Freitode von JESSENIN und MAJAKOWSKI seien das Resultat ungenügenden Arbeitsschutzes im gefährlichsten Produktionsabschnitt.

Lange vor MAJAKOWSKI ging EDGAR ALLAN POE wesentlich weiter in der Ablehnung von Intuition, von Zufälligkeit im Schaffensprozeß. In seinem Aufsatz „Philosophy of composition“ erzählt POE, wie sein berühmtes Gedicht „Der Rabe“ entstand. „Ich will zeigen“, schreibt POE, „daß nicht ein Punkt in diesem Werk dem Zufall oder der Intuition zugeschrieben werden kann — daß die Arbeit sich Schritt für Schritt mit der Präzision und Strenge von Schlußfolgerungen in einer mathematischen Aufgabe entwickelt hat.“

POE beginnt seine Argumentation mit dem Umfang des Gedichts. Hundert Zeilen hielt er für die optimale Länge. Als er am Ende nachzählte, waren es 108.

Den größten Eindruck macht die melancholische Tonart. Sie sollte aufrechterhalten werden durch einen Refrain mit dem Ton auf „r“. POE wählte das Wort „nevermore“, niemals. Das Wort sollte ständig wiederholt werden, doch ein Mensch ist zu solcher Monotonie nicht in der Lage. Also nahm er keinen Menschen, sondern einen Vogel. Aber nicht etwa einen Papagei! So entstand der Rabe mit seinem Krächzen als Symbol des Unglücks.

Dann stellte sich POE die Frage, was am melancholischsten sei. „Der Tod — war die augenfällige Antwort.“ Und wessen Tod? Der einer schönen Frau.

Nun blieb noch die Aufgabe, den lyrischen Helden, der die tote Geliebte beweint, und den Raben mit seinem ständigen „nevermore“ miteinander zu verbinden. Also mußte der Rabe auf die Fragen des Helden antworten.

Im gleichen Sinne bringt POE Argumente für die Wahl des allgemeinen Aufbaus des Gedichtes, seines Versmaßes, seines Rhythmus usw.

Somit ist alles berechnet, vorher durchdacht und logisch entwickelt. Es ist kein Platz für Intuition, für Eingebung, für zufällige Auswahl und dementsprechend auch nicht für die Erzeugung neuer Information. Die Situation ist paradox — stellt doch der „Rabe“ eine der größten Schöpfungen der Weltlyrik dar.

Der Aufsatz von POE entspricht nicht der Wahrheit. Er wurde nach dem „Raben“ mit dem Ziel der Polemik, des Kampfes gegen die ausgehöhlte Romantik von LONGFELLOW und anderen Poeten geschrieben. Man braucht das Gedicht nur zu lesen, um sich davon zu überzeugen, daß die Logik POES ganz aus seiner poetischen Intuition geboren ist — von der Auswahl des Themas bis zum System der Bilder, dem Versrhythmus usw.

In der Rede „Über die Mission des Dichters“, die ALEXANDER BLOCK zu Ehren PUSCHKINS hielt, hieß es:

„Der Dichter ist ein Sohn der Harmonie; und ihm wurde eine ganz bestimmte Rolle zuteil in der Weltkultur. Drei Dinge sind ihm auferlegt: Erstens, Klänge hervorzulocken aus seinem ureigensten Element; zweitens, diese Klänge in Harmonie zu setzen, ihnen Gestalt zu geben; drittens, diese Harmonie in die Welt zu tragen."

Mit anderen Worten, der Poet hat dichterische Ordnung aus ursprünglichem Chaos zu schaffen, künstlerische Information zu erzeugen.

Die Wissenschaft entdeckt Ordnung, die in der Natur real existiert; sie überwindet dabei die äußere Chaotik der Erscheinungen. Auch für solche Arbeit braucht man Intuition — das Gödel-Theorem liefert den Beweis dieser Behauptung. Kunst erzeugt ihre eigene, neue Ordnung, „beweist das Unbeweisbare", indem sie die Schlüssigkeit intuitiven Urteilens demonstriert. Wissenschaft kann sowohl von einem Mozart als auch von einem Salieri geschaffen werden — Kunst nur von einem Mozart.

*

Wir begannen dieses Buch mit der Wärmekraftmaschine und beenden es mit einer Plauderei überKunst. Auf den ersten Blick eine konstruierte Zusammenstellung. Doch es führt in der Tat ein direkter Weg von Sadi Carnot zur Poesie, zur Malerei, zur Musik. Die Muse der Musen — nicht vom Menschen ersonnen, sondern real vorhanden — ist die Entropie. Alles, was diese Welt von einem grauen, homogenen Chaos unterscheidet, entstand und existiert dank dem Export von Entropie in das umgebende Medium. Von negativer Entropie lebt alles Lebende und alles vom Leben Hervorgebrachte — so auch Wissenschaft und Kunst. Und der Mensch verschafft sich negative Entropie mit jeder neuen, unersetzbaren Information, die er erzeugt.

ISBN 3-05-500628-3
ISSN 0084-098X

Der Autor

- greift mit „Entropie und Information" ein Grundproblem moderner Wissenschaften auf
- bringt zunächst Grundlagen von Thermodynamik und Statistik in Erinnerung
- arbeitet die fundamentale Bedeutung der Entropie in Physik, Chemie und Biologie heraus
- charakterisiert wesentliche Züge von Synergetik und Informatik
- zeigt Zusammenhänge zwischen Entropie/Information und künstlerischem Schaffen
- führt überzeugend zu dem Resümee: Alles auf der Welt existiert dank der Abführung von Entropie in die Umgebung
- schreibt interessant, engagiert, verständlich und nicht ohne Humor – zu Vergnügen und Nutzen des Nicht-Fachmanns wie des Spezialisten

WISSENSCHAFTLICHE TASCHENBÜCHER